本书为安徽省省级一流教材

计算机应用技术基础

房爱东　张志伟　辛政华　韩　君　查道贵　主编

合肥工業大學出版社

图书在版编目(CIP)数据

计算机应用技术基础/房爱东,张志伟,辛政华主编．—合肥:合肥工业大学出版社,2022.7

ISBN 978-7-5650-5935-3

Ⅰ.①计… Ⅱ.①房…②张…③辛… Ⅲ.①电子计算机—高等学校—教材 Ⅳ.①TP3

中国版本图书馆CIP数据核字(2022)第098336号

计算机应用技术基础

房爱东 张志伟 辛政华 韩 君 查道贵 主编 　　责任编辑 王钱超

出 版	合肥工业大学出版社	版 次	2022年7月第1版
地 址	合肥市屯溪路193号	印 次	2022年7月第1次印刷
邮 编	230009	开 本	787毫米×1092毫米 1/16
电 话	人文社科出版中心:0551-62903205	印 张	16.25
	营销与储运管理中心:0551-62903198	字 数	416千字
网 址	www.hfutpress.com.cn	印 刷	安徽昶颉包装印务有限责任公司
E-mail	hfutpress@163.com	发 行	全国新华书店

ISBN 978-7-5650-5935-3 　　定价:45.80元

如果有影响阅读的印装质量问题,请与出版社营销与储运管理中心联系调换。

前　言

计算机技术是当代发展最为迅速的科学技术，在我国现代化建设中所发挥的作用非常显著。微型计算机在社会生活各个领域的广泛应用，不仅大大提高了社会生产力，而且引起了人们生活方式的深刻变化。计算机已成为提高工作质量和效率的必不可少的工具。了解计算机，学会运用计算机处理日常事务是人们工作水平和管理水平的重要标志。

随着科教兴国战略的实施以及社会信息化进程的加快，我国高等教育正面临着新的发展机遇，同时也面临着新的挑战。这些都对高等院校的计算机教学提出了更高的要求。宿州学院十分重视计算机课程的教学与研究工作，为了适应教育改革的需要，推动计算机基础教育事业的发展，提高计算机课程的教学与科研水平，专门成立了计算机课程教学与改革指导委员会，在制订教学计划、规范教学内容、确定科研课题等方面做了大量的工作，使我校计算机课程的教学与改革处在全省同类高校的前列。1995 年，我校被安徽省教育厅确定为计算机基础课程教学改革试点单位，《计算机基础课程教学改革的研究与实践》获 1998 年度安徽省优秀教学成果二等奖。1999 年 12 月，《计算机应用技术基础》课程被遴选为安徽省高校重点建设课程。《计算机应用技术基础》教材获 2005 年度安徽省省级优秀教学成果二等奖，2006 年《计算机应用技术基础》获评安徽省高校精品课程。

《计算机应用技术基础》由六部分构成：计算机基础知识、Windows 7 操作系统、中文字处理软件 Word 2010、表格处理软件 Excel 2010、电子演示文稿制作软件、计算机网络与互联网，涵盖了安徽省高校计算机文化基础考试的全部内容。

本书具有以下特点：①以安徽省高校计算机文化基础考试和专升本考试教学大纲、考试大纲为指导，由长期处于教学一线的教师组稿，把易讲易学放在首位，遵循理论与实践相结合的方针，选材注意系统性、完整性和实用性；②“计算机基础知识”部分内容翔实、图文并茂，信息量大，阐述中力求避免专业的生硬定义和抽象描述，尽可能以形象、简洁、直观的语言，逐步引进计算机的基本概念、基础知识；③书中操作步骤具体，配图清晰准确，操作性强，容易上手；④本书既可作为计算机等级（一级）考试指导用书，也可作为各类计算机培训的基础教程，更是计算机初学者的最佳选择。

本书由宿州学院机械与电子工程学院房爱东、韩君，信息工程学院张志伟、辛政华，宿州职业技术学院查道贵任主编，机械与电子工程学院刘燕、葛静静，信息工程学院谢士春、李雪竹、高亚兰、王雪丽任副主编。第一章由张志伟编写，第六章由辛政华编写，第二章由张志伟、辛政华共同编写；第三章、第四章和第五章由房爱东、韩君、谢士春、李雪竹、高亚兰、刘燕、葛敬敬、王雪丽共同编写。宿州学院计算机基础教研室的老师对全书的编写提出了许多宝贵的意见和建议，本书的编写由安徽省2021年高等学校省级质量工程项目(2021yljc121)提供资助，也得到了学院领导的关心和广大同学的支持，编著者在此一并表示感谢！

由于本书涉及内容广泛，编写时间比较仓促，加之编著者水平有限，书中难免有疏漏和错误之处，恳请读者提出宝贵意见，使之日臻完善。

编著者

2022年7月

目　　录

第1章　计算机基础知识

电子计算机是20世纪人类最伟大、最卓越的技术发明之一，是科学技术和生产力的结晶。有人说，现代科学技术以原子能、电子计算机和空间技术为标志；也有人说，电子计算机是第四次产业革命的核心，比蒸汽机对于第一次产业革命更为重要。当今许多专家一致认为：人类历史上以往所创造的任何工具或机器都是人类四肢的延伸，弥补了人类体能的不足；而计算机则是大脑的延伸，极大地提高和扩充了人类脑力劳动的效能，开辟了人类智力解放的新纪元。

计算机的发展，使人类的创造力得到了充分的发挥，科学技术的发展以不可逆转的气势，改变着社会的面貌。掌握计算机基础知识和应用技术已成为高等技术人才必须具备的基本素质，计算机基础知识和应用能力应当成为当代人才知识结构的重要组成部分。

1.1　计算机的产生和发展

计算机是一种能快速而高效地自动完成信息处理的电子设备，它通过运行程序对信息进行加工、存储。世界上第一台数字电子计算机由美国宾夕法尼亚大学穆尔工学院和美国陆军火炮公司联合研制而成，于1946年2月15日正式投入运行，它的名称叫ENIAC，是Electronic Numerical Integrator and Calculator（电子数值积分计算机）的缩写。它使用了17468个真空电子管，耗电174kW，占地170m²，重达30t，每秒钟可进行5000次加法运算。虽然它的功能还比不上今天最普通的一台微型计算机，但它的运算速度、精确度和准确度是以前的计算工具无法比拟的。以圆周率（π）的计算为例，中国古代科学家祖冲之耗费15年心血才把圆周率计算到小数点后7位数。1000多年后，英国人香克斯以毕生精力计算圆周率，才计算到小数点后707位。而使用ENIAC进行计算，仅用了40s，就达到了这个纪录，还发现香克斯的计算中第528位是错误的。ENIAC奠定了电子计算机的发展基础，开辟了计算机科学技术的新纪元，有人将其称为人类第四次产业革命开始的标志。

ENIAC诞生后短短的几十年间，计算机技术的发展突飞猛进。主要电子器件相继使用了真空电子管、晶体管、中小规模集成电路、大规模和超大规模集成电路，引起计算机的几次更新换代。每一次更新换代都使计算机的体积和耗电量大大减小，功能大大增强，应用领域进一步拓宽。特别是体积小、价格低、功能强的微型计算机的出现，使得计算机迅速普及，进入了办公室和家庭，在办公自动化和多媒体应用方面发挥了很大的作用。目前计算机的应用已扩展到社会的各个领域。

1. 第一阶段：电子管计算机（1946～1958）

第一代电子计算机指从1946年到1958年间的电子计算机。这时的计算机的基本线路是采用电子管结构，程序从人工手编的机器指令程序过渡到符号语言。第一代电子计算机是计算工具革命性发展的开始，它所采用的二进位制与程序存贮等基本技术思想，奠定了现代电子计算机技术基础。主要特点是：

采用电子管作为基本逻辑部件，体积大、耗电量大、寿命短、可靠性低、成本高。

采用电子射线管作为存储部件，容量很小。后来，外存储器使用了磁鼓存储信息，扩充了容量。

输入/输出装置落后，主要使用穿孔卡片，速度慢、容易出错、使用十分不便。

没有系统软件，只能用机器语言和汇编语言编程。

2.第二阶段：晶体管计算机（1959～1964）

随着半导体技术的发展，20世纪50年代中期晶体管取代了电子管。晶体管计算机的体积大为缩小，只有电子管计算机的1/100左右，耗电也只有电子管计算机的1/100左右，但它的运算速度提高到每秒几万次。主要特点是：

采用晶体管制作基本逻辑部件，体积减小、重量减轻；能耗降低、成本下降，计算机的可靠性和运算速度均得到提高。

普遍采用磁芯作为存储器，采用磁盘、磁鼓作为外存储器。

开始有了系统软件（监控程序），提出了操作系统的概念，出现了高级语言。

3.第三阶段：集成电路计算机（1965～1971）

1962年，世界上第一块集成电路在美国诞生，在一个只有2.5平方英寸的硅片上集成了几十个至几百个晶体管。计算机的体积进一步缩小，运算速度可达每秒几百万次。主要特点是：

采用中小规模集成电路制作各种逻辑部件，从而使计算机体积更小、重量更轻、耗电更省、寿命更长、成本更低，运算速度有了更大的提高。

采用半导体存储器作为主存，取代了原来的磁芯存储器，使存储器容量和存取速度有了大幅度的提高，增加了系统的处理能力。

系统软件有了很大发展，出现了分时操作系统，多个用户可以共享计算机软、硬件资源。

在程序设计方面，采用了结构化程序设计，为研制更加复杂的软件提供了技术上的保证。

4.第四阶段：大规模、超大规模集成电路计算机（1971年至今）

1971年，Intel公司的工程师们把计算机的算术与逻辑运算电路合在一片长1/6英寸、宽1/8英寸的硅片上，做成了世界上第一片微处理器Intel 4004，在这片硅片上集成了2250只晶体管，掀起信息革命浪潮的微型电子计算机（简称微机）从此诞生了。它的体积更小，运算速度达每秒上亿次，这是我们目前正在普遍使用的一代计算机。主要特点是：

基本逻辑部件采用大规模、超大规模集成电路，使计算机体积、重量、成本均大幅度降低，出现了微型机。

作为主存的半导体存储器，其集成度越来越高、容量越来越大。外存储器除广泛使用软、硬磁盘外，还引进了光盘。

各种使用方便的输入/输出设备相继出现。

软件产业高度发达，各种实用软件层出不穷，极大地方便了用户。

计算机技术与通信技术相结合，产生了计算机网络技术。

集图像、图形、声音和文字处理于一体的多媒体技术迅速发展。

从 20 世纪 80 年代开始，日本、美国和欧洲等发达国家都宣布开始新一代计算机的研究。专家普遍认为新一代计算机应该是智能型的，它能模拟人的智能行为，理解人类自然语言，并继续向着微型化、网络化发展。

1.2　计算机的特点和分类

1.2.1　计算机的主要特点

计算机作为一种通用的智能工具，具有以下几个特点：

1. 运算速度快

现代巨型计算机系统的运算速度已达每秒几十亿次乃至上千亿次。大量复杂的科学计算，人工需要几年、几十年，而现在用计算机只要几天或几个小时甚至几分钟就可完成。

2. 运算精度高

由于计算机内采用二进制数字进行运算，因此可以用增加表示数字的位数和运用计算技巧，使数值计算的精度越来越高。例如，对圆周率 π 的计算，数学家们经过长期艰苦的努力只算到了小数点后数百位，而使用计算机很快就算到了小数点后 200 万位。

3. 通用性强

计算机可以将任何复杂的信息处理任务分解成一系列指令，按照各种指令执行的先后次序把它们组织成各种不同的程序，存入存储器中。在计算机的工作过程中，利用这种存储程序指挥和控制计算机进行自动快速信息处理，并且十分灵活、方便、易于变更，这就使计算机具有极大的通用性。

4. 具有记忆功能和逻辑判断功能

计算机有存储器，可以存储大量的数据。随着存储容量的不断增大，可存储记忆的信息量也越来越大。计算机程序加工的对象不只是数值量，还可以包括形式和内容十分丰富多样的各种信息，如语言、文字、图形、图像、音乐等。编码技术使计算机既可以进行算术运算又可以进行逻辑运算，还可以对语言、文字、符号、大小、异同等进行比较、判断、推理和证明，从而极大地扩展了计算机的应用范围。

5. 具有自动控制能力

计算机内部操作、控制是根据人们事先编制的程序自动控制进行的，不需要人工干预，具有自动控制能力。

1.2.2　计算机的分类

现代人们使用的计算机五花八门，但可以从不同的角度对计算机进行分类。计算机按其处理的信号不同可分为数字计算机、模拟计算机和数字模拟混合计算机。数字计算机处理数字信号；模拟计算机处理模拟信号；数字模拟混合计算机既可以处理数字信号，也可以处理模拟信号。

计算机按其功能可分为专用计算机和通用计算机。专用计算机功能单一、适应性差，但是在特定用途下有效、经济、快速。通用计算机功能齐全、适应性强，目前所说的计算机都是指通用计算机。通用计算机又可根据运算速度、输入/输出能力、数据存储能力、指令系统的规模和机器价格等因素划分为巨型机、大型机、小型机、微型机、服务器及工作站等。

1.3 计算机的应用及发展趋势

计算机的应用非常广泛，从科研、生产、国防、文化、卫生，直到家庭生活，都离不开计算机的服务。

1.3.1 计算机的应用

1. 科学计算

科学计算也称为数值计算，用于完成科学研究和工程技术中的数学计算，它是电子计算机的重要应用领域之一。计算机高速度、高精度的运算是人工计算所望尘莫及的。随着科学技术的发展，各种领域中的计算模型日趋复杂，人工计算已无法解决这些复杂的计算问题，需要依靠计算机运算。科学计算的特点是计算数据数量大和数值变化范围大。

2. 数据处理

数据处理也称为非数值计算，指对大量的数据进行加工处理，例如分析、合并、分类、统计等，形成有用的信息。与科学计算不同，数据处理涉及的数据量大，但计算方法较简单。人类在很长一段时间内，只能用自身的感官去收集信息，用大脑存储和加工信息，用语言交流信息。当今社会正从工业社会进入信息社会，面对积聚起来的浩如烟海的各种信息，为了全面、深入、精确地认识掌握这些信息所反映的事物本质，必须用计算机进行处理。目前数据处理广泛应用于办公自动化、企业管理、事务管理、情报检索等，数据处理已成为计算机应用的一个重要方面。

3. 过程控制

过程控制又称实时控制，指用计算机及时采集数据，将数据处理后，按最佳值迅速地对控制对象进行控制。现代工业，由于生产规模不断扩大，技术工艺日趋复杂，从而对实现生产过程自动化控制系统的要求也日益提高。利用计算机进行过程控制，不仅可以大大提高控制的自动化水平，而且可以提高控制的及时性和准确性，从而改善劳动条件、提高质量、节约能源、降低成本。计算机过程控制已在冶金、石油、化工、纺织、水电、机械、航天等部门得到广泛的应用。

4. 计算机辅助设计

计算机辅助设计(Computer Aided Design，简称 CAD)，就是用计算机帮助各类设计人员进行设计。由于计算机有快速的数值计算、较强的数据处理以及模拟能力，使 CAD 技术得到广泛应用，例如飞机设计、船舶设计、建筑设计、机械设计、大规模集成电路设计等。设计人员采用计算机辅助设计后，不但减少了工作量，提高了设计速度，更重要的是提高了设计质量。

5. 人工智能

人工智能(Artificial Intelligence，简称 AI)，一般是指模拟人脑进行演绎推理和采取决策的思维过程。在计算机中存储一些定理和推理规则，然后设计程序让计算机自动探索解题的方法。人工智能是计算机应用研究的前沿学科。

6. 信息高速公路

1991 年，美国当时的参议员戈尔提出建立“信息高速公路”的建议，即将美国所有的信息库及信息网络连成一个全国性的大网络，把大网络连接到所有的机构和家庭中去，让各种形态的信息(如文字、数据、声音、图像等)都能在大网络里交互传输。1993 年 9 月，美国正式宣布实施“国家信息基础设施”(NII)计划，俗称“信息高速公路”计划。该计划引起了世界各发达国家、新兴工业国家和地区的响应，纷纷提出了自己的发展信息高速公路计划的设想，积极加入这场世纪之交的大竞争中去。

7. 电子商务(E—Business)

所谓“电子商务”，是指通过计算机和网络进行商务活动。电子商务是在 Internet 的广泛链接与信息技术系统的丰富资源相结合的背景下应运而生的一种网上相互关联的动态商务活动，在 Internet 上展开。电子商务发展前景广阔，可为商家提供众多的机遇，世界各地的许多公司已经开始通过 Internet 进行商业交易。

1.3.2 计算机的发展趋势

1. 巨型化

天文、军事、仿真等领域需要进行大量的计算，要求计算机有更高的运算速度、更大的存储量，这就需要研制功能更强的巨型计算机。

2. 微型化

专用微型机已经大量应用于仪器、仪表和家用电器中，通用微型机已经大量进入办公室和家庭。人们需要体积更小、更轻便、易于携带的微型机，以便出门在外，或在旅途中均可使用计算机，应运而生的便携式微型机(笔记本型)和掌上型微型机正在不断涌现，迅速普及。它标志着一个国家的计算机普及应用程度。

3. 多媒体

多媒体技术是运用计算机技术，将文字、图像、声音、动画和视频等信息，以数字化的方式进行综合处理，从而使计算机具有表现、存储、处理各种媒体信息的能力。多媒体技术的关键是数据压缩技术。

4. 网络化

将地理位置分散的计算机通过专用的电缆或通信线路互相连接，就组成了计算机网络。网络可以使分散的各种资源得到共享，互联的计算机间可以进行通信。人们常说的因特网(Internet，国际互联网)就是一个通过通信线路连接、覆盖全球的计算机网络。通过因特网，人们足不出户就可获取大量的信息，与世界各地的亲友快捷通信，进行网上贸易等。

5.智能化

目前的计算机已能够部分地代替人的脑力劳动,因此也常称为“电脑”。但是人们希望计算机具有更多的类似人的智能,比如能听懂人类的语言,能识别图形,会自行学习等。

近年来,人们通过进一步的深入研究发现,由于电子电路的局限性,理论上电子计算机的发展也有一定的局限。因此,人们正在研制不使用集成电路的计算机,例如生物计算机、量子计算机、超导计算机等。

1.4 微型计算机系统组成

计算机系统由硬件系统和软件系统组成,其具体结构如图 1-1 所示。

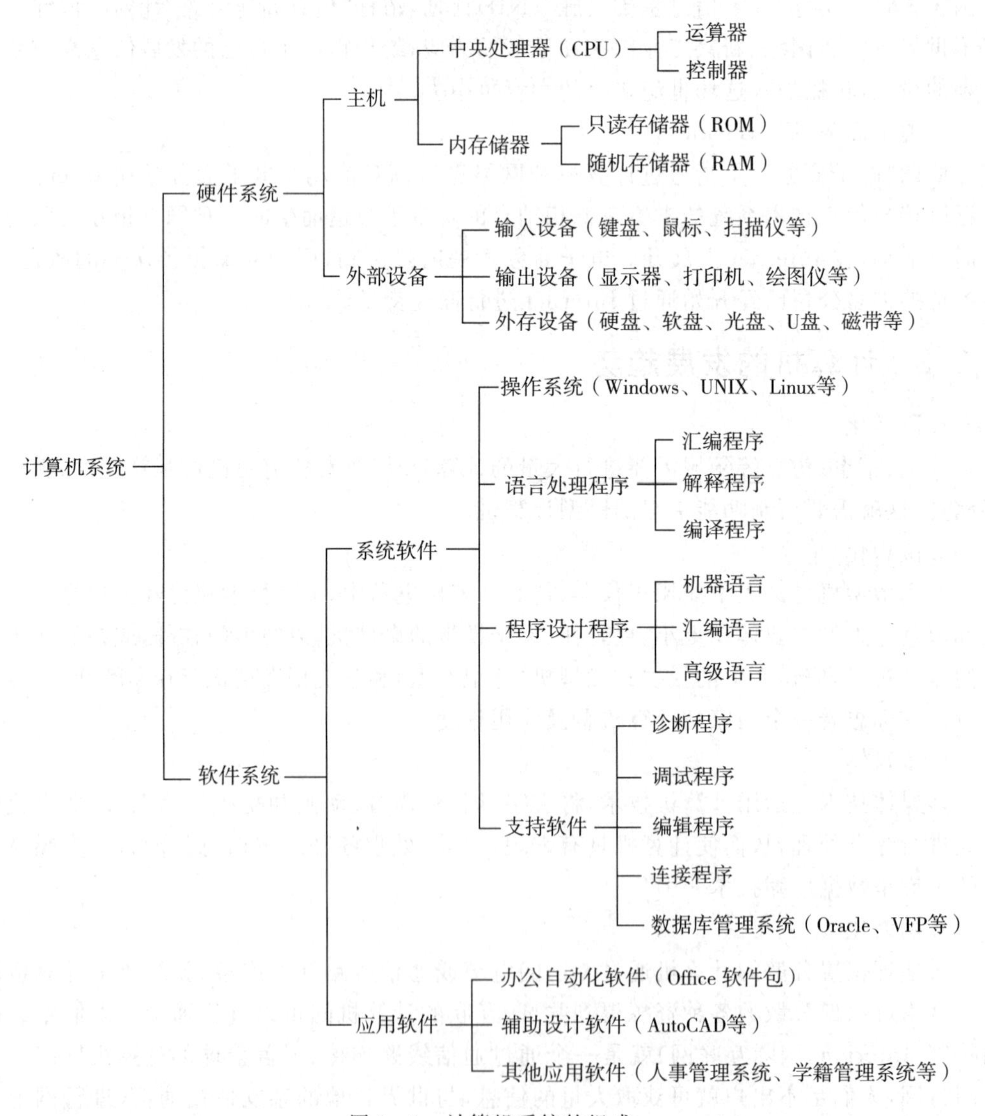

图 1-1 计算机系统的组成

1.4.1 计算机的硬件系统

1. 中央处理器 CPU

(1)CPU 的基本组成及功能

CPU 是计算机系统的核心,计算机发生的所有动作都是受 CPU 控制的。CPU 主要由运算器和控制器组成,其中运算器主要完成各种算术运算(如加、减、乘、除)和逻辑运算(如与、或、非);而控制器则是整个计算机系统的指挥中心,不具有运算功能,它只负责对指令进行分析,并根据指令的要求,有序地向各部件发出控制信号,协调和指挥整个计算机系统的操作。

由此可见,控制器是发布命令的决策机构,而运算器是数据加工处理部件。相对控制器而言,运算器受控制器的命令而动作,即由控制器发出信号来使运算器完成处理任务。通常,在 CPU 中还有若干个寄存器或寄存器组,它们是 CPU 内部的临时存储单元,可直接参与运算并存放运算的中间结果。

有些系统有多个 CPU,这样的系统称为多处理机系统。采用多处理器结构,可以在一定程度上提高系统性能和可靠性。

(2)微处理器

在 PC 机中,人们通常用特殊的工艺把 CPU 做在一块硅片上,称之为微处理器。微处理器决定了计算机的性能和速度,谁制造出性能卓越的高速 CPU,谁便能领导计算机的新潮流。下面以 Intel 公司的 Pentium 系列加以说明。

1971 年,Intel 公司成功地将运算器和控制器集成到一起,推出了第一个微处理器——4004 芯片。实际上它只集成了 2250 个晶体管,但这在当时是非常了不起的,它拉开了微处理器发展的序幕。这项突破性的发明当时被用于 Busicom 计算器中,引发了人类将智能内嵌于电和无生命设备的历程。1978 年,Intel 公司推出了 16 位微处理器 8086,同时生产出与之配合的数字协处理器 8087,这两种芯片使用相同的指令集,以后 Intel 生产的 CPU,均对其兼容。1982 年,Intel 推出了 80286 芯片,虽然它仍然是 16 位结构,但在体系结构上有了很大的变化,CPU 的工作方式也演变出两种:实模式和保护模式。此后的 9 年中,Intel 公司又在全世界率先推出 80286、80386、80486、Pentium 系列处理器,一代强似一代,极大地推进了 PC 机的迅猛发展。1985 年问世的 80386 微处理器是 32 位结构,包含 27.5 万个晶体管,是第一个 4004 芯片的 100 多倍。而 1999 年春季 Intel 推出的 Pentium Ⅲ处理器中,内核只有邮票般大小,却容纳了 800 多万个晶体管。

Pentium 4 处理器是目前全球性能比较高的微处理器。2002 年,Intel 在北京正式发布了全面支持超线程(Hyper Threading)技术的 P4 3.06GHz 处理器。该处理器的频率达到了又一里程碑——3.06GHz,成为第一款采用业界最先进的 0.13μm 制造工艺、每秒计算速度超过 30 亿次的微处理器。

在计算机系统中,微处理器的发展无疑是最快的。通过采用更先进的结构和制造工艺,新型处理器(例如,各种构架的 64 位微处理器)不断涌现。目前,微处理器的市场仍然是 Intel 占据了主要份额。IBM、AMD、摩托罗拉等业界巨头在处理器市场的发展中也表现出一定的影响力。

2. 存储器

计算机系统的一个重要特征是具有极强的“记忆”能力。存储器是计算机的记忆部件，是存放计算机的指令序列(程序)和数据的场所。显然，存储器容量越大，能存储的信息越多。除存放数据外，存储器需要和 CPU 进行数据的交互，其存取速度应该跟得上 CPU 的处理速度。因此，存储器的设计需要兼顾容量和访问速度这两个需求，当然还要考虑成本。

(1)计算机的存储体系

高速度、大容量、低价格始终是存储体系的设计目标，但容量、价格、速度三者之间总是存在矛盾的。尽管存储器的各种技术不断涌现，采用单一工艺的存储器还是很难兼顾三方面的要求。因此，在设计中，往往采用多种存储器构成层次结构。

图 1-2 所示是一个典型的存储器层次结构，存储体系的各部分符合以下规律：

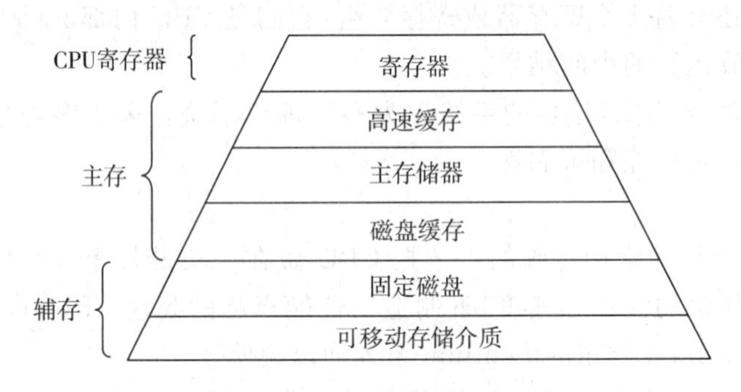

图 1-2 典型的存储器层次结构

① 层次越高，访问速度越快(例如，Cache 比主存储器快)。

② 层次越低，容量越大(例如，磁盘的容量比主存储器大)。

③ 层次越低，每个存储位的开销越小。

在层次结构的存储体系中，Cache、主存储器位于主机内部，CPU 可以直接访问，所以称为内部存储器(内存)。磁盘、磁带、光盘等属于外部存储器(外存)，是用来长期或永久保存程序和数据的场所。数据往往组织成文件的形式存放在外存，外存的信息只有调入内存才能被 CPU 处理。

寄存器位于 CPU 中，习惯上不归入存储器的范畴。CPU 在处理过程中，需要寄存器临时存放数据和信息，因此从这个角度，寄存器可以看作是 CPU 的本地存储器。寄存器的容量一般很小。

主存储器是内存储器最主要的部分，程序只有装入主存储器才能运行，当前运行的代码和相关数据存放在主存储器中。那么，为什么在 CPU 和主存储器之间还要有 Cache 呢?

假设没有 Cache 的情况。CPU 在执行程序时，取指令、取操作数、保存结果都要访问主存储器，因此，CPU 的执行速度会受到主存储器速度的限制。理想情况下，主存储器可以采用和寄存器相同的技术，但是这样的话，容量很难达到要求，成本也非常昂贵。于是，在处理器和主存储器之间提供一个小而快的存储器，称为高速缓冲存储器(Cache)。根据一定的规则，一些指令和数据可放在Cache中。这样一来，CPU大多时候可以从Cache中获取指令、存取数据。只有在Cache中找不到时，才访问主存储器，从而加快了数据的访问速度。

图1-3所示是存储体系更直观的一种表现方式。

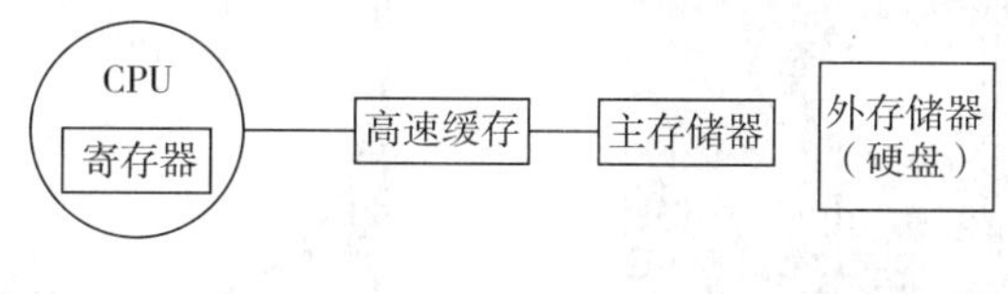

图1-3　存储体系

(2)内存储器

内存储器(简称内存)位于主机内部，是主机的一部分，它能够被CPU直接访问，是相对访问速度较快的一种存储器。内存储器主要由RAM(Random Access Memory，随机存取存储器)和ROM(Read Only Memory，只读存储器)构成。

ROM的信息一般由出产厂家写入，使用时通常不能改变，只能读取，不能写入，所以用来存放固定的程序。存放在ROM中的信息是永久性的，不会在断电后消失。一般认为ROM是只能读取、不能擦写的，实际上也有一些ROM是可擦写的，但需要经过特殊的处理。

RAM主要用来临时存放各种需要处理的数据或信息等，不是永久性存储信息。在电脑断电后，RAM中没有保存到硬盘或其他存储设备的数据或信息将会全部丢失。RAM又可分为静态RAM(Static RAM，SRAM)和动态RAM(Dynamic RAM，DRAM)。SRAM在通电情况下，只要不写入新的信息，存储就始终保持不变。而DRAM必须不断定时刷新，以保证所存储信息的存在。SRAM的速度较快，但价格较高，只适宜特殊场合的使用，例如前面介绍过的Cache一般用SRAM实现。DRAM的速度相对较慢，但价格低，因此在PC机中普遍采用它做成内存条。

(3)外存储器

外存储器(简称外存)存放着计算机系统几乎所有的主要信息，其中的信息要被送入内存后才能被使用，即计算机通过内外存之间不断的信息交换来使用外存中的信息。它是访问速度相对较慢的存储器，容量很大但CPU不能直接访问。外存主要有磁带、光盘、磁盘(软盘和硬盘)、可移动硬盘以及U盘等。

① 硬盘。硬盘是最主要的外存储设备，具有比软盘大得多的容量和快得多的存取速度。硬盘通常由硬盘驱动器、硬盘控制器以及连接电缆组成，如图1-4(a)、1-4(b)所示。它以3000～10000转/s的恒定高速旋转，读取数据速度较快。目前，硬盘的存储容量已在100GB以上。但由于硬盘转速和容量不断增大而体积不断减小，产生了一系列的负面影响，例如磨损加剧、噪声增大、温度升高等。为了数据的安全性，最好备份硬盘的数据。

② 光盘。光盘堪称计算机的超级笔记本，通常一片光盘最多可以储存650MB左右的资料，容量很大，而且读取速度快，没有磨损，存储的信息也不会丢失。光盘由光驱读

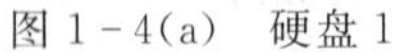
图1-4(a) 硬盘1

图1-4(b) 硬盘2

取,普通光驱只能读取光盘的资料,而不能将资料存储到光盘中,所以普通光驱又称为CD-ROM(Compact Disk Read Only Memory)。现在一般软件程序都是利用光盘来储存,因此光驱也成为计算机必要的配备之一。

③ 移动硬盘。移动硬盘主要指采用计算机外设标准接口(USB/IEEE 1394)的硬盘,如图1-5所示。作为一种便携式的大容量存储系统,它有许多出色的特性:容量大,单位储存成本低,速度快,兼容性好;除了 Windows 98 操作系统,在 Windows Me、Windows 2000 和 Windows XP 下完全不用安装任何驱动程序,即插即用,十分方便。USB 硬盘还具有极高的安全性,一般采用玻璃盘片和巨阻磁头,并且在盘体上精密设计了专有的防震、防静电保护膜,提高了抗震能力、防尘能力和传输速度,不用担心锐物、灰尘、高温或磁场等对 USB 硬盘造成伤害。

图1-5 移动硬盘

④ U 盘。U 盘是一种基于 USB 接口的无须驱动器的微型高容量活动盘,可以简单方便地实现数据交换。U 盘体积非常小,容量比软盘大很多;它不需要驱动器,无外接电源,使用简便,即插即用,带电插拔;存取速度快,约为软盘速度的 15 倍;可靠性好,可擦写达百万次,数据可保存 10 年以上;采用 USB 接口,并可带密码保护功能。

3. 总线

(1)总线的基本概念

所谓总线,就是 CPU、内存储器和 I/O 接口之间相互交换信息的公共通路,各部件通过总线连成一个整体。所有的外围设备也通过总线与计算机相连。按传送信息的类别,总线可以分为三种:地址总线、数据总线和控制总线。地址总线传送存储器和外围设备的地址,数据总线传送数据,控制总线则是管理协调各部分的工作,如图1-6所示。

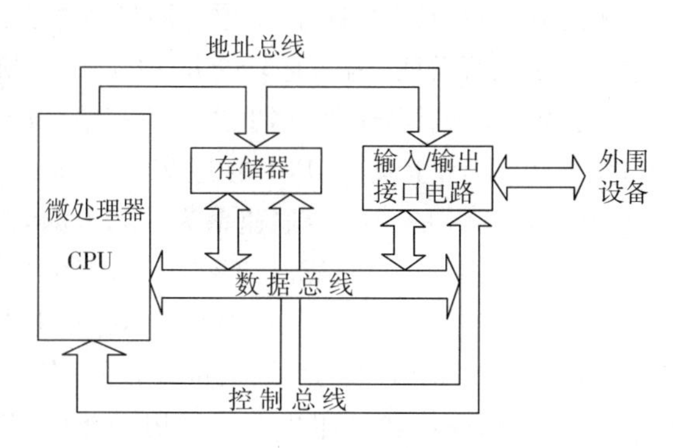

图1-6　总线的结构示意图

总线的主要作用是：

① 各部件之间的信息交换通过总线进行，避免了直接连线，提高了系统性能。

② 总线设有标准接口，便于功能扩充，容易实现积木化。微型计算机系统一开始就采用了总线这种技术构造，用它和模块来组装系统，使得不同的模块之间可以相互组合实现不同性能，还便于实现系统的扩展和维护。

计算机中总线按层次结构可分为内部总线、系统总线和外部总线。内部总线是计算机内部各外围芯片与处理器之间的总线，用于芯片一级的互联，与计算机具体的硬件设计相关。系统总线是计算机中各插件板与系统板之间的总线，用于插件板一级的互联。系统总线需要遵循统一的标准，常见的系统总线标准有 PCI、AGP。外部总线则是计算机和外部设备之间的总线，计算机通过该总线和其他设备进行信息与数据交换。外部总线也遵循统一标准，常见的外部总线标准有 USB、SCSI、IEEE 1394 等。

在计算机的发展中，CPU 的处理能力迅速提升，总线屡屡成为系统性能的瓶颈，使得人们不得不改造总线。总线技术不断更新，从 PC/XT 到 ISA、MCA、EISA、VESA 总线，发展到了 PCI、AGP、IEEE 1394、USB 总线，目前还出现了 EV6 总线、PCI-X 局部总线、NGIO 总线、Future I/O 等新型总线。

(2)微型计算机常见总线标准

① PCI 总线。PCI(Peripheral Component Interconnect)总线是当前最流行的总线之一，该总线是由 Intel、IBM、DEC 公司所定制的一种局部总线。PCI 总线与 CPU 之间没有直接相连，而是经过桥接(Bridge)芯片组电路连接。该总线稳定性和匹配性出色，提升了 CPU 的工作效率，扩展槽可达 3 个以上。它定义了 32 位数据总线，且可扩展为 64 位。PCI 总线主板插槽的体积比原 ISA 总线插槽还小，其功能比 VESA、ISA 有极大的改善，支持突发读/写操作，最大传输速率可达 132MB/s，可同时支持多组外围设备。PCI 局部总线不受制于处理器，是基于 Pentium 等新一代微处理器而发展的总线。现有 32 位和 64 位两种，是目前个人计算机、服务器主板广泛采用的总线。

② AGP 总线。AGP 插槽(Accelerated Graphics Port，加速图形接口)是为了提高视频带宽而设计的总线结构。AGP 总线实质上是对 PCI 技术标准的扩充，它提高了系统实际数据传输速率和随机访问主内存时的性能。AGP 总线的首要目的是将纹理数据置于主内存，开通主内存到图形卡的高速传输通道，以减少图形存储器的容量。为此，它将显

示卡与主板的芯片组直接相连进行点对点传输，让影像和图形数据直接传送到显卡而不需要经过 PCI 总线。但是它并不是正规总线，因为它只能和 AGP 显卡相连，故不具有通用性和扩展性。AGP 总线工作的频率为 66MHz，是 PCI 总线的一倍，并且可为视频设备提供 528MB/s 的数据传输速率，所以实际上就是 PCI 的超集。AGP1X 的总线传输速率为 266MB/s，工作频率为 66MHz；AGP2X 的总线传输速率为 532MB/s，工作频率为 133MHz，电压为 3.3V；AGP4X 的总线传输速率为 1.06GB/s，工作频率为 266MHz，电压为 1.5V。

③ SCSI 接口。SCSI(Small Computer System Interface)接口，即小型计算机系统接口，是由美国国家标准协会制定的。SCSI 也是系统级接口，可与各种采用 SCSI 接口标准的外部设备相连，如硬盘驱动器、扫描仪和打印机等。采用 SCSI 标准的这些外设本身必须配有相应的外设控制器。总线上的主机适配器和 SCSI 外设控制器最大为 8 个。SCSI 可以按同步方式和异步方式传输数据。SCSI-1 在同步方式下的数据传输速率为 4MB/s，在异步方式下为 1.5MB/s，最多可支持 32 个硬盘。SCSI-1 接口的全部信号通过一根 50 线的扁平电缆传送，其中包含 9 条数据线及 9 条控制和状态信号线。其特点是操作时序简单，并具有仲裁功能。随后推出的 SCSI-2 标准增加了一条 68 线的电缆，把数据的宽度扩充为 16/32 位，其同步数据传送速率达到了 20MB/s。

SCSI 总线上的设备没有主从之分，相互平等。启动设备和目标设备之间采用高级命令通信，不涉及外设特有的物理特性，因此使用十分方便，适应性强，便于系统集成。

④ IEEE 1394 总线。IEEE 1394 是一种串行接口标准，这种接口标准允许把电脑、电脑外设、家电非常简单地连接起来，是一种连接外部设备的外部总线。IEEE 1394 总线的原型是运行在 APPLE Mac 电脑上的 FireWire(火线)，由 IEEE(电气和电子工程师协会)采用并重新进行了规范。它定义了数据的传输协议及连接系统，可用较低的成本达到较高的性能，以增强电脑与外设(如硬盘、打印机、扫描仪)以及消费性电子产品(如数码相机、DVD 播放机、视频电话)等的连接能力。

IEEE 1394 总线是一种目前为止最快的高速串行总线，最高的传输速度达400MB/s。它的支持性较好，对于各种需要大量带宽的设备提供了专门的优化。IEEE 1394 接口可以同时连接 63 个不同设备，支持带电插拔设备。IEEE 1394 也支持即插即用，现在的 Windows 98、Windows 2000、Windows Me、Windows XP 都对 IEEE 1394 支持得很好，在这些操作系统中用户不用再安装驱动程序也能使用 IEEE 1394 设备。

⑤ USB 总线。通用串行总线(Universal Serial Bus，USB)是由 Intel、Compaq、Digital、IBM、Microsoft、NEC、Northern Telecom 七家世界著名的计算机和通信公司共同推出的一种新型接口标准。它和 IEEE 1394 同样是一种连接外围设备的机外总线。从性能上看，USB 总线在很多方面不如 IEEE 1394，但是却拥有 IEEE 1394 无法比拟的价格优势，在一段时期内，它将和 IEEE 1394 总线并存，分别管理低速和高速外设。它基于通用连接技术，实现外设的简单快速连接，达到方便用户、降低成本、扩展 PC 连接外设范围的目的。它可以为外设提供电源，而不像使用串、并口的普通设备需要单独的供电系统。USB 的最高传输速率可达 12MB/s，比普通串口快 100 倍，比普通并口快近 10 倍，而且 USB 还能支持多媒体。USB 和 IEEE 1394 一样，目前都广泛地应用于电脑、摄像机、数码相机等各种信息设备上，目前的普通 PC 都带有 2～6 个 USB 接口。

4. 主板

主板(Mainboard)是电脑系统中的核心部件,它的上面布满了各种插槽(可连接声卡、显卡和Modem等)、接口(可连接鼠标和键盘等)、电子元件,并把各种周边设备紧紧连接在一起,如图1-7所示。它不但是整个现代计算机系统平台的载体,而且还承担着CPU与内存、存储设备和其他I/O设备的信息交换以及任务进程的控制等任务。主板的性能好坏对电脑的总体指标将产生举足轻重的影响。

图1-7 主板

主板的设计是基于总线技术的,其平面是一块PCB印刷电路板,分为四层板和六层板。四层板分为主信号层、接地层、电源层和次信号层;而六层板则增加了辅助电源层和中信号层。六层PCB的主板抗电磁干扰能力更强,主板也更加稳定。主板上集成了CPU插座、南北桥芯片、BIOS、内存插槽、AGP插槽、PCI插槽、IDE接口、其他芯片、电阻、电容、线圈、BIOS电池以及主板边缘的串口、并口、PS/2、USB接口等元器件和部件。当主机加电时,电流会在瞬间通过主板上导电优良的印刷电路流遍CPU及所有元器件,其中BIOS(基本输入/输出系统)将对系统进行自检(而今的BIOS对大多数新硬件还能自动识别配置),在导入自身的基本输入/输出系统后,再进入主机安装的操作系统发挥出支撑系统平台工作的功能。

5. 输入/输出设备

输入/输出(I/O)设备是计算机系统与外界进行信息交流的工具。输入设备将信息用各种方法传入计算机,并将原始信息转化为计算机能接受的二进制数,以使计算机能够处理。输入设备有很多,主要有键盘、鼠标和扫描仪,还有数码相机等。输出设备是将信息从计算机中送出来,同时把计算机内部的数据转换成便于人们利用的形式。常用的有显示器、打印机、绘图仪和音箱等。

I/O设备一般通过接口电路与总线相连,系统主板往往提供一些最基本的I/O接口,例如PC机的系统主板带有键盘、鼠标端口、打印机端口、USB端口等,利用这些端口可以直接连接键盘、鼠标、打印机、U盘、移动硬盘等设备,而对于显示器、音箱等设备,大多数主板没有提供直接的连接端口(整合主板已经尝试提供连接端口),这时,往往需要增加接口卡(适配器)提供相应的技术支持,并实现总线连接,这些接口卡(如显示卡、声卡)可以看作是计算机中非常重要的部件。端口分为串行端口和并行端口,鼠标接在串行端口上,打印机接在并行端口上。

(1)键盘和鼠标

键盘和鼠标是计算机最基本的输入设备,如图 1-8 和图 1-9 所示。键盘通过将按键的位置信息转换为对应的数字编码送入计算机主机。用户通过键盘键入指令才能实现对计算机的控制。鼠标则是一种控制屏幕上光标的输入设备,只要通过操作鼠标的左键或右键就能告诉计算机要做什么,十分方便。但是,鼠标不能输入字符和数据。通常,左按键用作确定操作,右按键用作特殊功能。

图 1-8　键盘

图 1-9　鼠标

(2)显示器和显示适配器

计算机显示系统有两个部分:显示器和显示适配器,如图 1-10 和图 1-11 所示。显示器是计算机最重要的输出设备之一,可用于显示交互信息、查看文本和图形图像、显示数据命令与接受反馈信息。显示器上面有一些旋钮,可以按照用户的喜好来调节显示器的亮度和对比度,以及屏幕的大小、位置。PC 机显示器有单色和彩色的两种,单色显示器只有黑白两种颜色;彩色显示器显示的信息有多种颜色。

图 1-10　显示器

图 1-11　显示适配器

目前,大多数计算机带有 15 英寸和 17 英寸的彩色显示器。比较常见的主要有纯平显示器和液晶显示器。与传统的显示器相比,液晶显示器价格略高,但拥有诸多优势:无辐射、体积小巧、耗电量低、外观漂亮等,虽然存在视角有限、响应速度慢和表现力相对较弱等问题,但作为一般办公、家庭使用,其影响并不大。

显示适配器又称显示卡,它实际上是一个插到主板上的扩展卡。显示适配器把信息从计算机取出并显示到显示器上。在显示器和显示适配器之间,后者更重要一些,显示适配器决定了能看到的颜色数目和出现在屏幕上的图形效果。

显示系统的主要特性有:显示分辨率、色深、显示速度和影像显示能力,其中最主要的是分辨率和色深。

① 分辨率。分辨率指的是一个图形屏幕上的像素个数,特别是水平和垂直方向的像素个数。像素指的是在屏幕上单个的点。我们在 PC 机上能看到的所有图形都是由成百上千的图形点或像素组成的。每个像素都有不同的颜色,这产生了图像。通常所看到的分辨率是以乘法形式表现的,例如 1024×768,其中“1024”表示屏幕上水平方向显示的点数,“768”表示垂直方向的点数。显而易见,所谓分辨率就是指画面的解析度由多少像素构成,数值越大,图像也就越清晰。分辨率不仅与显示尺寸有关,还要受显像管点距、视频带宽等因素的影响。

② 色深。色深是指在某一分辨率下,每一个像素点可以有多少种色彩来描述。它的单位是位(Bit)。具体地说,8 位的色深是将所有颜色分为 256(28)种,那么,每一个像素点就可以取这 256 种颜色中的一种来描述。当然,把所有颜色简单地分为 256 种实在太少了些,因此,人们就定义了“增强色”的概念来描述色深,它是指 16 位(216=65536 色,即通常所说的“64K 色”)及 16 位以上的色深。在此基础上,人们还定义了真彩 24 位色(224 色)和 32 位色(232 色)等。

(3)扫描仪

扫描仪可以将图片等扫描进计算机以便使用,如图 1-12 所示。扫描仪性能指标是衡量一台扫描仪好坏的重要因素。扫描仪的主要性能指标很多,有扫描精度、色彩分辨率、灰度级、扫描幅面和接口方式等。扫描精度即分辨率,是衡量一台扫描仪质量高低的重要参数,体现了扫描仪扫描时所能达到的精细程度,通常以 dpi(每英寸能分辨的像素点)表示。dpi 值越大,则扫描仪相应的分辨率越高,扫描出彩的结果越精细。

图 1-12　扫描仪

(4)打印机

打印机可以把计算机处理的结果打印在纸上。打印机有很多种,下面介绍常见的几种。

① 针式打印机。针式打印机最早用于字符的输出,其打印头上有打印针,打印针通过色带击打纸张而打印出字。针的粗细决定了打印的分辨率。现在,一般的家庭和办公室已经很少采用针式打印机,但由于一些行业的特殊性,针式打印机还有着十分广阔的市场空间。在一些宽行打印的场合,针式打印机仍是一个较好的选择。在银行和企业的票据打印中,仍然需要针式打印机,如 Epson LQ-680K 针式打印机,具有 1+5 的复写打印能力、4 亿次的击打寿命及 200 万字符的色带寿命。

② 喷墨打印机。喷墨打印机是使墨水通过极细的喷嘴射出,利用电场控制墨滴的飞行方向来描绘出图像。喷嘴数目越多,打印速度就越高。一般的家庭中使用喷墨打印机较多,价格不是很高,打印一般的文件以及图片等效果也不差。大部分喷墨打印机使用黑、青、洋红、黄四色墨盒,有些高档的喷墨打印机有黑、青、洋红、黄、淡青、淡洋红六色墨盒。相比四色墨盒而言,六色墨盒打印色彩更加逼真,贴近自然。现在一些高档打印机也

有采用七色墨盒的。

③ 激光打印机。激光打印机利用了激光的定向性、能量密集性,性能比喷墨打印机更好。激光打印机可以输出各种字体、图表和图像,具有高分辨率、高速、输出效果好的特点。激光打印机在打印灰度图时具有较好的打印效果。一般地,激光打印机主要用于各种文档的打印。

在专业图片领域如广告设计中,人们需要更加逼真的图片,使用较多的打印机有喷墨打印机和热升华打印机。如今,照片质量的喷墨打印机可以到达 2880dpi 的分辨率,足以打印清晰的、无图案限制的照片。许多打印机还提供六种不同的墨水,这可以提高打印效果中色彩过渡的平滑性。热升华打印机的性能为人们所公认,特别是在色彩过渡的平滑性方面,它采用一个精细控制的加热元件将 3~4 条彩色色带上少量的颜料转移到纸张之上,形成大小可调的色点,可以打印出色彩平滑而又丰富的打印件,但是与功能相当的喷墨打印机相比,价格相对昂贵。而数码相机的出现,也带动了数码照片专业打印机的发展。例如,Fujifilm 系列打印机就是一款专用于数码照片打印的打印机,它使用了特殊的颜料转移过程,打印成像非常清晰,效果与传统的彩色照片冲印设备非常相似。

(5)声卡和音箱

简单地说,声卡就是将模拟的声音信号,经过模数转换器,将模拟信号转换成数字信号,然后再把信号以文件形式存储在计算机的存储器和硬盘中。当用户想把此信号播放出来时,只需将文件取出,经过声卡的数模转换器,把数字信号还原成模拟信号,经过适当的放大后,再通过喇叭播放出来,如图 1-13 所示。声卡的发明使得计算机表现信息的形式有了本质的飞跃。声卡不仅扩大了计算机的应用范围,而且使得计算机更加人性化和生活化。声卡作为 MPC 的主要组件,有了它,计算机才能真正进入声音世界。

音箱是一种电子设备,也是必不可少的听觉设备(图 1-14)。从电子学角度来看,多媒体音箱可分为无源音箱和有源音箱。无源音箱,即没有电源和音频放大电路部分,只是在塑料压制或木制的音箱中安装了两只扬声器(即喇叭),依靠声卡的音频功率放大电路输出直接放音。这种音箱的音质和音量主要取决于声卡的功率放大电路,通常音量不大。有源音箱就是在普通的无源音箱中加上功率放大器,把功放与音箱合二为一,使得音箱不必外接功放就可直接接收微弱的音频信号进行加工放大并由单元输出。

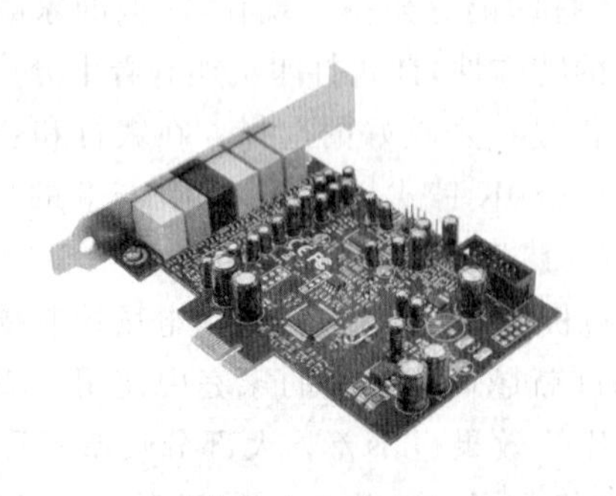

图 1-13 声卡

图 1-14 音箱

1.4.2 计算机的软件系统

微型机系统的功能实现是建立在硬件技术和软件技术综合基础之上的。没有装入软件的机器称为“裸机”，它是无法工作的。软件是指为运行、维护、管理、应用微型机所编制的“看不见”“摸不着”的程序和运行时需要的数据及其有关文档资料。

软件按功能可分为两大类：一类是支持程序人员方便地使用和管理计算机的系统软件；另一类是程序设计人员利用计算机及其所提供的各种系统软件编制的解决各种实际问题的应用软件。

1. 系统软件

系统软件的主要功能是对整个计算机系统进行调度、管理、监视和服务，还可以为用户使用机器提供方便，扩大机器功能，提高使用效率。系统软件一般由厂家提供给用户，常用的系统软件有操作系统、语言处理程序、实用程序和数据库管理系统等。

(1)操作系统(Operating System)

操作系统是微型机系统必不可少的组成部分，是系统软件的核心。它是所有软件、硬件资源的组织者和管理者。任何一台计算机，只有配备操作系统后才能有条不紊地使用计算机的各种资源，充分发挥计算机的功能。操作系统的主要任务是：管理好计算机的全部资源，使用户充分、有效地利用这些资源；担任用户与计算机之间的接口。

由于机器硬件以及使用环境的不同，操作系统分为单用户操作系统、多用户操作系统和网络操作系统。常用的操作系统有 DOS、Unix、Windows XP、Netware、Windows NT 等。

(2)语言处理程序

计算机语言(通常也称程序设计语言)就是实现人与计算机交流的语言。

自计算机诞生以来，设计与实现了数百种不同的程序设计语言，其中一部分得到比较广泛的应用，很大一部分为新设计的语言所取代，随着计算机的发展而不断推陈出新。

① 机器语言(Machine Language)。机器语言(又称第1代语言)是计算机的 CPU 能直接识别和执行的语言。机器语言是二进制数中的0和1按照一定的规则组成的代码串。用机器语言编写的程序叫作“手编程序”。早期的计算机程序大都用机器语言编写。手编程序的优点是可以直接驱使硬件工作且效率高。它的主要缺点是：必须与具体的机型密切相关，程序的通用性差，枯燥烦琐，容易出错且难以修改，很难与他人交流，使推广受到限制。

② 汇编语言(Assemble Language)。汇编语言(又称符号语言或第2代语言)是用约定的英语符号(助记符)来表示微型机的各种基本操作和各个参与操作的操作数。

用汇编语言编写的程序称为“汇编语言源程序”，它不能直接使机器识别，必须用一套相应的语言处理程序将它翻译为机器语言后，才能使计算机接受并执行。这种语言处理程序称为“汇编程序”，译出的机器语言程序称为“目标程序”，翻译的过程称为“汇编”。

③ 高级语言(High Programming Language)。高级语言(又称第3代语言)是一种易学易懂和书写的语言，语言表达接近人们习惯使用的自然语言和数学语言。用高级语言编写的程序称为“源程序”，高级语言的源程序必须最终翻译成机器语言后，才能直接在计

算机上运行。

每一种高级语言都有自己的语言处理程序，起着“翻译”的作用。根据翻译的方式不同，高级语言源程序的翻译过程可分为“解释方式”与“编译方式”两种，在解释方式下，整个源程序被逐句解释、翻译并执行，不形成目标可执行程序，因此运行速度较慢；在编译方式下，整个源程序全部被编译，形成可执行程序运行之，便可以完成全部处理任务，因此运行速度较快。高级语言如 C 语言、PASCAL 语言、FORTRAN 语言等，都是采用编译方式；BASIC 语言采用的是解释方式。

常用的高级语言有 10 多种，如：Basic（Basica，True Basic，Quick Basic，Visual Basic），Fortran，Delphi（可视化 Pascal），Cobol，C，C＋＋，Visual C＋＋，Ada 语言等。

由于计算机网络和多媒体技术的发展，出现了被称为第 4 代的程序设计语言，如 Java、FrontPage 语言——网络和多媒体程序设计语言等。

（3）实用程序

实用程序是面向计算机维护的软件，主要包括错误诊断、程序检查、自动纠错、测试程序和软硬件的调试程序等。

（4）数据库管理系统（Database Management System）

数据库管理系统（DBMS）作为一种通用软件，它基于某种数据模型（数据库中数据的组织模式），目前主要的数据模型有：层次型、关系型、网络型。当今关系型数据库管理系统最为流行，诸如 DBase，FoxBASE，FoxPro，Access，Oracle，Sybase，Informix 等。

数据库管理系统对数据进行存储、分析、综合、排序、归并、检索、传递等操作。用户也可根据自己对数据分析、处理的特殊要求编制程序。数据库管理系统提供与多种高级语言的接口。用户在使用高级语言编制程序中，可调用数据库的数据，也可用数据库管理系统提供的各类命令编制程序。

2. 应用软件

应用软件是由计算机用户在各自的业务领域中开发和使用的解决各种实际问题的程序。应用软件的种类繁多、名目不一，常用的应用软件有下列几种：

（1）字处理软件

字处理软件的主要功能是能对各类文件进行编辑、排版、存储、传送、打印等。字处理软件被称为电子秘书，能方便地处理文件、通知、信函、表格等，在办公自动化方面起到了重要的作用。目前常用的字处理软件有 Word 2000、WPS 2000 等。它们除了字处理功能外，都具备简单的表格处理功能。

（2）表格处理软件

表格处理软件能对文字和数据的表格进行编辑、计算、存储、打印等，并具有数据分析、统计、制图等功能。常用的表格处理软件有 Excel 等。

（3）计算机辅助设计软件

① 计算机辅助设计（Computer Aided Design，CAD）。CAD 利用计算机的计算及逻辑判断功能进行各种工程和产品的设计。设计中的许多繁重工作，如计算、画图、数据的存储和处理等均可交给计算机完成。

② 计算机辅助测试（Computer Aided Testing，CAT）。CAT 以计算机为工具对各种

工程的进度及产品的生产过程进行测试。

③ 计算机辅助制造(Computer Aided Manufacturing,CAM)。CAM 利用计算机通过各种数据控制机床和设备,自动完成产品的加工、装配、检测和包装等生产过程。

④ 计算机辅助教学(Computer Assisted Instruction,CAI)。CAI 让学习者利用计算机学习知识。计算机内有预先安排好的学习计划、内容、习题等。学生与计算机通过人机对话,了解学习内容,完成习题作业。计算机对完成学习情况进行评判。

应用软件的种类很多,还有图形图像处理软件以及保护计算机安全的软件等。随着计算机应用的普及,计算机涉及的范围越来越广,应用软件的种类也越来越多。计算机软件直接影响计算机的应用与发展。任何一台计算机只有配备了具有各种功能且使用方便的软件,才能扩大它的应用范围。因此,计算机软件的研制与开发是计算机工业的重要组成部分。

1.4.3　微型机系统的主要技术指标

1. 字长(Word Length)

字长是指计算机的运算部件能够同时处理的二进制数据的位数。字长决定了计算机的精度、寻址速度和处理能力。一般情况下,字长越长,计算精度越高,处理能力越强。微型机按字长可分为:8 位(8080),16 位(8086,80286),32 位(80386,80486DX,Pentium)和 64 位(Alpha21364)。

2. 主频(Master Clock Frequency)

主频是指 CPU 的时钟频率,通常以时钟频率来表示系统的运算速度。如486DX/66,586/166,其中 486 和 586 是指 CPU 类型,66/166 则是 CPU 的主频率,单位是 MHz(兆赫兹),主频越高,计算机的处理速度越快。一般低档微型机的主频在 25～166MHz 之间,中档微型机的主频则在 233M～1G 之间,高档的已达 1.3～2.4GHz。目前,Pentium Ⅳ 主频可达 3.06GHz 甚至更高。

3. 运算速度

运算速度指 CPU 每秒能执行的指令条数。虽然主频越高,运算速度越快,但它不是决定速度的唯一因素,还在很大程度上取决于 CPU 的体系结构以及其他技术措施。单位用 MIPS(Million Instructions Per Second:每秒执行百万条指令)表示。

4. 存取周期

存储器进行一次读或写操作所需的时间称为访问时间,连续两次独立的读或写操作所需的最短时间称为存取周期,是衡量计算机性能的一个重要指标。

5. 存储容量(Memory Capacity)

存储容量是指存储器所能存储的字节数,它决定计算机能否运行较大程序,并直接影响运行速度,在系统中直接与 CPU 交换数据,向 CPU 提供程序和原始数据,并接受 CPU 产生的处理结果数据。在实际应用中,很多软件要求有足够大的内存空间才能运行,如 Windows 2000 一般应不少于 8MB,Office 2000 系列办公软件要求不少于 32MB,而计算机绘图 AutoCAD、三维动画设计 3DS max 等大型软件最好应配置 64MB 以上。现在主流微型机(Pentium Ⅳ)配置的内存为 128～256MB 或更大。

6. 系统总线的传输速率

系统总线的传输速率直接影响计算机输入输出的性能，它与总线中的数据宽度及总线周期有关。早期的 ISA 总线速率仅为 5MB/s，目前广泛使用的 PCI 总线速率达 133MB/s 或 267MB/s(64 位数据线)。

7. 外部设备配置

随着微型机功能的越来越强，为主机配置合理的外设，也是衡量一台机器综合性能的重要指标。微型机最基本外设配置包括键盘、显示器、打印机、软盘驱动器、硬盘驱动器、鼠标等。如果将微型机升级为多媒体计算机，那还要配置光盘驱动器、声卡、视频卡等。

8. 软件配置

软件的配置包括操作系统、程序设计语言、数据库管理系统、网络通信软件、汉字软件及其他各种应用软件等。对用户来说，如何选择合适的、好的软件来充分发挥微型机的硬件功能是很重要的。

除了以上性能指标外，微型机经常还要考虑的是机器的兼容性(Compatibility)，兼容性有利于微型机的推广；系统的可靠性(Reliability)也是一项重要性能，它是指平均无故障工作时间；还有系统可维护性(Maintainability)，它是指故障的平均排除时间。对于中国的用户来说，微型机系统的汉字处理能力也是一个技术性要求。

1.4.4 微型机的基本工作原理

现代计算机是一个自动化的信息处理装置，它之所以能实现自动化信息处理，是由于采用“存储程序”工作原理。这一原理是 1946 年由美籍匈牙利科学家冯·诺依曼和他的同事们在一篇题为《关于电子计算机逻辑设计的初步讨论》的论文中提出并论证的。这一原理确立了现代计算机的基本组成和工作方式。计算机的工作原理如图 1 - 15 所示。

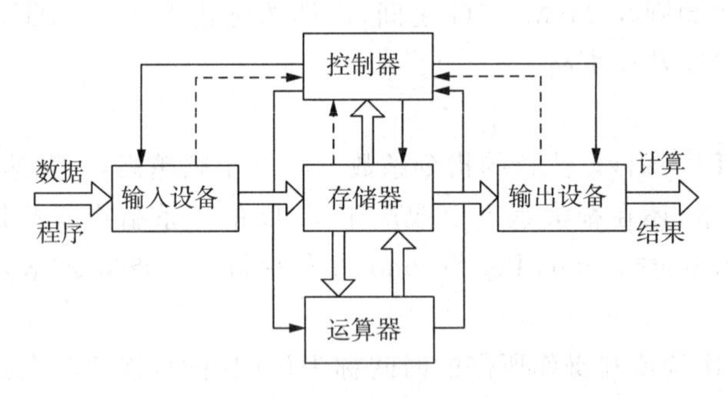

图 1 - 15 计算机的工作原理

1. 指令和程序

(1)指令

微型机“聪明能干”，但它自身并不能主动思维(至少在当前是这样)，一切均听从人的安排。当我们要求微型机完成某项处理时，必须把微型机的处理过程分解成微型机能直接实现的若干基本操作，微型机才能遵照为之安排的步骤逐步执行。

就拿两个数相加这一最简单的运算来说，整个解题过程需要分解成以下几步(假定要运算的数已存在存储器中)：

第 1 步：把第 1 个数从它所在的存储单元中取出来，送至运算器；

第 2 步：把第 2 个数从它所在的存储单元中取出来，送至运算器；

第 3 步：两数相加；

第 4 步：把加的结果送至存储器中指定的单元；

第 5 步：停机。

以上的取数、相加、存数等都是微型机执行的基本操作。这些基本操作用命令的形式写下来，就是指令(Instruction)。换句话说，指令就是人对计算机发出的工作命令，它通知计算机执行某种操作。通常，一条指令对应着一种基本操作。

指令以二进制编码的形式来表示，也就是由一串 0 和 1 排列组合而成，所以又称为机器指令。一条指令通常包括两大部分内容：

① 操作码。指出机器执行什么操作。

② 地址码。指出参与操作的数据在主存储器中的存放地址。

每台微型机都规定了一定数量的基本指令。这些指令的总和称为微型机的指令系统(Instruction Set)。不同机器的指令系统拥有的指令种类和数目是不同的。

(2)程序

人们为了使用微型机解决问题，就必须规定微型机的操作步骤，告诉微型机“做什么”和“怎么做”，即按照任务的要求写出一系列的指令。但这些指令必须是微型机能识别和执行的指令，即每一条指令必须是一台特定微型机的指令。我们把为解决某一问题而写出的一系列指令称为程序(Program)，而设计及书写程序的过程为程序设计。例如，为实现两数相加，可以编写程序如下：

取数指令(取第 1 个数)；

取数指令(取第 2 个数)；

加法指令(两数相加)；

存数指令(存结果)；

停机指令。

一台微型机的指令是有限的，但用它们可以编制出各种不同的程序，可完成的任务是无限的。微型机的工作就是执行程序，它在程序运行中能自动连续地执行指令，主要是因为其工作方式是按照存储程序原理进行的。

2. 存储程序原理

我们已经知道，程序是一条条机器指令按一定顺序组合而成的。要想实现自动化，必须有一种装置事先把指令存储起来，微型机在运行时逐一取出指令，然后根据指令进行运算。这就是存储程序原理。

存储程序原理是计算机自动连续工作的基础，其基本思想如下：

(1)采用二进制形式表示数据和指令

(2)将程序(包括数据和指令序列)事先存入主存储器中，使计算机在工作时能够自动高速地从存储器中取出指令加以执行

程序中的指令通常是按照一定顺序一条条存放的，微型机工作时，只要知道程序中第

一条指令放在什么地方，就能依次取出每条指令，然后按指令规定执行相应的操作。

(3)由运算器、存储器、控制器、输入设备和输出设备5大基本部件组成计算机系统(相应组成微型机硬件的最基本部件是：主机、键盘、显示器)。

直到目前，多数微型机仍沿用这一体系结构，称为冯·诺依曼计算机(Von Neumann Machine)，上述结构思想通常称为冯·诺依曼思想，它的最主要一点就是存储程序概念。

3. 计算机的工作过程

计算机的工作过程就是执行程序的过程，程序是若干指令的序列，程序的执行过程是：

(1)取出指令：从存储器某个地址中取出要执行的指令，送到CPU内部的指令寄存器暂存

(2)分析指令：把保存在指令寄存器中的指令送到指令译码器，译出该指令对应的微操作

(3)执行指令：根据指令译码器向各个部件发出相应控制信号，完成指令规定的操作

(4)为执行下一条指令做好准备，即形成下一条指令地址

1.5 计算机中的数制与编码

1.5.1 计算机中的数制

1. 数制的概念

以表示数值所用的数字符号的个数来命名的，并按一定进位规则进行计数的方法叫作进位计数制。每一种数制都有它的基数和各数位的位权。所谓某进位制的基数是指该进制中允许使用的基本数码的个数。例如，十进制数由十个数字组成，即0，1，2，3，4，5，6，7，8，9。十进制的基数就是10，逢十进一。

数制中每一个数值所具有的值称为数制的位权。对于r进制数，有数字符号0，1，2，…，r－1，共r个数码，基数是r。在采用进位计数的数字系统中，如果用r个基本符号，例如：0，1，2，…，r－1表示数值，则称其为基r数制(Radix r Number System)，r成为该数制的基(Radix)。例如取r＝2，即基本符号为0，1，则为二进制数。

2. 常用进位计数制

(1)二进制

二进制(Binary)由0和1两个数字组成，2就是二进制的基数，逢二进一。二进制的位权是2i，i为小数点前后的位序号。

(2)八进制

八进制由八个数字组成，即由0，1，2，3，4，5，6，7这八个数字组成。八进制的基数就是八，逢八进一。

(3)十进制

十进制由十个数字组成，即由0，1，2，3，4，5，6，7，8，9这十个数字组成。十进制的基数就是十，逢十进一。

(4)十六进制

十六进制由十六个数字组成,即 0,1,2,3,4,5,6,7,8,9,A,B,C,D,E,F 这十六个数字组成。十六进制基数就是 16,逢十六进一。数制之间的相互关系见表 1-1。

表 1-1 各种数制表示的相互关系

二进制数(B)	十进制数(D)	八进制数(O)	十六进制数(H)
0	0	0	0
1	1	1	1
10	2	2	2
11	3	3	3
100	4	4	4
101	5	5	5
110	6	6	6
111	7	7	7
1000	8	10	8
1001	9	11	9
1010	10	12	A
1011	11	13	B
1100	12	14	C
1101	13	15	D
1110	14	16	E
1111	15	17	F
10000	16	20	10

1.5.2 计算机中数据的表示

1. 计算机中的数据单位

数据泛指一切可以被计算机接受并处理的符号,包括了数值、文字、图形、图像、声音、视频等各种信息。计算机中的所有信息都是以二进制形式表示,这是由于二进制具有技术上容易实现(只有 0 和 1 两个数据符号)、运算规则简单、与逻辑易吻合、与十进制容易转换的特点。在计算机中常用的数据单位有下列 3 种。

(1)位(Bit)

位又称比特,是计算机表示信息的数据编码中的最小单位。1 位二进制的数码用 0 或 1 表示。

(2)字节(Byte)

字节是计算机存储信息的最基本单位,因此也是信息数据的基本单位。一个字节用8位二进制数字表示。通常计算机以字节为单位来计算内存容量,1字节为8位二进制码。

1KB(千字节)$=2^{10}$B=1024B

1MB(兆字节)$=2^{10}$KB$=2^{10}\times2^{10}$B=1048576B=1024KB

1GB(吉字节)$=2^{10}$MB$=2^{10}\times2^{10}\times2^{10}$B=1073741624B=1024MB

1TB(太字节)$=2^{10}$GB$=2^{10}\times2^{10}\times2^{10}\times2^{10}$B=1099511627776B=1024GB

(3)字长(Word Length)

计算机一次存储、传输或操作时的一组二进制位数。一个字长由若干个字节组成,用于表示数据或信息的长度。

2. 机器数的表示

机器数:一个数及其符号在机器中的数值化表示。

真值:机器数所代表的数。

计算机中对有符号数常采用3种表示方法,即原码、补码和反码。

(1)原码

正数的符号为0,负数的符号为1,其他位的值按一般的方法表示数的绝对值,用这种方法得到的数码就是该数的原码。

$$[X]_{原}=\begin{cases}X, 0\leqslant X\leqslant 2^{n-1}-1\\2^{n-1}+|X|, -(2^{n-1}-1)\leqslant X\leqslant 0\end{cases}$$

$$[X]_{原}=\begin{cases}0X, X\geqslant 0\\1|X|, X\leqslant 0\end{cases}$$

例如:+7:00000111+0:00000000

　　-7:10000111-0:10000000

原码简单易懂,但用这种码进行两个异号数相加或两个同号数相减时都不方便。

(2)反码

正数的反码与原码相同,负数的反码为其原码除符号位外的各位按位取反(0变1,而1变0)。

$$[X]_{反}=\begin{cases}X, 0\leqslant X\leqslant 2^{n-1}-1\\2^{n-1}-|X|, -(2^{n-1}-1)\leqslant X\leqslant 0\end{cases}$$

即:例如:+7:00000111+0:00000000

　　　-7:11111000-0:10000000

$$X_{反}=\begin{cases}0X, X\geqslant 0\\1|\overline{X}|, X\leqslant 0\end{cases}$$

(3)补码

正数的补码与其原码相同,负数的补码为其反码在其最低位加1。

$$[X]_{补}=\begin{cases}X,0\leqslant X\leqslant 2^{n-1}-1\\2^{n}+|X|,-(2^{n-1}-1)\leqslant X\leqslant 0\end{cases}$$

即:

$$X_{反}=\begin{cases}0X,X\geqslant 0\\1|\overline{X}|+1,X\leqslant 0\end{cases}$$

例如:+7:00000111+0:00000000

　　　−7:11111001−0:00000000

总结规律如下:

对于正数,原码=反码=补码

对于负数,补码=反码+1

引入补码后,使减法统一为加法。

1.5.3　文字信息的编码

我们知道,可以利用按一定规则组合的数字来表示信息,如我们的居民身份证号,每一个号码由18个数字组成,它表示了一个人的居住地、出生年月和性别等信息。二进制虽然只有两个数字,但按不同的规则组合后,同样可以用来表示各种各样的信息。我们把表示信息的二进制数叫作二进制代码。当我们输入字符“A”时,计算机接收到的是“A”的二进制代码“1000001”,在显示时,又会把“1000001”转化为“A”。信息的编码对于信息处理的工具计算机来说,其必要性和重要性都是不言而喻的。

1. BCD码(二—十进制编码)

人们习惯于使用十进制数,而计算机内部多采用二进制表示和处理数值数据,因此在计算机输入和输出数据时,就要进行由十进制到二进制和从二进制到十进制的转换处理。显然,这项工作如果由人工来承担,势必造成大量时间的浪费。因此,我们必须采用一种编码的方法,由计算机自己来承担这种识别和转换工作。

人们通常采用把十进制数的每一位分别写成二进制数形式的编码,称为二—十进制编码或BCD(Binary-Coded Decimal)编码。

BCD编码方法很多,通常采用的是8421编码。这种编码最自然、最简单。其方法是用四位二进制数表示一位十进制数,自左至右每一位对应的权是8、4、2、1。值得注意的是,四位二进制数有0000~1111十六种状态,这里我们只取了0000~1001十种状态。而1010~1111六种状态在这里没有意义。

这种编码的另一特点是书写方便、直观、易于识别。例如十进制数864,其二—十进制编码为:8(1000)6(0110)4(0100)。

表1-2中给出了十进制数与8421码的对照表。由表1-2可见,十进制的0~9对应于0000~1001;对于十进制的10,则要用2个8421码来表示。

表 1-2　十进制数与 8421 码的对照表

十进制数	8421 码	十进制数	8421 码
0	0000	5	0101
1	0001	6	0110
2	0010	7	0111
3	0011	8	1000
4	0100	9	1001

2. 字符编码(ASCII 码)

ASCII(American Standard Code for Information Interchange)是美国信息交换标准代码，是国际上通用的微型机编码。为了和国际标准兼容，我国根据它制定了国家标准即 GB 1988。GB 1988 用来表示 52 个英文大小写字母，32 个标点符号、运算符和 34 个控制字符，共 128 种。每个字符用一个 7 位二进制数来表示，在微型机内以一个字节来存储，其最高位 D7，恒为 0。具体编码如表 1-3 所示。

表 1-3　7 位 ASCII 码表

<table>
<tr><th>$D_6\ D_5\ D_4$
$D_3\ D_2\ D_1\ D_0$</th><th>000</th><th>001</th><th>010</th><th>011</th><th>100</th><th>101</th><th>110</th><th>111</th></tr>
<tr><td>0000</td><td>NUL</td><td>DLE</td><td>SP</td><td>0</td><td>@</td><td>P</td><td>、</td><td>p</td></tr>
<tr><td>0001</td><td>SOH</td><td>DC1</td><td>!</td><td>1</td><td>A</td><td>Q</td><td>a</td><td>q</td></tr>
<tr><td>0010</td><td>STX</td><td>DC2</td><td>‘’</td><td>2</td><td>B</td><td>R</td><td>b</td><td>r</td></tr>
<tr><td>0011</td><td>ETX</td><td>DC3</td><td>#</td><td>3</td><td>C</td><td>S</td><td>c</td><td>s</td></tr>
<tr><td>0100</td><td>EOT</td><td>DC4</td><td>$</td><td>4</td><td>D</td><td>T</td><td>d</td><td>t</td></tr>
<tr><td>0101</td><td>ENQ</td><td>NAK</td><td>%</td><td>5</td><td>E</td><td>U</td><td>e</td><td>u</td></tr>
<tr><td>0110</td><td>ACK</td><td>SYN</td><td>&</td><td>6</td><td>F</td><td>V</td><td>f</td><td>v</td></tr>
<tr><td>0111</td><td>BEL</td><td>ETB</td><td>’</td><td>7</td><td>G</td><td>W</td><td>g</td><td>w</td></tr>
<tr><td>1000</td><td>BS</td><td>CAN</td><td>(</td><td>8</td><td>H</td><td>X</td><td>h</td><td>x</td></tr>
<tr><td>1001</td><td>HT</td><td>EM</td><td>)</td><td>9</td><td>I</td><td>Y</td><td>i</td><td>y</td></tr>
<tr><td>1010</td><td>LF</td><td>SUB</td><td>*</td><td>:</td><td>J</td><td>Z</td><td>j</td><td>z</td></tr>
<tr><td>1011</td><td>VT</td><td>ESC</td><td>+</td><td>;</td><td>K</td><td>[</td><td>k</td><td>|</td></tr>
<tr><td>1100</td><td>FF</td><td>FS</td><td>,</td><td><</td><td>L</td><td>\</td><td>l</td><td>|</td></tr>
<tr><td>1101</td><td>CR</td><td>GS</td><td>—</td><td>=</td><td>M</td><td>]</td><td>m</td><td>|</td></tr>
<tr><td>1110</td><td>SO</td><td>RS</td><td>。</td><td>></td><td>N</td><td>↑</td><td>n</td><td>~</td></tr>
<tr><td>1111</td><td>SI</td><td>US</td><td>/</td><td>?</td><td>O</td><td>↓</td><td>o</td><td>DEL</td></tr>
</table>

要确定字母、数字及各种符号的 ASCII 码，在表 1-3 中先查出它的位置，然后确定它

所在位置对应的行和列。根据“行”确定被查字符的高 3 位编码(D6D5D4),根据“列”确定被查字符的低 4 位编码(D3D2D1D0)。将高 3 位编码与低 4 位编码连在一起就是被查字符的 ASCII 码。

例如,“A”字符的 ASCII 码是 1000001,若用十六进制表示为(41)H,若用十进制表示为(65)D。

字符的 ASCII 码值的大小规律是:a～z>A～Z>0～9>空格>控制符。

表 1-4 中简要列出了 ASCII 码中各种控制符的功能。

3. 汉字的编码

为了适应计算机信息处理技术的需要,原国家标准局于 1981 年颁布了国家标准《信息交换用汉字编码字符集・基本集》,即 GB 2312。其中 GB 是“国标”汉语拼音的首字母,2312 为标准序号。该标准规定了汉字交换用的基本图表,也是用二进制代码的形式表示。

表 1-4　特殊控制符及功能

控制符	功能	控制符	功能	控制符	功能	控制符	功能
NUL	空	HT	横向列表	VT	垂直制表	DC1	设备控制 1
SOH	标题开始	LF	换行	FF	走纸控制	DC2	设备控制 2
STX	正文开始	US	单元分隔符	CR	回车	DC3	设备控制 3
ETX	正文结束	SO	移位输出	DLE	数据链换码	DC4	设备控制 4
EOT	传输结束	SI	移位输入	NAK	否定	ESC	换码
ENQ	询问	SP	空格	SYN	空转同步	SUB	减
ACK	确认	FS	文件分隔符	CAN	作废	DEL	作废
BEL	振铃	GS	分组符	ETB	信息组传递结束		
BS	退格	RS	记录分隔符	EM	纸尽		

由于汉字具有特殊性,因此汉字输入、输出、存储和处理过程中所使用的汉字代码不相同。有用于汉字输入的输入码(外码),用于计算机内部汉字存储和处理的机内码,用于汉字显示的显示字模点阵码,用于汉字打印输出的字形码,用于在汉字字库中查找汉字字模的地址码等。

所有的英文与拼音文字均由 26 个字母拼组而成,加上数字等其他符号,常用的字符有 95 种。所以,ASCII 码采用一个字节编码已经够用,一个字符只需占一个字节。汉字为非拼音文字。如果一字一码,1000 个汉字需要 1000 种码才能区分。显然,汉字编码比 ASCII 码要复杂得多。

(1)汉字交换码

1981 年,我国颁布了《信息交换用汉字编码字符集基本集》(代号 GB 2312－80)。它是汉字交换码的国家标准,所以又称“国标码”。该标准收入了 6763 个常用汉字[其中一级汉字 3755 个(拼音序),二级汉字 3008 个(部首序)],以及英、俄、日文字母与其他符号 682 个,共有 7445 个符号。

国标码规定，每个字符由一个 2 字节代码组成。每个字节的最高位恒为“0”，其余 7 位用于组成各种不同的码值。两个字节的代码，共可表示 128×128＝16384 个符号，而国标码的基本集目前仅有 7445 个符号，所以足够使用。

一个汉字所在的区号与位号简单地组合在一起就构成了该汉字的一种外码——“区位码”。它用高低两个字节来表示，高字节表示汉字所在的区号，低字节表示汉字所在的位号。如汉字“啊”在 GB 2312－80 中所在的位置是第 16 区的第 1 位，则它的区位码就是 1601。

(2)汉字机内码

在计算机内部传输、存储、处理的汉字编码称汉字机内码。为了实现中、西文兼容，通常利用字节的最高位来区分某个码值是代表汉字或 ASCII 码字符。具体的做法是，若最高位为“1”视为汉字符，为“0”视为 ASCII 字符。所以，汉字机内码可在上述国标码的基础上，把 2 个字节的最高位一律由“0”改“1”而构成。例如，汉字“大”字的国标码为 3473H，两个字节的最高位均为“0”，如图 1－16(a)所示。把两个最高位全改成“1”，变成 B4F3H，就可得“大”字的机内码，如图 1－16(b)所示。由此可见，同一汉字的汉字交换码与汉字机内码内容并不相同，而对 ASCII 字符来说，机内码与交换码的码值是一样的。

顺便指出，当两个相邻字节的机内码值为 3473H 时，因它们的最高位都是“0”，计算机将把它们识别为两个 ASCII 字符——4 和小写 s，如图 1－16(c)所示。

3473	0011010001110011	代表汉字“大”字
	(a)国标码	
B4F3	1011010011110011	代表汉字“大”字
	(b)机内码	
3473	0011010001110011	代表西文“4s”
	(c)机内码	

图 1－16　国标码和汉字/ASCII 码的比较

(3)汉字输入码

西文输入时，想输入什么字符便按什么键，输入码与机内码总是一致的。汉字输入则不同，假设现在要输入汉字“大”，在键盘上并无标有“大”字的键。如果采用“拼音输入法”，则需在键盘上依次按下“d”和“a”两键，这里的“da”便是“大”字的输入编码。如果换一种汉字输入法，输入编码也得换一种样子。换句话说，汉字输入码不同于它的机内码，而且当改变汉字输入法时，同一汉字的输入码也将随之变更。

需要指出，无论采用哪一种(数码、音码、形码或音形码)汉字输入法，当用户向计算机输入汉字时，存入计算机中的总是它的机内码，与所采用的输入法无关。实际上不管使用何种输入法，在输入码与机内码之间总是存在着一一对应的关系，很容易通过“输入管理程序”把输入码转换为机内码。为了方便从键盘输入汉字而设计的编码，我们称其为输入码或外码，而机内码则是供计算机识别的内码，其码值是唯一的。两者通过键盘管理程序来转换，如图 1－17 所示。

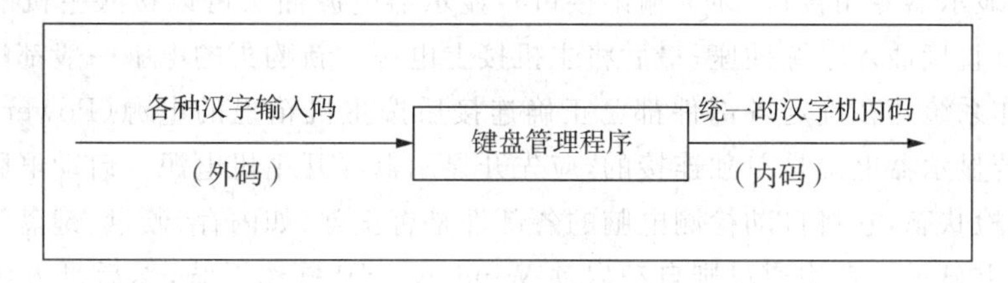

图 1 - 17　从外码到内码的转换

(4)汉字字形码

字形码是指文字字形存储在字库中的数字化代码。字形码用于计算机显示和打印文字时的汉字字形码。汉字字形是以点阵方式表示汉字，通常汉字显示使用 16×16 点阵，汉字打印可选用 24×24，32×32，48×48 等点阵。点数愈多，打印的字体愈美观，但汉字字库占用的存储空间也愈大。

汉字字库由所有汉字的字模码构成。一个汉字字模码究竟占多少个字节由汉字的字形决定。例如，一个 16×16 点阵汉字占 16 行，每行 16 个点在存储时用 16/8＝2 个字节来存放一行上 16 个点信息。因此，一个 16×16 点阵汉字占 32 个字节。

常用的字模码有 4 种：

① 简易型 16×16 点阵，字模码为 32 字节。

② 普通型 24×24 点阵，字模码为 72 字节。

③ 提高型 32×32 点阵，字模码为 128 字节。

④ 精密型 48×48 点阵，字模码为 288 字节。

(5)各种代码之间的关系

从汉字代码转换的角度，我们可以把汉字信息处理系统抽象为一个结构模型，如图 1 - 18所示。

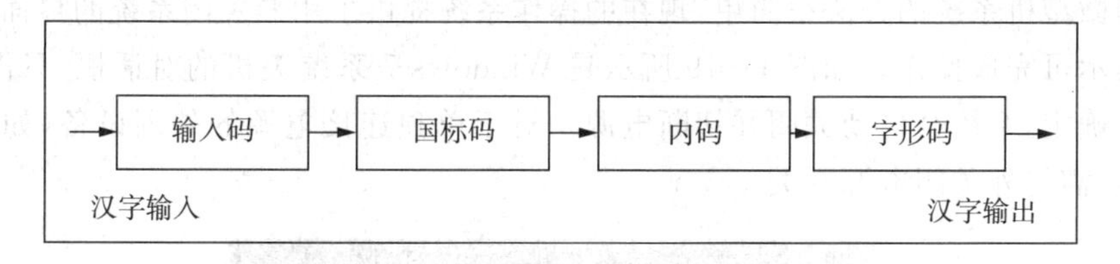

图 1 - 18　汉字信息处理系统模型

1.6　微型计算机的基本操作

1.6.1　开机与关机

1. 启动

电脑用户在使用新购买的微型机前应认真阅读使用说明书，并按说明书要求正确安装电脑的各部件。键盘和鼠标可以直接连接到电脑主机上的插口；显示器的信号线接口接到主机的显示器专用接口(显卡输出接口),显示器电源插头可以接入主机的输出电源插座,也可以直接插入电源插座;最后将主机接上电源。新购买的电脑一般都配有基本的软件(如操作系统),在确定各部件都已正确连接后按主机箱上的电源(Power)按钮开始启动系统,若显示器电源是单独连接的,应先开显示器再开主机电源。启动电脑系统首先进入机器自检状态,它将自动检测电脑的各部件是否正常(如内存、硬盘、键盘等),自检信息会在屏幕上显示。自检通过则自动启动 Windows XP 操作系统,然后进入用户可操作的界面(Windows 的桌面)。微型机从断电到接通电源启动系统的过程称为冷启动。

微型机在使用过程中切记不要轻易关机,因为频繁的开关机会对微型机中的电器件造成伤害。现在微型机都采用环保节能电源,只要用户在一段时间内没有操作微型机,它会自动进入节能睡眠方式,用户再使用它时又进入正常工作状态。

使用微型机的过程中可能会出现系统死锁的状态,即用户无法对微型机进行操作,或系统对用户的操作没有反应,此状态称为死机。如果出现此种情况,为使微型机重新回到正常工作方式,可以用下述方法:

(1)热启动

热启动是在主机通电的情况下,重新加载操作系统或终止当前进行的任务。热启动就是在键盘上同时按下 Alt,Ctrl,Del(Delete)3 个键,常用 Alt+Ctrl+Del(Delete)表示。操作时为了使 3 个键同时按下,一般先用左手按 Alt+Ctrl 键,再用右手按 Del 键。

(2)复位启动

若系统死机而使用热启动的方法无效时,则可用复位启动重新启动微型机系统,复位启动就是按主机箱上的 Reset 键。此种方式是系统从自检开始,然后加载操作系统,所以,除了电源不是从无到有外,其他过程同冷启动相同。不过有些品牌机的主机箱上没有复位键,如果死机又无法用热启动恢复,只能是长时间按电源(Power)键,强迫关机。

2. 关机

关闭微型机系统的方法很简单,现在的操作系统提供了用户关闭系统的界面,用户按屏幕的提示可完成操作。如图 1-19 所示是 Windows 7 系统关机的对话框,只需选择关闭系统并确定,系统会自动关闭并切断电源。对于单独连接电源的外围设备(如显示器、打印机等)需另外关闭电源开关。

图 1-19 Windows 7 系统关机的对话框

1.6.2　启动和关闭应用程序

1. 启动应用程序

Windows 7 桌面上排列的图标通常是常用的应用程序或工具的快捷方式，如图1－20所示，用鼠标左键双击桌面快捷方式图标，可以打开相应的应用程序或工具。

图 1－20　Windows 7 桌面

如果双击桌面上“计算机”图标，将启动如图 1－21 所示的“计算机”应用程序窗口。通常，使用“我的电脑”查找系统资源。

图 1－21　“此电脑”窗口

2. 关闭应用程序

关闭应用程序的基本方法是，用鼠标左键单击应用程序窗口右上角的“关闭”按钮。启动和关闭应用程序的具体方法将在第 2 章 2.3.5 节中详细介绍。

1.6.3 键盘及其基本操作

键盘是微型机系统中最常用也是最重要的输入设备之一，使用它向计算机输入各种操作的命令或程序、输入需处理的原始数据和进行文档的编辑等。

1. 键盘各键位的分布和功能

常用微型机键盘有 101 键盘、104 键盘、107 键盘等，最常见的键盘是 104 键的标准键盘。键盘一般分为基本键区、功能键区、编辑控制键区、数字小键盘区和一个状态指示灯区，如图 1-22 所示。

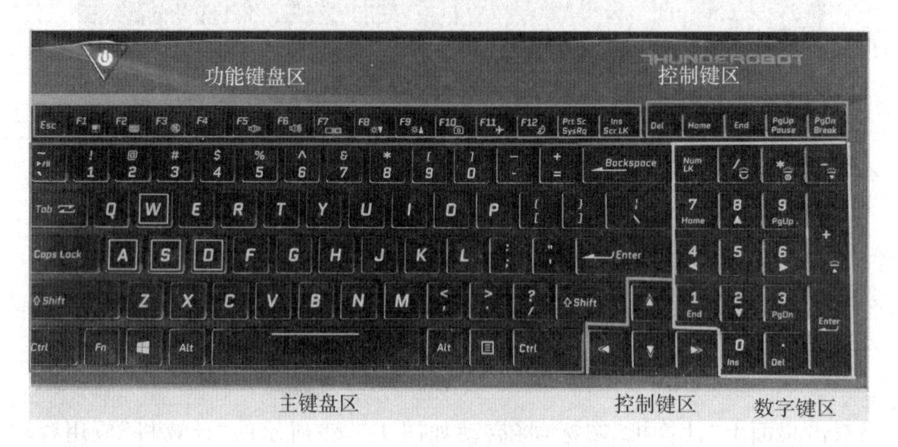

图 1-22 键盘平面图

(1)指示灯

Num Lock：数字/编辑锁定状态的指示灯。

Caps Lock：大写字母锁定状态指示灯。

(2)基本键区

该区是键盘操作的主要区域，包括所有的英文 26 个字母符、10 个数字符、空格、回车和一些特殊功能键。

特殊功能键如下：

Backspace：退格键，是删除光标前的一个字符或选取的一块字符。

Enter：回车键，用于结束一个命令或换行(回车键换行是表示一个文档段的结束)。

Tab：制表键，用于移动定义的制表符长度。

Caps Lock：大写字母锁定键，是一个开关键，它只对英文字母起作用。当它锁定时，Caps Lock 指示灯亮，此时单击字母键输入的是大写字母，在这种情况下不能输入中文。当它关上时，Caps Lock 指示灯不亮，此时单击字母键输入的是小写字母。

Shift：上档键，在打字区的数字键和一些字符键都印有上下两个字符，直接按这些键是输入下面的字符。使用上档键是输入上档符号或进行大小写字母切换，它在基本键区左右各有一个，左手和右手都可按此键。例如要输入“*”，我们必须先用左手的小指按住 Shift 键，然后用右手的中指按数字键 8。若在 Caps Lock 键未锁定时，要输入大写的 G，可用右手的小指按住 Shift 键，再用左手的食指按 G 键就输入大写字母 G。

Ctrl 和 Alt:控制键和转换键,它们在基本键区左右各有一个,不能单独使用,只有同其他键配合一起才起作用(如热启动所用组合键)。按下 Ctrl 或 Alt 键后,再按下其他键。Ctrl 键或 Alt 键的组合结果取决于使用的软件。

Esc:取消或退出键,用于取消某一操作或退出当前状态。

(3)功能键

功能键的作用是将一些常用的命令功能赋予某个功能键。它们的具体功能取决于不同的软件。一般 F1 键用于打开帮助信息。

(4)编辑控制键区

编辑控制键区分为 3 部分,共 13 个键。最上面 3 个键称为控制键;中间 6 个键称为编辑键;下面 4 个键称为光标移位键。各键的功能如下:

Print Screen:打印屏幕键,用于将屏幕上的所有信息传送到打印机输出,或者保存到内存中用于暂存数据的剪贴板中,用户可以从剪贴板中把内容粘贴到指定的文档中。

Scroll Lock:屏幕滚动锁定键,用于控制屏幕的滚动,该键在现在的软件中很少使用。

Pause 或 Break:暂停键,用于暂停正在执行的程序或停止屏幕滚动。有时需要 Ctrl 和 Pause 结合起来才能停止一个任务。

Insert:插入或改写转换键,用于编辑文档时切换插入或改写状态。若在插入状态下输入的字符插在光标前,而在改写状态下输入的字符从光标处开始覆盖。

Delete:删除键,用于删除光标所在处的字符。

Home:在编辑状态下按此键会将光标移到所在行的行首。

End:在编辑状态下按此键会将光标移到所在行的行尾。

Page Up 和 Page Down:向上翻页键和向下翻页键,用于在编辑状态下,使屏幕向上或向下翻一页。

↑、↓、←和→:这 4 个键可控制光标上下左右移动,每按一次分别将光标按箭头指示方向移动一个字符。

(5)数字小键盘区

小键盘区在键盘最右边共有 17 个键,主要是方便输入数据,其次还有编辑和光标移动控制功能。功能转换由小键盘上的 Num Lock 键实现。当指示灯不亮时,小键盘的功能与编辑键区的编辑键功能相同;当指示灯亮时,小键盘实现输入数据的功能。四则运算符键和回车键与打字区相应的键功能相同。

2. 指法

在使用键盘输入时,采用正确的击键指法可以提高键盘输入的速度。所谓击键指法是指把基本键区的键位合理地分配给双手的各个手指,每个手指固定负责几个键位,使之分工明确,有条不紊。正确的指法不但能提高输入速度,还是实现盲打(不用眼看键位)的基础。打字区第 3 排的 8 个键位(A,S,D,F,J,K,L,;)被称为基本键位(或基准键),这 8 个键位是左右两只手的“根据地”,在 F 键和 J 键上都有可用手指触摸的突起点以方便手指定位。

3. 键盘的维护

键盘是人机交互使用频繁的一种外围设备,正确的使用和维护是十分重要的。用户应该注意以下一些问题：

(1)更换键盘时，必须切断主机电源

(2)操作键盘时，切勿用力过大，以防按键的机械部位受损而失效

(3)注意保持键盘的清洁，不能有水、油渍或脏物进入，需要清洗时可以用柔软的湿布蘸少量中性清洁剂进行擦洗，然后用柔软的湿布擦净，切勿用酒精等溶剂清洗

1.6.4 鼠标的基本操作

鼠标的操作方法有6种，分别是：移动、单击左键、单击右键、左键拖动、右键拖动、双击左键。

移动：正确地握住鼠标，在鼠标垫上或桌面上移动，屏幕上的鼠标指针将随着鼠标的移动而移动。

单击左键：将鼠标固定到某个位置上，然后用食指按下鼠标左键后立即松开。

单击右键：将鼠标固定到某个位置上，然后用中指按下鼠标右键后立即松开。

左键拖动：将指针指向某个对象，用食指按住鼠标左键不放，然后移动到另一位置后，再松开鼠标按键。

右键拖动：将指针指向某个对象，用中指按住鼠标右键不放，然后移动到另一位置后，再松开鼠标按键。

双击左键：将鼠标固定到某个位置上，然后用食指连续快速按两下鼠标左键立即松开。

1.7 计算机安全

随着计算机应用的日益深入和计算机网络的普及，为了保证计算机系统的正常运行，保障计算机用户的合法权益，计算机安全问题已日益受到广泛的关注和重视。计算机安全性是一个相对深入与复杂的问题，本节主要介绍计算机安全方面的基本知识。

1.7.1 计算机病毒的概念

计算机病毒是人为制造的能够侵入计算机系统并给计算机带来故障的程序或指令集合。它通过不同的途径“潜伏”或“寄生”在存储介质(如内存、磁盘)或程序里，当满足某种条件或时机成熟时，它会自我复制并传播，使信息资源受到不同程度的损坏，严重时会使电脑特别是计算机网络全部瘫痪甚至无法恢复。由于这种特殊程序的活动方式与微生物学中的病毒类似，故取名为计算机病毒。

1.计算机病毒的主要特点

(1)破坏性

破坏性主要表现为占用系统资源、破坏文件和数据、干扰程序运行、打乱屏幕显示甚至摧毁系统等。计算机病毒产生的后果，有良性和恶性之分。良性病毒只占用系统资源或干扰系统工作，并不破坏系统数据。恶性病毒一旦发作就会破坏系统数据、覆盖或删除文件，甚至造成系统瘫痪，如黑色星期五病毒、磁盘杀手病毒等。

(2)传染性

传染性指病毒程序在计算机系统中传播和扩散。病毒程序进入计算机系统后等待时机修改别的程序并把自身的复制包括进去,在计算机运行过程中不断自我复制,不断感染别的程序。被感染的程序在运行时又会继续传染其他程序,于是很快就传染到整个计算机系统。在计算机网络中,病毒程序的传染速度就更快,受害面也更大。

(3)隐蔽性

病毒程序通常是一些小巧灵活的短程序或指令集合,依附在一定的传播介质上,如隐藏在操作系统的引导扇区或可执行文件中,也可能寄生在数据文件或硬盘分区表中。在病毒发作之前,一般很难发现。

(4)潜伏性

侵入计算机的病毒程序可以潜伏在合法文件中,并不立即发作,在潜伏期只是悄悄地进行传播、繁殖,使更多的正常程序成为病毒的"携带者"。一旦满足一定的条件(称为触发条件),即转为病毒发作,表现出破坏作用。触发条件可以是一个或多个,例如某个日期、某个时间、某个事件的出现、某个文件的使用次数以及某种特定的软硬件环境等。

2. 计算机感染病毒的症状

· 计算机的基本内存容量比正常值减少,如由一般的640kB减少为637kB或更少。

· 文件长度增加,许多病毒程序感染宿主程序后即将自身原样或稍加修改后进入主程序中,使宿主程序变长。若发现某个程序文件变长,一般可断定该文件已感染病毒。

· 文件的最后修改日期和时间被改动。

· 系统运行速度减慢,如系统引导时间增加或程序执行时间变长。

· 屏幕显示异常,例如屏幕上出现跳动的亮点或方块;出现雪花亮点或满屏雪花滚动;屏幕上该显示的汉字没出现;屏幕上的字符出现滑动或一个个往下掉,屏幕上显示一些无意义或特殊的画面或问候语。

· 系统运行异常,如系统出现异常死机现象、系统执行异常文件或系统不能启动等。

· 打印机活动异常,有的计算机病毒会破坏打印机的正常使用,例如系统误认为没有打印设备或打印机"未准备好"。

· 在网络环境下,网络服务器和工作站无法启动。

· 在网络软件运行过程中程序执行时间变长,原有的数据无故丢失或被损坏。

3. 计算机病毒的分类

计算机病毒可以从不同的角度分类,按病毒入侵方式可分为以下两大类。

(1)系统型病毒

系统型病毒感染的对象主要是软盘和硬盘的引导区(BOOT)或硬盘的分区表,如小球病毒、大麻病毒、HONG-KONG病毒、CIH病毒等都是典型的系统型病毒。

(2)文件型病毒

计算机病毒感染的对象主要是系统中的文件,并且多数病毒感染可执行文件,如.COM文件和.EXE文件,当被感染的文件运行时又感染更多的其他运行文件,从而达到传播病毒的目的。大多数病毒都是文件型病毒,如黑色星期五病毒、575病毒、1071病毒和DIR-2病毒等。

1.7.2 计算机病毒预防、检测与清除

对付计算机病毒的最有效方法是预防。防止病毒的入侵要比病毒入侵后再去检测和清除更为重要，何况有的病毒还不能很好地清除。消灭传染源、堵塞传染途径、保护易感染部分等都是预防病毒入侵的有效方法。

作为计算机的用户，预防计算机病毒应该从以下几方面加以注意：

· 要及时对硬盘上的分区表和重要的文件进行备份，这样不但在硬盘遭受破坏或无意的格式化操作后能及时得到恢复，而且即使是病毒程序的蓄意侵害也能够恢复。

· 凡不需要再写入数据的磁盘都应该采取写保护措施。

· 将所有的.COM和.EXE文件赋予"只读"属性。

· 不要使用来历不明的程序盘或非正当途径复制的程序盘。

· 经常检查一些可执行程序的长度，对可执行程序采取一些简单的加密措施，防止程序被感染。

· 严禁在机器上玩电子游戏，因为游戏盘(特别是盗版光盘)大多来历不明，很多游戏软件为了防止复制使用了一些加密手段，很可能带有病毒。

· 对负责重要工作的机器尽量做到专机专用和专盘专用。

· 一旦发现有计算机遭受病毒感染，应立即隔离并尽快消毒。如不明确是何种类型的病毒或暂没有有效的解毒软件，可对硬盘和该机使用过的软盘进行格式化处理。

· 软件预防。软件预防主要是使用计算机病毒的疫苗程序，它是一种监督系统运行、防止某些病毒入侵而又不具备传染性的可执行程序。比如，防止文件在RAM中常驻的疫苗程序，它发现有文件要常驻内存就显示常驻程序的文件名等信息，由用户判定是否出现病毒。显然，病毒疫苗程序是利用病毒原理设计的以毒攻毒的方法。

· 使用"防病毒卡"，这是一种采用附加硬件预防病毒的方法。

· 如果发现计算机的磁盘有病毒，就要设法清除它，这一工作可用专门的杀毒软件来进行，如KV3000、AV98、瑞星和KILL等是较为常用的杀毒软件。

应该指出，计算机网络一旦染上病毒，其影响远比单机大，因此网络用户在进入信息高速公路之前一定要做好安全防护工作。

1.7.3 网络安全技术

随着网络应用的发展，网络的规模越来越大，网络在各种信息系统中的作用变得越来越重要。重视网络的安全与管理，是保证网络正常高效运行的基础。网络安全性问题相当复杂，它不仅是技术上的问题，而且还与法律、政策、人们的道德水平有密切的联系。当网络出现问题时，有可能是人为的破坏，也有可能是系统本身的故障，还可能是自然灾害造成的，但无论哪种都会造成严重的损失。为此，人们从多方面开展了对网络安全问题的研究，以使网络能够安全地运行。

1.网络安全的重要性

计算机网络广泛应用已经对经济、文化与科学的发展产生了重要的影响，同时也不可避免地带来一些新的社会、道德、政治与法律问题。大量的商业活动与大笔资金正在通过

计算机网络在世界各地迅速地流通，对世界经济的发展起到十分重要的作用。而计算机病毒在短短的十几年中已经发现了2万多种，仅1999年4月26日的CIH病毒，就造成亚太地区几百万台计算机的瘫痪。这些都使许多企业或组织蒙受了巨大的损失，因此计算机网络的安全问题越来越引起人们的普遍重视。

2.计算机网络面临的安全性威胁

只有了解计算机网络可能受到哪些方面的威胁，才可能设计相应的安全策略，以保证计算机网络的安全。计算机网络面临的安全性威胁主要来自人为因素与意外灾害（例如掉电、火灾等）。构成威胁的人为因素主要有两类：有意破坏与无意造成的危害。

非授权访问。在计算机网络中拥有软件、硬件和数据等各种资源，一般只有授权用户才允许访问网络资源，这称为授权访问。而许多网络面临的威胁是非授权访问网络及资源，修改系统配置，窃取商业秘密与个人资料，造成系统瘫痪等。

信息泄露。信息泄露是指将有价值的和高度机密的信息泄露给无权访问该信息的人。无论他是自愿的或是非自愿的，信息泄露都会对企业或个人造成难以估量的损失。例如，企业产品设计数据、研究新进展、软件源代码等都具有一定程度的机密性，泄露出去会给企业或公司的声誉、经济等造成损害，或者使多年研究的心血付诸东流，给竞争对手形成不公平的优势。

拒绝服务。网络将计算机、数据库等多种资源连在一起，并提供组织所依赖的服务。特别是有些网络系统对企业的生存是至关重要的，因为网络用户大多数都借助于网络完成他们的工作任务。例如，银行系统的网络中记录了储户的存款信息，如果拒绝提供服务，用户就无法存款取款。除此之外，自然灾害也有可能造成网络的瘫痪，也必须加以防范。

3.计算机网络安全的内容

保密性。为用户提供安全可靠的保密信息是网络安全的主要内容之一。保密性机制除了为用户提供保密通信以外，也是其他安全机制的基础。例如，访问控制机制中登录口令的设计，安全通信协议以及数字签名的设计等，都离不开保密机制。

安全协议的设计。计算机网络的协议安全性是网络安全的重要方面。如果协议存在安全上的缺陷，就使得破坏者不必攻破密码体制就能轻松得到所需信息。长期以来，人们一直希望设计出安全的协议，但协议的安全性是不可判定的，所以主要是通过找漏洞的方法来分析复杂协议的安全性。对于简单的协议，可能通过限制操作的方法保证网络安全。

访问控制。计算机网络用户可以共享网络上的各种资源。但如果对用户没有任何限制，那么计算机网络将是很不安全的，所以应对网络用户的访问权限加以控制。但网络的接入控制机制比较复杂，尤其是高安全级别的多级安全性就更加复杂。

4.网络安全策略的设计

网络安全策略是描述一个组织的网络安全关系的文档，包括技术与制度两个方面，只有将二者结合起来，才能有效地保护网络资源不受破坏。在设计网络安全策略时，首先要确定在网络内部有哪些网络资源？可能对网络资源安全过程威胁的因素有哪些？哪些资源需要重点保护？可能造成信息泄露的因素是什么？我们可以通过网络管理员与网络用户安全的教育，使网络用户和管理人员都能自觉遵守安全管理条例，正确地使用网络。

在技术上也要对网络资源进行保护，制定网络安全策略。常用的方法有两种：一种是凡是没有明确表示允许的就要被禁止；另一种是凡是没有明确表示禁止的就要被允许。这两种思想方法所导致的结果是不同的。采用第二种方法所表示的策略只规定了用户不能做什么，当新的网络服务出现时，如不明确表示禁止，那就表明允许用户使用；而采用第一种方法所表示的策略只规定了允许用户做什么，当新的网络服务出现时，如果允许用户使用，则将明确地在安全策略中表述出来，否则不允许使用。具体的安全措施有：

(1)加密技术

数据加密可以保护传输和存储的数据。如果加密数据的接收者希望阅读原始数据，接收者必须通过一个解密的过程将其转换回去。解密是加密的逆过程，为了解密，接收者必须拥有一个经过加密算法产生的特殊数据，这个数据叫钥匙或密钥。常用的加密技术有：常规密钥密码体制，即加密钥与解密钥是相同的密码体制；公开密钥密码体制，即加密密钥与解密钥不同。

(2)设置防火墙

防火墙的基本功能是根据一定的安全规定，检查过滤网络之间传送的报文分组，以确定它们的合法性。通常的防火墙产品能覆盖网络层、传输层和应用层。一般企业内部网是结合使用防火墙技术、用户授权、操作系统安全机制、数据加密等多种方法，来保护网络系统与网络资源不被非法使用和破坏，增强系统的安全性。

(3)网络文件的恢复

在网络中一般都有大量的有价值的数据资源，一旦丢失，可能会给用户造成不可挽回的损失。我们做好数据备份工作，不仅在计算机网络发生故障的情况下可以预防意外的删除或丢失，而且在系统被黑客闯入且被破坏的情况下，也可以及时进行恢复，从而减少损失。

(4)防病毒技术

网络病毒的感染一般是从用户工作站上开始的。病毒发作不仅破坏本机数据和程序，也会在网络上传播，造成网络瘫痪，服务器不能正常工作。我们必须从工作站与服务器两方面入手对病毒进行防范，可以在服务器上安装防病毒软件实时对服务器进行检测、扫描和清除病毒处理。

1.7.4 软件知识产权保护

为了保护计算机软件著作权人的权益，调整计算机软件在开发、传播和使用中发生的利益关系，鼓励计算机软件的开发与应用，促进软件产业和国民经济信息化的发展，我国颁布了《中华人民共和国著作权法》和《计算机软件保护条例》，对著作权人所开发的软件，不论是否发表，都享有著作权，但不延及开发软件所用的思想、处理过程、操作方法或者数学概念等。

软件著作权人享有下列各项权利：

(1)发表权

发表权即决定软件是否公之于众的权利。

(2)署名权

署名权即表明开发者身份，在软件上署名的权利。

(3)修改权

修改权即对软件进行增补、删节，或者改变指令、语句顺序的权利。

(4)复制权

复制权即将软件制作一份或者多份的权利。

(5)发行权

发行权即以出售或者赠予方式向公众提供软件的原件或者复制件的权利。

(6)出租权

出租权即有偿许可他人临时使用软件的权利，但是软件不是出租的主要目的的除外。

(7)信息网络传播权

信息网络传播权即以有线或者无线方式向公众提供软件，使公众可以在其个人选定的时间和地点获得软件的权利。

(8)翻译权

翻译权即将原软件从一种自然语言文字转换成另一种自然语言文字的权利。

(9)应当由软件著作权人享有的其他权利

软件著作权自软件开发完成之日起产生。自然人的软件著作权，保护期为自然人终生及其死亡后 50 年，截止于自然人死亡后第 50 年的 12 月 31 日；软件是合作开发的，截止于最后死亡的自然人死亡后第 50 年的 12 月 31 日。法人或者其他组织的软件著作权，保护期为 50 年，截止于软件首次发表后第 50 年的 12 月 31 日，但软件自开发完成之日起 50 年内未发表的，不再保护。

为了学习和研究软件内含的设计思想和原理，通过安装、显示、传输或者存储软件等方式使用软件的，可以不经软件著作权人许可，不向其支付报酬。

除《中华人民共和国著作权法》或者《计算机软件保护条例》另有规定外，有下列侵权行为的，应当根据情况，承担停止侵害、消除影响、赔礼道歉、赔偿损失等民事责任：未经软件著作权人许可，发表或者登记其软件的。将他人软件作为自己的软件发表或者登记的。未经合作者许可，将与他人合作开发的软件作为自己单独完成的软件发表或者登记的。在他人软件上署名或者更改他人软件上的署名的。未经软件著作权人许可，修改、翻译其软件的。其他侵犯软件著作权的行为。

除《中华人民共和国著作权法》《计算机软件保护条例》或者其他法律、行政法规另有规定外，未经软件著作权人许可，有下列侵权行为的，应当根据情况，承担停止侵害、消除影响、赔礼道歉、赔偿损失等民事责任；同时损害社会公共利益的，由著作权行政管理部门责令停止侵权行为，没收违法所得，没收、销毁侵权复制品，可以并处罚款；情节严重的，著作权行政管理部门可以没收主要用于制作侵权复制品的材料、工具、设备等；触犯刑律的，依照刑法关于侵犯著作权罪、销售侵权复制品罪的规定，依法追究刑事责任：复制或者部分复制著作权人的软件的。向公众发行、出租、通过信息网络传播著作权人的软件的。故意避开或者破坏著作权人为保护其软件著作权而采取的技术措施的。故意删除或者改变软件权利管理电子信息的。转让或者许可他人行使著作权人的软件著作权的。

1.8 汉字输入方法

汉字输入就是根据输入法所规定的汉字编码规则，通过键入汉字的输入码来输入汉字。汉字的编码分为内码和外码两种。内码就是计算机内部表示汉字的编码；外码就是汉字的输入码，即人与计算机交换信息使用的编码。汉字输入法不同，其输入码的编码规则也不相同，Windows 7 提供了多种输入法，如微软拼音等输入法。用户也可根据需要安装搜狗拼音输入法等。

1.8.1 输入法的设置

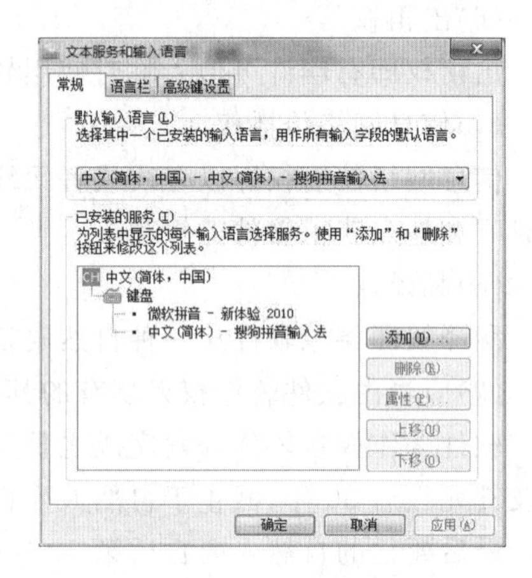

图 1－23　输入法设置界面

Windows 7 中文版在系统安装时，已经安装了微软拼音等输入法，用户还可以根据实际需要，添加或删除某种输入法。安装输入法的步骤如下：在 Windows 7 系统中，按照“控制面板”→“时钟、语言和区域”→“更改键盘或其他输入法”→“键盘和语言”→“更改键盘”，即可打开如图1－23所示的“文本服务和输入语言”设置界面；单击图 1－23 中的“常规”选项，可以实现对微软拼音输入法、用户自定义输入的切换、添加新的输入法、不同输入法的上移和下移；单击“语言栏”选项，可以设置输入框悬浮于桌面之上、停靠于任务栏等模式；单击“高级键设置”选项，可以设置输入法的切换热键等。

1.8.2 输入法的切换

选择输入法可以用鼠标进行选择，也可以用键盘进行选择。选择方法如下：

(1)若用鼠标进行选择，先用鼠标右击任务栏上的“中”或“英”图标，然后在弹出的输入法列表中切换所需的输入法模式(中或英)

(2)若使用输入法热键进行选择，按“Ctrl＋Space”键进行中/英文输入间的切换，按“Ctrl＋Shift”键进行英文和各种中文输入法间的切换

1.8.3 输入法状态窗口

当选择了某种中文输入法之后，屏幕便弹出“输入法状态”窗口，如图 1－24 所示。同时任务栏上的指示器会显示相应的中文输入法图标。

输入法状态窗口中从左至右依次排列 9 个按钮，它们的作用如下：

图 1－24　“输入法状态”窗口

(1)“CH”按钮：语言设置，CH 表示中文、中国

(2)“M”是微软拼音输入法的图标

(3)“中”是中英文切换按钮

(4)“全角/半角切换”按钮:单击该按钮可进行全角/半角之间的切换;在全角状态下,输入的ASCII码字符转换为国标码

(5)“中英文标点切换”按钮:单击该按钮,输入的标点符号可在中英文标点之间切换中文标点与键盘的对应关系如表1-5所示。

表1-5　标点与键盘的对应关系

中文标点	对应按键	中文标点	对应按键
。 句号	.	《 左书名号	＜
， 逗号	,	》 右书名号	＞
； 分号	;	…… 省略号	ˆ
： 冒号	:	破折号	—
？ 问号	?	、 顿号	\
！ 感叹号	!	@ 间隔号	@
“ 左双引号	“	— 连字符	—
” 右双引号	“	¥ 人民币符号	$
‘ 左单引号	‘	｛ 左大括号	{
’ 右单引号	‘	｝ 右大括号	}
（ 左小括号	(	［ 左方括号	[
） 右小括号	)	］ 右方括号	]

(6)“ ”软键盘按钮,可以从屏幕键盘输入信息

(7)“ ”按钮:开启或关闭输入法

(8)“ ”按钮:搜索服务提供商

(9)“ ”按钮:输入法功能菜单

1.8.4　汉字输入技术

1.汉字输入

选择一种中文输入法后,便可进行汉字输入。输入汉字时,屏幕上将出现“外码输入”窗口和“候选”窗口,如图1-25所示。

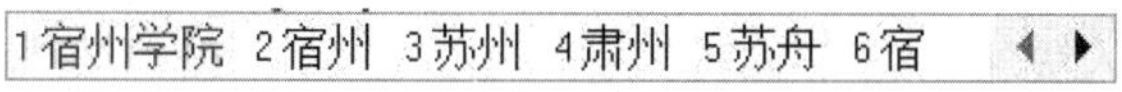

1宿州学院 2宿州 3苏州 4肃州 5苏舟 6宿

图1-25　“外码输入”和“候选”窗口

汉字的输入码显示在“外码输入”窗口中。在输入过程中,若需要修改,可用光标移动键移动光标,用编辑键进行修改。若按“Esc”键则取消本次输入,等待新的输入。当汉字输入码输入结束后,若“外码输入”窗口中显示的汉字就是所需的汉字,按空格键或继续下一个汉字的输入时,该汉字将输入到屏幕的插入点位置。若输入的汉字在“候选”窗口中,

可用汉字前面的数字进行选择。若输入的汉字不在“候选”窗口中，可用“＋”“－”键或“Page Up”“Page Down”键进行前、后翻页，待要输入的汉字出现在“候选”窗口中时，再进行选择输入。

Windows7 中的微软输入法都内置了许多常用词组，利用词组输入汉字可以提高输入速度。另外，对于那些不常用的词，利用“自学习”功能可自行扩充新词。

当词语联想开关处于打开状态时，可以使用词语联想输入。所谓词语联想是指当输入一个汉字后，系统将在“候选”窗口中显示与该字有关的词语，供用户选择。

2. 设置输入法属性

对于中文输入法，用户可对输入法的属性进行设置。在任务栏右侧右击“中”图标，在弹出的快捷菜单中选择“设置”选项，便弹出“微软拼音输入法”对话框，如图 1－26 所示。用户可以对“扩展词典”“新词注册”“辅助输入法”等选项进行设置。

1.8.5 汉字输入法

智能 ABC 输入法是一种简单方便的汉字输入法。它以汉语拼音和汉字笔画的书写顺序为基础，且在汉字输入的处理上具有一定的智能性，下面介绍它的使用。

1. 全拼输入法

全拼输入法的规则就是按照汉语拼音方案来输入汉字。例如，“能”字的输入码为：neng，“我们学习计算机”的输入码为：womenxuexijisuanji。另外，输入某些词时，应加隔音符“′”。例如“西安”的输入码为：xi′an，若不加隔音符，则为“先”字的输入码；“社会”的输入码为：s′h 或 shh，而不是：sh(sh 为复合声母)。

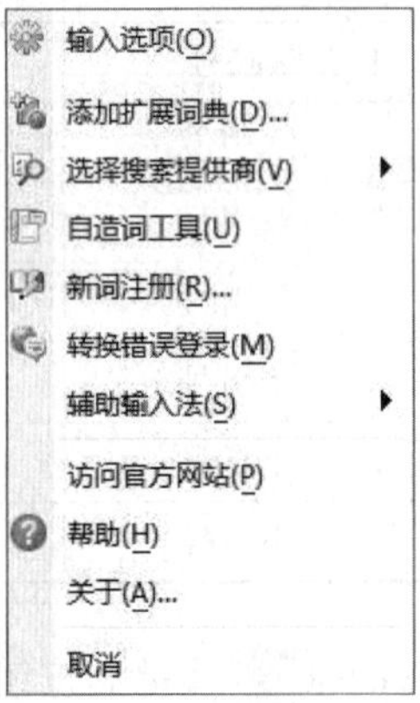

输入选项(O)
添加扩展词典(D)...
选择搜索提供商(V)
自造词工具(U)
新词注册(R)...
转换错误登录(M)
辅助输入法(S)
访问官方网站(P)
帮助(H)
关于(A)...
取消

图 1－26 “微软拼音输入法”设置对话框

2. 简拼输入法

简拼输入法是全拼输入的简化形式。简拼输入法的输入规则是取各个音节的第一个字母，对于包含 zh、ch、sh 的音节也可以取两个字母。例如：“知识”的输入码可以是 zs，也可以是 zhsh。

3. 混拼输入法

混拼输入法是一种开放的、全方位的输入方式。在这种方式下，输入两个音节以上的词可以随意地使用全拼、简拼或它们的组合。例如，输入“计算机”，其输入码可以是 jsj、jisj 或 jsji 等。

4. 智能 ABC 输入法

Windows XP 操作系统中的智能 ABC 输入法是一种以拼音为基础、以词组输入为主的普及型汉字输入方法。它具有以下特点：

(1) 易学易用

只要会拼音，了解汉字书写顺序，无须培训就可利用它输入汉字。

(2) 以词语输入为主

具有较低的重码率和较快的输入速度。

(3) 提供全拼、简拼、笔形、音形和双打等多种输入方式

在标准状态下，无须切换即可自动识别，能很好地适应不同的需求。

(4) 能够自动切分音节

在字符串中自动对音节进行划分。

(5) 有词条记忆功能

某一词条一旦构造完毕，下次再遇到该词条时就可直接使用。

(6) 允许用户自定义编码

(7) 采用独特的动态键盘输入方式

5. 中文数量词的简化输入

中文数量词的简化输入规则如下：

(1) "i"为输入小写中文数字的标志符

例如：八八 i88

(2) "I"为输入大写中文数字的标志符

例如：捌捌 I88

(3)数字输入中一些字母的含意

个[g] 十、拾[s] 百、佰[b] 千、仟[q] 万[w] 亿[e]

兆[Z] 第[d] 年[n] 月[y] 日[r] 吨[t]

克[k] 元[$] 分[f] 里[l] 米[m] 斤[j]

例如：输入"一九九八年六月十八日"，输入码为：i998n6ys8r。

6. 汉字输入过程

输入汉字时，以26个英文字母开始，若首字母为"i""I"u""v"时有特殊的含义。汉字输入码的结束键可以是空格、标点或回车键。若以空格、标点作为结束键，则输入码以词为单位进行转换；若以回车键结束，则输入码以字为单位进行转换。

(1)输入符号

在智能ABC输入法中，通过"v"键可以方便地进行区位码中1～9区符号的输入。输入的方法是：在标准方式下，按"字母(v)+(数字)(1～9)"，该区的符号就会出现在候选框中。例如，要输入01区的符号，键入"v1"，然后，在候选窗口中选择所需的符号。

(2)输入英文字母

在标准方式下，输入英文字母不必切换到英文输入方式，只要先输入"v"作为标志符，其后跟随要输入的英文字母，再按空格键即可。

(3)以词定字输入单字

使用拼音输入单个汉字时，可先输入包含该字的词，然后用以词定字进行选字，按"["键选择第一个字，按"]"键选择最后一个字。例如，要输入"搞活"中的"搞"字，可先输入"gh"，然后按"["键选择"搞"字。

(4)朦胧回忆

在输入的过程中，对于前面刚输入不久的词语可依据不完整的信息回忆输入该词语，这个过程称为朦胧回忆。例如，若刚刚输入"计算机""技术""社会主义""丰衣足食""建

立”这些词，要想再输入“社会主义”，可先按“J”键，再按“Ctrl＋－”键，然后从候选框显示的词中选择。

(5)定义新词

定义新词就是根据用户的需要可以自由定义词语的输入码。定义新词的方法如下：用鼠标右击“标准”按钮，单击“定义新词”选项。在弹出“定义新词”的对话框中，输入新词和新词的外码，然后单击“添加”按钮，若要结束定义，单击“关闭”按钮退出。输入用户自己定义的词语时，应先输入字母“u”，其后跟随该词语的编码即可。

1.9 计算机领域的先驱者

1.夏培肃

夏培肃(1923.7.28—2014.8.27)，女，四川省江津市(今重庆市江津区)人，如图1-27所示。电子计算机专家，中国计算机事业的奠基人之一，被誉为“中国计算机之母”。夏培肃在20世纪50年代设计试制成功中国第一台自行设计的通用电子数字计算机；从60年代开始在高速计算机的研究和设计方面做出了系统的创造性的成果，解决了数字信号在大型高速计算机中传输的关键问题。她负责设计研制的高速阵列处理机使石油勘探中的常规地震资料处理速度提高了10倍以上。她还提出了最大时间差流水线设计原则，根据这个原则设计的向量处理机的运算速度比当时国内向量处理机快4倍。多年来，夏培肃还负责设计、研制成功多台不同类型的并行计算机。

2.慈云桂

慈云桂(1917.4.5—1990.7.21)，安徽桐城人，电子计算机专家、中国科学院院士，如图1-28所示。我国第一台亿次巨型计算机的总设计师，主持研制了我国第一台电子管计算机、第一台晶体管计算机，奠定了我国计算机事业的基石，被称为“中国巨型计算机之父”。长期从事计算机方面的教学和科研工作，研制成功中国第一台专用数字计算机样机、中国第一台晶体管通用数字计算机441B—Ⅰ型、441B—Ⅱ型、441B—Ⅲ型大中型晶体管通用数字计算机。

图1-27 夏培肃

图1-28 慈云桂

3. 莫根生

莫根生先生(1915.6.24—2017.12.21)，“中国计算机事业 60 年杰出贡献特别奖”获得者，中国计算机事业早期创建者之一，如图 1-29 所示。2017 年 1 月 14 日，中国计算机学会决定颁发“中国计算机事业 60 年杰出贡献特别奖”，授予那些参与中国计算机事业早期创建工作并做出杰出贡献的 31 位资深科学家，莫根生先生以 101 岁高龄荣幸居于获奖者首位。

4. 陈国良

陈国良(1938.6.3—)，中国科学院院士，如图 1-30 所示。陈国良院士率先于 1995 年创建了我国第一个国家高性能计算中心，并先后研制了基于国产 CPU 的 KD 和 SD 系列普及型高性能计算机。他营造了我国并行算法类的科研和教学基地。

图 1-29　莫根生

图 1-30　陈国良

5. 王选

王选(1937.2.5—2006.2.13)，中国科学院院士，中国工程院院士，计算机文字信息处理专家，计算机汉字激光照排技术创始人，当代中国印刷业革命的先行者，被称为“汉字激光照排系统之父”，如图 1-31 所示。

6. 姚期智

姚期智(1946.12.24—)，上海人，计算机科学专家，2000 年图灵奖获得者，美国国家科学院外籍院士、美国艺术与科学院外籍院士、中国科学院院士、香港科学院创院院士，清华大学交叉信息研究院院长，清华大学高等研究中心教授，香港中文大学博文讲座教授，清华大学一麻省理工学院一香港中文大学理论计算机科学研究中心主任，如图 1-32 所示。

图 1-31　王选

图 1-32　姚期智

思考与练习

一、单项选择题

1. 第 4 代电子计算机使用的电子元件是(　　)。

A. 晶体管　B. 电子管　C. 中、小规模集成电路　D. 大规模和超大规模集成电路

2. 二进制数 110101 对应的十进制数是(　　)。

A. 44　　B. 65　　C. 53　　D. 74

3. 下列叙述中，不属于电子计算机特点的是(　　)。

A. 运算速度快　　B. 计算精度高　　C. 高度自动化　　D. 高度智能的思维方式

4. 电子计算机的工作原理是(　　)。

A. 能进行算术运算　　B. 能进行逻辑运算

C. 能进行智能思考　　D. 存储并自动执行程序

5. 现在通常所使用的计算机属于(　　)。

A. 电子数字计算机　　B. 电子模拟计算机

C. 工业控制计算机　　D. 模拟计算机

6. 下列关于计算机的叙述中，错误的一条是(　　)。

A. 世界上第一台计算机诞生于美国，主要元件是晶体管

B. “银河”是我国自主生产的巨型机

C. 笔记本电脑也是一种微型计算机

D. 计算机的字长一般都是 8 的整数倍

7. 第一代计算机的主要应用领域是(　　)。

A. 数据处理　　B. 科学计算　　C. 过程控制　　D. 计算机辅助设计

8. 电子计算机的分代主要是根据(　　)来划分的。

A. 集成电路　　B. 电子元件　　C. 电子管　　D. 晶体管

9. 1992 年，我国第一台 10 亿次/秒的巨型电子计算机在国防科技大学研制成功，它的名称是(　　)。

A. 东方红　　B. 神威　　C. 曙光　　D. 银河－II

10. 我国具有自主知识产权 CPU 的名称是(　　)。

A. 东方红　　B. 银河　　C. 曙光　　D. 龙芯

11. 以微处理器为核心组成的计算机属于(　　)计算机。

A. 第一代　　B. 第二代　　C. 第三代　　D. 第四代

12. 机器人所采用的技术属于(　　)。

A. 科学计算　　B. 人工智能　　C. 数据处理　　D. 辅助设计

13. 微型计算机中使用的关系数据库，就应用领域而言属于(　　)。

A. 数据处理　　B. 科学计算　　C. 实时控制　　D. 计算机辅助设计

14. 计算机术语中，英文 CAT 是指(　　)。

A. 计算机辅助制造　　B. 计算机辅助设计

C. 计算机辅助测试　　D. 计算机辅助教学

15. 计算机在实现工业自动化方面的应用主要表现在(　　)。

A. 数据处理　B. 数值计算　C. 人工智能　D. 实时控制

16. 在计算机术语中,英文 CAM 是指(　　)。

A. 计算机辅助制造　B. 计算机辅助设计

C. 计算机辅助测试　D. 计算机辅助教学

17. 淘宝网的网上购物属于计算机现代应用领域中的(　　)。

A. 计算机辅助系统　B. 电子政务

C. 电子商务　D. 办公自动化

18. 微型计算机的发展是以(　　)技术为特征标志。

A. 操作系统　B. 微处理器　C. 磁盘　D. 软件

19. 型号为 Pentium IV/2.8G 微机的 CPU 时钟频率为(　　)。

A. 2.8kHz　B. 2.8MHz　C. 2.8Hz　D. 2.8GHz

20. 在微型计算机性能的衡量指标中,(　　)用以衡量计算机的稳定性。

A. 可用性　B. 兼容性

C. 平均无障碍工作时间　D. 性能价格比

21. "64 位微型机"中的"64"是指(　　)。

A. 微型机型号　B. 机器字长　C. 内存容量　D. 显示器规格

22. 所谓的"第五代计算机"是指(　　)。

A. 多媒体计算机　B. 神经网络计算机

C. 人工智能计算机　D. 生物细胞计算机

23. "死机"是指(　　)。

A. 计算机读数状态　B. 计算机运行不正常状态

C. 计算机自检状态　D. 计算机运行状态

24. MIPS 是用以衡量计算机(　　)的性能指标。

A. 传输速率　B. 存储容量　C. 字长　D. 运算速度

25. 以下描述错误的是(　　)。

A. 通常用两个字节可以存放一个汉字

B. 计算机的字长即为一个字节的长度

C. 在机器中存储的数是由 0,1 代码组成的数

D. 计算机内部存储的信息都是由 0,1 这两个数字组成的

26. 扩展名为.WAV 的文件类型是(　　)。

A. 音频文件　B. 视频文件　C. 文本文件　D. 可执行文件

27. 多媒体应用技术中,VOD 指的是(　　)。

A. 图像格式　B. 语音格式　C. 总线标准　D. 视频点播

28. 在输入中文时,下列的操作不能进行中英文切换(　　)。

A. 用鼠标左键单击中英文切换按钮　B. 用 Ctrl+空格键

C. 用语言指示器菜单　D. 用 Shift+空格键

29. 选用中文输入法后,可以用(　　)实现全角和半角的切换。

A. 按 Caps Lock 键　　B. 按 Ctrl+圆点键
C. 按 Shift+空格键　　D. 按 Ctrl+空格键

30. 可以用来在已安装的各种输入法之间进行切换选择的键盘操作是(　　)。
A. Ctrl+空格键　B. Ctrl+Shift　C. Shift+空格键　D. Ctrl+圆点

31. 下列不属于多媒体播放工具的是(　　)。
A. 暴风影音　　B. 迅雷
C. real player　　D. Windows Media Player

32. 执行二进制算术加法运算 11001001+00100111 的结果是(　　)。
A. 11101111　B. 11110000　C. 00000001　D. 10100010

33. 现在一般的微机内部有二级缓存(Cache),其中一级缓存位于(　　)内。
A. CPU　B. 内存　C. 主板　D. 硬盘

34. 广为流行的 MP3 播放器采用的存储器是(　　)。
A. 数据既能读出,又能写入,所以是 RAM
B. 数据在断电的情况下不丢失应该是磁性存储器
C. 静态 RAM,稳定性好,速度快
D. 闪存,只要给定擦除电压,就可更新信息,断电后信息不丢失

35. 微型计算机键盘上的 Tab 键是(　　)。
A. 退格键　B. 控制键　C. 交替换挡键　D. 制表定位键

36. 准确地说,计算机中的文件是存储在(　　)。
A. 内存中的数据集合
B. 硬盘上的所有数据的集合
C. 存储介质上的一组相关信息的集合
D. 软盘上的数据集合

37. 为减少多媒体数据所占存储空间,一般都采用(　　)。
A. 存储缓冲技术　B. 数据压缩技术　C. 多通道技术　D. 流水线技术

38. 如果用 8 位二进制补码表示带符号的整数,则能表示的十进制数的范围是(　　)。
A. −127～+127　B. −127～+128　C. −128～+127　D. −128～+128

39. 将十进制的整数化为八进制整数的方法是(　　)。
A. 乘以八取整法　　B. 除以八取余法
C. 乘以八取小数法　　D. 除以八取整法

40. 将高级语言的源程序变为目标程序要经过(　　)。
A. 调试　B. 解释　C. 编辑　D. 编译

41. 执行逻辑"或"运算 0101∨1100 的结果为(　　)。
A. 0101　B. 1100　C. 1001　D. 1101

42. 下列二进制数中,(　　)与十进制数 510 等值。
A. 111111111B　B. 100000000B　C. 111111110B　D. 110011001B

43. 对应 ASCII 码表,下列有关 ASCII 码值大小关系描述正确的是(　　)。

A. "CR"＜"d"＜"G"　　B. "a"＜"A"＜"9"

C. "9"＜"A"＜"CR"　　D. "9"＜"R"＜"n"

44. 微型机在使用中突然断电后,数据会丢失的是存储器(　　)。

A. ROM　　B. RAM　　C. 硬盘　　D. 光盘

45. 在计算机系统中,指挥、协调计算机工作的设备是(　　)。

A. 运算器　　B. 控制器　　C. 内存　　D. 操作系统

46. 在微机内存储器中,其内容由生产厂家事先写好的是(　　)存储器。

A. RAM　　B. DRAM　　C. ROM　　D. SRAM

47. 在计算机中,高速缓存(Cache)的作用是(　　)。

A. 匹配CPU与内存的读写速度　　B. 匹配外存与内存的读写速度

C. 匹配CPU内部的读写速度　　D. 匹配计算机与外设的读写速度

48. 在微型机中,I/O接口位于(　　)。

A. 总线和I/O设备之间　　B. CPU和I/O设备之间

C. 主机和总线之间　　D. CPU和主存储器之间

49. 计算机的系统总线不包括(　　)。

A. 地址总线　　B. 信号总线　　C. 控制总线　　D. 数据总线

50. 计算机操作系统是(　　)之间的接口。

A. 主机和外设　　B. 用户和计算机

C. 系统软件和应用软件　　D. 高级语言和计算机语言

二、多项选择题

1. 下列(　　)可能是二进制数。

A. 101101　　B. 000000　　C. 111111　　D. 212121

2. 计算机软件系统包括(　　)两部分。

A. 系统软件　　B. 编辑软件　　C. 实用软件　　D. 应用软件

3. 目前微型机系统的硬件采用总线结构将各部分连接起来并与外界实现信息传递。总线包括(　　)和控制总线。

A. 读写总线　　B. 数据总线　　C. 地址总线　　D. 信号总线

4. 计算机指令组成包括(　　)。

A. 原码　　B. 操作码　　C. 地址码　　D. 补码

5. 计算机语言按其发展历程可分为(　　)。

A. 低级语言　　B. 机器语言　　C. 汇编语言　　D. 高级语言

6. 显示器的分辨率不能用(　　)表示。

A. 能显示多少个字符　　B. 能显示的信息量

C. 横向点数×纵向点数　　D. 能显示的颜色数

7. 在计算机中采用二进制的主要原因有(　　)。

A. 系统硬件容易实现　　B. 运算法则简单

C. 可靠性高　　D. 可进行逻辑运算

8. 对微型机系统有下列四条描述,正确的是(　　)。

A. CPU 管理和协调计算机内部各个部件的操作
B. 主频是衡量 CPU 处理数据快慢的重要指标
C. CPU 可以存储大量的信息
D. CPU 直接控制显示器的显示
9. 微机是功能强大的设备，下面(　　)是 CMOS 的功能。
A. 保存系统时间　　B. 保存用户文件
C. 保存用户程序　　D. 保存启动系统口令
10. 开关微型机时正确的操作顺序是(　　)。
A. 先开主机，后开外设　　B. 先开外设，后开主机
C. 先关主机，后关外设　　D. 先关外设，后关主机
11. 下列关于微型机中汉字编码的叙述，(　　)是正确的。
A. 五笔字型是汉字输入码
B. 汉字字库中寻找汉字字模时采用输入码
C. 汉字字形码是汉字字库中存储的汉字字形的数字化信息
D. 存储或处理汉字时采用机内码
12. 以下属于计算机外部设备的有(　　)。
A. U 盘　　B. 扫描仪　　C. 移动硬盘　　D. RAM
13. 一台多媒体电脑，除了包含常规输入输出设备外，一般还包括(　　)设备。
A. CD—ROM　　B. 打印机　　C. 声卡　　D. 音箱
14. 计算机的硬件是由 CPU、存储器及 I/O 组成的，下列描述正确的有(　　)。
A. CPU 是计算机的指挥中心
B. 存储器是计算机的记忆部件
C. I/O 可以实现人机交互
D. CPU、存储器及 I/O 通过系统总线连成一体
15. 计算机在启动时，能听到风扇的响声，但不能正常启动，则可能的原因有(　　)。
A. 电源故障　　B. 操作系统故障　　C. 主板故障　　D. CPU 故障
16. 下列有关计算机操作系统的叙述中，正确的有(　　)。
A. 操作系统属于系统软件
B. 操作系统只负责管理内存储器，而不管理外存储器
C. UNIX 是一种操作系统
D. 计算机的处理器、内存等硬件资源也由操作系统管理
17. 在计算机编程语言中，下列关于高级语言和汇编语言的关系叙述，正确的有(　　)。
A. 完成相同功能的高级语言程序所生成的目标文件一般较大
B. 完成相同功能的高级语言程序执行时间一般较长
C. 汇编语言较一般的高级语言难学
D. 汇编语言和机器语言是一一对应的
18. 和外存相比，计算机内存的主要特点有(　　)。

A. 能存储大量信息　B. 能长期保存信息

C. 存取速度快　D. 单位容量其价格更高

19. 下面关于计算机外设的叙述中，正确的是(　　)。

A. 视频摄像头只能是输入设备　B. 扫描仪是输入设备

C. 显示器是输出设备　D. 激光打印机也是点阵式

20. 以下对总线的描述中，正确的是(　　)。

A. 总线分为信息总线和控制总线两种　B. 内部总线也称为片间总线

C. 总线的英文表示就是 BUS　D. 计算机主板上包含总线

第 2 章　Windows 7 操作系统

目前，在任何计算机系统中都配有操作系统(Operating System，简称 OS)，操作系统是紧挨着裸机的第一层软件，其他软件都是建立在操作系统基础上。不同体系的计算机硬件要求操作系统不同，相同体系的计算机硬件也可用不同的操作系统来指挥和管理。

DOS(Disk Operating System)是早期 PC 机使用的主流操作系统，随着技术的发展，出现了图形用户界面(GUI)的操作系统，如 Windows，MAC OS。

2.1　操作系统概述

2.1.1　什么是操作系统

操作系统是一种系统软件，是直接控制和管理计算机系统资源，以方便用户充分而有效地利用这些资源的程序集合。从定义中可以看出，操作系统的基本目的有两个：第一，操作系统要方便用户使用计算机，为用户提供一个清晰、简洁、易于使用的友好界面；第二，操作系统应尽可能地使计算机系统资源可以多个用户共享，使资源得到充分而合理的利用。

2.1.2　操作系统的功能

从资源管理的观点来看，操作系统的管理功能可划分为 5 部分内容。

1. 作业管理

用户请求计算机系统完成的一个独立任务叫作业(Job)。一个作业可能包括几个程序的相继执行，也可能需要同时执行为同一任务而协同工作的若干程序。比如一个程序计算并产生输出数据，而另一个程序则负责打印输出。作业管理包括作业的输入和输出、作业的编辑和编译、作业的调度与控制(根据用户的需要控制作业运行步骤)。

2. 文件管理

用户存储在计算机系统中的一批有关联的信息的集合叫文件(File)。文件是计算机系统中除 CPU、内存储器、外部设备以外的一种软件资源。文件管理负责存取文件和对整个文件库的管理。文件管理需要保证文件存储安全可靠，文件存取简单方便，并具有对受损文件的恢复功能。

3. 微处理器(CPU)管理

微处理器管理又称进程管理。一台计算机系统中通常只有一个 CPU，在同一时刻它只能对一个作业的程序进行处理(广义上说，CPU 的个数总是少于要处理的作业的个数)，这就要靠 CPU 的统一管理和调度，按作业进程优先级别轮流处理各作业进程的工作，保证多个作业的完成和 CPU 效率的提高。

4. 存储管理

这是对内存储器存储空间的管理。内存储器的存储空间一般分为两部分：一是系统区，用于存放操作系统、标准子程序以及例行子程序等；另一是用户区，用于存放用户的程序和数据。存储管理主要是对存储器中的用户区域进行管理。存储管理的功能有 4 个方面：分配和释放内存储器空间、内存储器空间的共享、扩充内存空间、存储保护。

5. 设备管理

设备管理指对外部设备的管理和控制。它的主要任务是：当用户需要使用外部设备时，必须提出请求，待设备管理进行统一分配后方可使用。当用户程序运行到要使用外部设备时，由设备管理负责驱动外部设备，并实际控制设备完成用户工作的全过程。

2.1.3　操作系统的类型

20 世纪 60 年代中期，计算机进入第三代，计算机的内存储器和外存储器容量进一步增大，给操作系统的形成创造了物质条件。目前，广泛采用的、典型的操作系统分类法是按系统的运行环境和使用方式进行划分。操作系统通常有如下 3 种类型。

1. 单用户操作系统

在一个计算机系统内，同一时刻只有一个用户使用，通常也只有一个作业投入运行。用户独占全部硬、软资源。这种操作系统的管理任务简单，多数微型机系统采用的都是单用户操作系统。目前常用的单用户操作系统有：MS－DOS，Macintosh，IBM OS/2 等。

2. 多用户操作系统

当几台计算机利用通信接口连接在一起，不分彼此地可以互相联系、通信，即形成了多个用户的工作环境。此时，必须使用多用户操作系统才能完成比较复杂的多用户状态下的管理和协调任务。常用的多用户操作系统有：Unix，XENIX，Windows 95/98/2000/XP/7 等。

3. 网络操作系统

多台微型机连在一起，其中有一台微型机起主导控制作用(称为“服务器”)，其他微型机处于从属地位(称为“终端机”)，形成微型机网络。管理网络的操作系统称为网络操作系统。常用的微型机网络操作系统有：3＋Open，Novel Netware，Windows NT，Unix 等。

2.1.4　常用操作系统简介

1. DOS

DOS(Disk Operating System)是 Microsoft 公司研制的配置在 PC 机上的单用户命令行(字符)界面操作系统。它曾经最广泛地应用在 PC 机上，对于计算机的应用普及可以说是功不可没。DOS 的特点是简单易学、硬件要求低，但存储能力有限。因为种种原因，它现在已被 Windows 替代。

2. Windows

微软公司的 Windows 操作系统是基于图形用户界面的操作系统。因其生动、形象的用户界面、简便的操作方法，吸引着成千上万的用户，成为目前装机普及率最高的一种操作系统。

微软公司从1983年开始开发Windows，并于1985年和1987年分别推出Windows 1.0版和2.0版，受当时硬件和DOS的限制，它们没有取得预期的成功。而微软于1990年5月推出的Windows 3.0在商业上取得了惊人的成功：不到6周就售出了50万份Windows 3.0拷贝，打破了软件产品的销售纪录，这是微软在操作系统上垄断地位的开始。其后推出的Windows 3.1引入了TrueType矢量字体，增加了对象链接和嵌入技术(OLE)以及多媒体支持。但此时的Windows必须运行于MS－DOS上，因此并不是严格意义上的操作系统。

微软公司于1995年推出了Windows 95，它可以独立运行而无须DOS支持。Windows 95对Windows 3.1作了许多重大改进，包括网络和多媒体支持、即插即用(Plug and Play)支持、32位线性寻址的内存管理和良好的向下兼容性等。随后又推出了Windows 98和网络操作系统Windows NT。

2000年，微软公司发布Windows 2000有两大系列：Professional（专业版）及Server系列（服务器版），包括Windows 2000 Server、Advanced Server和Data center Server。Windows 2000可进行组网，因此它又是一个网络操作系统。2001年10月25日，微软公司又发布了新版本的Windows XP，其中XP是Experience（体验）的缩写。2003年，微软发布了Windows 2003，增加了支持无线上网等功能。

2005年微软公司已经发布了Vista系统（Windows 2005），对操作系统核心进行了全新修正，界面比以往的Windows操作系统有了很大的改进，设置也较为人性化，集成了Internet Explorer 7等，不愧是微软的新一代产品。但是Vista目前存在的问题是兼容不理想，一些软件还不能运行，要求的硬件配置也比较高。

Windows 7是微软公司推出的电脑操作系统，供个人、家庭及商业使用，一般安装于笔记本电脑、平板电脑、多媒体中心等。2011年10月StatCounter调查数据显示，Windows 7已售出4.5亿套，以40.17%的市场占有率超越Windows XP的38.72%。

3. UNIX

UNIX是一种发展比较早的操作系统，在操作系统市场一直占有较大的份额。UNIX的优点是具有较好的可移植性，可运行于许多不同类型的计算机上，具有较好的可靠性和安全性，支持多任务、多处理、多用户、网络管理和网络应用。缺点是缺乏统一的标准，应用程序不够丰富，并且不易学习，这些都限制了UNIX的普及应用。

4. Linux

Linux是一种源代码开放的操作系统。用户可以通过Internet免费获取Linux及其生成工具的源代码，然后进行修改，建立一个自己的Linux开发平台，开发Linux软件。

Linux实际上是从UNIX发展起来的，与UNIX兼容，能够运行大多数的UNIX工具软件、应用程序和网络协议。Linux继承了UNIX以网络为核心的设计思想，是一个性能稳定的多用户网络操作系统。同时，它还支持多任务、多进程和多CPU。

Linux版本众多，厂商们利用Linux的核心程序，再加上外挂程序，就变成了现在的各种Linux版本。现在主要流行的版本有Red Hat Linux、Turbo Linux、S. u. S. E Linux等。我国自行开发的有：红旗Linux、蓝点Linux等。

5. OS/2

1987 年，IBM 公司在推出 PS/2 的同时，发布了为 PS/2 设计的操作系统——OS/2。在 20 世纪 90 年代初，OS/2 的整体技术水平超过了当时的 Windows 3. x，但因为缺乏大量应用软件的支持而失败。

6. Mac OS

Mac OS 是在苹果公司的 Power Macintosh 机及 Macintosh 一族计算机上使用的。它是最早成功的基于图形用户界面的操作系统。它具有较强的图形处理能力，广泛应用于平面出版和多媒体应用等领域。Macintosh 的缺点是与 Windows 缺乏较好的兼容性，因而影响了它的普及。

7. Novell NetWare

Novell NetWare 是一种基于文件服务和目录服务的网络操作系统，主要用于构建局域网。

2.1.5　Windows 7

Windows 7 是微软于 2009 年发布的，开始支持触控技术的 Windows 桌面操作系统，其内核版本号为 NT6.1。在 Windows 7 中，集成了 DirectX 11 和 Internet Explorer 8。DirectX 11 作为 3D 图形接口，不仅支持未来的 DX11 硬件，还向下兼容当前的 DirectX 10 和 10.1 硬件。DirectX 11 增加了新的计算 shader 技术，可以允许 GPU 从事更多的通用计算工作，而不仅仅是 3D 运算，这可以鼓励开发人员更好地将 GPU 作为并行处理器使用。Windows 7 还具有超级任务栏，提升了界面的美观性和多任务切换的使用体验。通过开机时间的缩短、硬盘传输速度的提高等一系列性能改进，Windows 7 的系统要求并不低于 Windows Vista，不过当时的硬件已经很强大了。到 2012 年 9 月，Windows 7 的占有率已经超越 Windows XP，成为世界上占有率最高的操作系统。

1. Windows 7 共有 6 个版本：

简易版(Windows 7 Starter)、家庭普通版(Windows 7 Home Basic)、家庭高级(Windows 7 Home Premium)版、专业版(Windows 7 Professional)、企业版(Windows 7 Enterprise)、旗舰版(Windows 7 Ultimate)。

2. Windows 7 的基本特点

(1)更易用

Windows 7 做了许多方便用户的设计，如快速最大化、窗口半屏显示、跳跃列表、系统故障快速修复等，这些新功能令 Windows 7 成为最易用的 Windows。

(2)更快速

Windows 7 大幅缩减了 Windows 的启动速度。据实测，在 2008 年的中低端配置下运行，系统加载时间一般不超过 20 秒，这比 Windows Vista 的 40 余秒相比，是一个很大的进步。

(3)更简单

Windows 7 将会让搜索和使用信息更加简单，包括本地、网络和互联网搜索功能，直观的用户体验将更加高级，还会整合自动化应用程序提交和交叉程序数据透明性。

(4)更安全

Windows 7 桌面和开始菜单改进了安全和功能合法性,还会把数据保护和管理扩展到外围设备。Windows 7 改进了基于角色的计算方案和用户账户管理,在数据保护和坚固协作的固有冲突之间搭建沟通桥梁,同时也会开启企业级的数据保护和权限许可。

(5)更低的成本

Windows 7 可以帮助企业优化它们的桌面基础设施,具有无缝操作系统、应用程序和数据移植功能,并简化 PC 供应和升级,进一步朝完整的应用程序更新和补丁方面努力。

(6)更好的连接

Windows 7 进一步增强了移动工作能力,无论何时、何地、任何设备都能访问数据和应用程序,开启坚固的特别协作体验,无线连接、管理和安全功能会进一步扩展。Windows 7 使得性能和当前功能以及新兴移动硬件得到优化,拓展了多设备同步、管理和数据保护功能。

2.2 Windows 7 的启动与退出

启动与退出 Windows 7 是操作电脑的第一步,而且掌握启动与退出 Windows 7 的正确方法,还能够起到保护电脑和延长电脑使用寿命的作用。

1. 开机启动 Windows 7

要使用 Windows 7 操作系统,首先需要启动 Windows 7,在登录系统之后才可以做一系列相关的操作。开机启动 Windows 7 的操作步骤如下:

① 按下显示器和电脑主机的电源按钮,打开显示器并接通主机电源。

② 在启动过程中,Windows 7 会进行自检、初始化硬件设备,如果系统运行正常,则无须进行其他任何操作。

③ 如果没有对用户账户进行任何设置,则系统将直接登录 Windows 7 操作系统;如果设置了用户密码,则在"密码"文本框中输入密码,然后按 Enter 键或用鼠标单击按钮,便可登录 Windows 7 操作系统,如图 2-1 所示。

图 2-1 登录 Windows 7 操作系统

2. 关机退出 Windows 7

使用 Windows 7 完成所有的操作后,可关机退出 Windows 7,退出时应采取正确的方法,否则可能使系统文件丢失或出现错误。关机退出 Windows 7 的操作步骤如下:

① 单击 Windows 7 工作界面左下角的"开始"按钮。

② 弹出"开始"菜单,单击右下角的关机按钮,如图 2-2 所示,电脑自动保存文件和设置后退出 Windows 7。

关闭显示器及其他外部设备的电源。

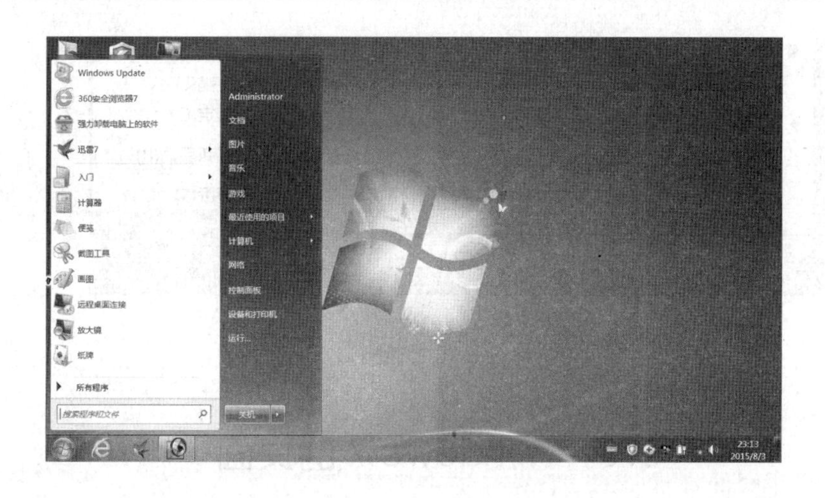

图 2 - 2　退出 Windows 7

3. 进入睡眠与重新启动

“睡眠”是操作系统的一种节能状态,“重新启动”则是在使用电脑的过程中遇到某些故障时,让系统自动修复故障并重新启动电脑的操作。

(1)进入睡眠状态

在进入睡眠状态时,Windows 7 会自动保存当前打开的文档和程序中的数据,并且使 CPU、硬盘和光驱等设备处于低能耗状态,从而达到节能省电的目的,单击鼠标或敲击键盘上的任意按键,电脑就会恢复到进入“睡眠”前的工作状态。进入睡眠状态的操作步骤如下:

① 单击 Windows 7 工作界面左下角的“开始”按钮。

② 弹出“开始”菜单,单击右下角关机按钮右侧的按钮,然后在弹出的菜单列表中选择“睡眠”命令,如图 2 - 3 所示,即可使电脑进入睡眠状态。

图 2 - 3　Windows 7“睡眠”状态

(2)重新启动

重新启动是指将打开的程序全部关闭并退出 Windows 7,然后电脑立即自动并进入 Windows 7 的过程,其操作步骤如下:

① 单击 Windows 7 工作界面左下角的“开始”按钮。

② 在弹出的“开始”菜单中,单击右下角关机按钮右侧的按钮,然后在弹出的菜单列表中选择“重新启动”命令,如图 2 - 4 所示,即可重新启动系统。

图 2-4 Windows 7“重新启动”状态

2.3 Windows 7 的桌面

启动进入 Windows 7 后,出现在屏幕上的整个区域称为“桌画”。在 Windows 7 中,大部分的操作都是通过桌面完成的。下面主要介绍 Windows 7 桌面中各元素的作用及其相应的操作方法。

1. 认识 Windows 7 的桌面

启动进入 Windows 7 后,出现的桌面如图 2-5 所示,主要包括桌面图标、桌面背景和任务栏,其作用分别介绍如下。

图 2-5 Windows 7 桌面

桌面图标:通过桌面图标可以打开相应的操作窗口或应用程序。

桌面背景:丰富桌面内容,增强用户的操作体验,对操作系统没有实质性的作用。

任务栏:通过它可以进行打开应用程序和管理窗口等操作。

2. 桌面图标

桌面图标主要包括系统图标和快捷图标两部分。系统图标是指可进行与系统相关操作的图标;快捷图标是指应用程序的快捷启动方式,其主要特征是图标左下角有一个小箭头标识,双击快捷图标可以快速启动相应的应用程序。

（1）添加快捷图标

如果需要添加文件或应用程序的桌面快捷方式，方法很简单：选中文件或程序，单击鼠标右键，在弹出的快捷菜单中选择“发送到”命令，再在弹出的子菜单中选择“桌面快捷方式”命令，即可将相应的快捷图标添加到桌面。

（2）删除桌面图标

如果桌面上的图标过多，可以根据需要将桌面上的一些图标删除。删除桌面图标的方法是：选择需删除的桌面图标，单击鼠标右键，在弹出的快捷菜单中选择“删除”命令，或将鼠标光标移到需要删除的桌面图标上，按住鼠标左键不放，将该图标拖至“回收站”图标上，当出现“移动到回收站”字样时释放鼠标左键，再在打开的提示对话框中单击“确定”按钮，如图 2 - 6 所示。

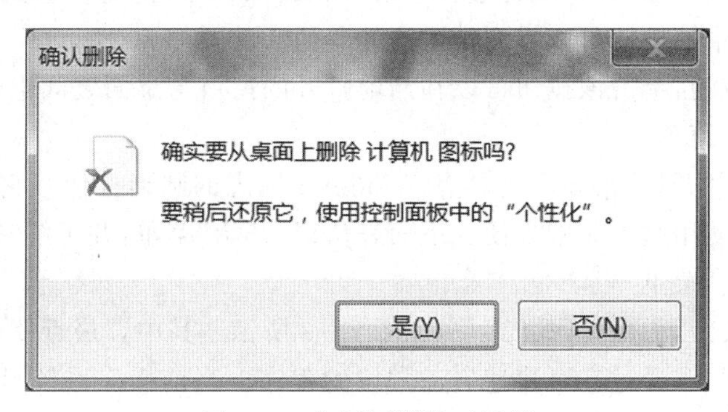

图 2 - 6　“确认”删除对话框

3. 桌面背景

桌面背景是指应用于桌面的图片或颜色。根据个人的喜好可以将喜欢的图片或颜色设置为桌面背景，丰富桌面内容，美化工作环境。Windows 7 中提供了很多自带的图片，如图 2 - 7 所示为设置系统自带的背景图片后的桌面效果。

图 2 - 7　Windows 7 桌面背景图

4. 任务栏

任务栏主要包括“开始”按钮、快速启动区、语言栏、系统提示区与“显示桌面”按钮等部分，如图 2 - 8 所示。默认状态下任务栏位于桌面的最下方。

图 2-8　Windows 7 任务栏

任务栏各个组成部分的作用介绍如下：

“开始”按钮：单击该按钮会弹出“开始”菜单，将显示 Windows 7 中各种程序选项，单击其中的任意选项可启动对应的系统程序或应用程序。

快速启动区：用于显示当前打开程序窗口的对应图标，使用该图标可以进行还原窗口到桌面、切换和关闭窗口等操作，用鼠标拖动这些图标可以改变它们的排列顺序。

语言栏：当输入文本内容时，在语言栏中进行选择和设置输入法等操作。

系统提示区：用于显示“系统音量”“网络”以及“操作中心”等一些正在运行的应用程序的图标，单击其中的按钮可以看到被隐藏的其他活动图标。

“显示桌面”按钮：单击该按钮可以在当前打开的窗口与桌面之间进行切换。

5. 使用“开始”菜单

Windows 7 的“开始”菜单采用具有 Windows 标志的圆形按钮。它在原有的基础上做了很大的改进，使用起来非常方便。下面来认识“开始”菜单，并了解它的使用方法。

(1)认识“开始”菜单

单击“开始”按钮，弹出“开始”菜单，如图 2-9 所示。其中，“最近使用的程序”栏中列出了常用的程序列表，通过它可快速启动常用的程序。当前操作系统显示的为正在使用的用户图标，为便于用户识别，单击它可设置用户账户。

图 2-9　Windows 7“开始”菜单

(2)使用“所有程序”菜单

“所有程序”菜单集合了电脑中所有程序，使用 Windows 7 的“所有程序”菜单寻找某个程序时，不会产生凌乱的感觉。使用“所有程序”菜单的操作步骤如下：

单击“开始”按钮，弹出“开始”菜单；单击所有程序按钮，弹出“所有程序”菜单，显示各个程序的汇总菜单，如图 2－10 所示。

在该菜单中选择某个选项，如选择“附件”选项，打开该选项下的二级菜单，该二级菜单由“附件”选项包含的所有程序组成，如图 2－11 所示。选择某个程序选项，即可启动该程序。

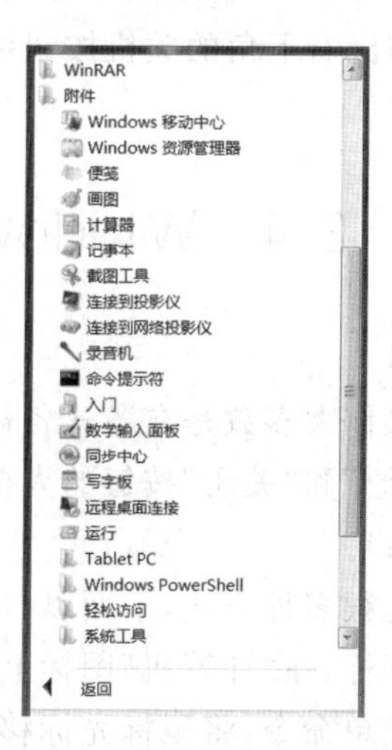

图 2－10　Windows 7“所有程序”菜单　　图 2－11　“附件”选项包含的所有程序

(3)使用搜索栏

在 Windows 7 的“开始”菜单中提供了快捷的搜索功能，只需在标有“搜索程序和文件”的搜索框中输入需要查找的内容或对象，便能够迅速地查找到该内容或对象。如搜索 Office Excel 2010 程序，其操作步骤如下：

单击“开始”按钮，弹出“开始”菜单。

在“搜索程序和文件”搜索框中输入“Office Excel 2010”，如图 2－12 所示。刚输入内容时系统就立即开始搜索，随着输入的关键字越来越完整，符合条件的内容会越来越少。在输入完成后，显示内容只剩下 Office Excel 2010 程序，如图 2－13 所示。

图 2－12　“搜索程序和文件”搜索框　　图 2－13　搜索结果

(4)使用系统控制区

默认“开始”菜单右侧的深色区域是 Windows 的系统控制区。与 Windows Vista 操作系统类似,Windows 7 的系统控制区保留了“开始”菜单中最常用的几个选项,并在其顶部添加了“文档”“图片”“音乐”和“游戏”等选项,通过单击这些选项可以快速打开对应的窗口。系统控制区右下角的关机按钮可进行“关机”“切换用户”“注销”“锁定”和“重新启动”等操作。

2.4 Windows 7 的窗口与对话框

1.操作窗口

电脑中的操作大多数是在各式各样的窗口中完成的。通常只要是右上方包含“最小化”“最大化/还原”和“关闭”按钮的人机交互界面都可以称为窗口。

(1)打开窗口

打开窗口有很多种方法,下面以打开“计算机”窗口为例进行介绍。

双击桌面图标:在“计算机”图标上双击鼠标左键即可打开该图标对应的窗口。

通过快捷菜单命令:将鼠标光标移到“计算机”图标上,单击鼠标右键,在弹出的快捷菜单中选择“打开”命令。

通过“开始”菜单:单击“开始”按钮,弹出“开始”菜单,选择系统控制区的“计算机”命令。

(2)认识窗口的组成

窗口一般分为系统窗口和程序窗口,系统窗口一般指“计算机”窗口等 Windows 7 操作系统的窗口,主要由标题栏、地址栏、搜索框、工具栏、窗口工作区和窗格等部分组成,如图 2-14 所示。程序窗口与系统窗口的程序和功能稍有差别,其组成部分大致相同。

图 2-14 Windows 7 操作系统的窗口

下面以 Windows 7 的“计算机”窗口为例，介绍窗口的主要组成部分及其作用。

① 标题栏。在 Windows 7 的系统窗口中，显示了窗口的“最小化”按钮、“最大化/还原”按钮和“关闭”按钮，单击这些按钮可对窗口执行相应的操作。

② 地址栏。地址栏是“计算机”窗口中重要的组成部分，通过它可以清楚地知道当前打开的文件夹的路径。当知道某个文件或程序的保存路径时，可以直接在地址栏中输入路径来打开保存该文件或程序的文件夹。Windows 7 的地址栏中每一个路径都由不同按钮组成，如图 2-15 所示。单击这些按钮，就可以在相应的文件夹之间进行切换。单击这些按钮右侧的按钮，将弹出一个子菜单，其中显示了该按钮对应文件夹的所有子文件夹，如图 2-16 所示。

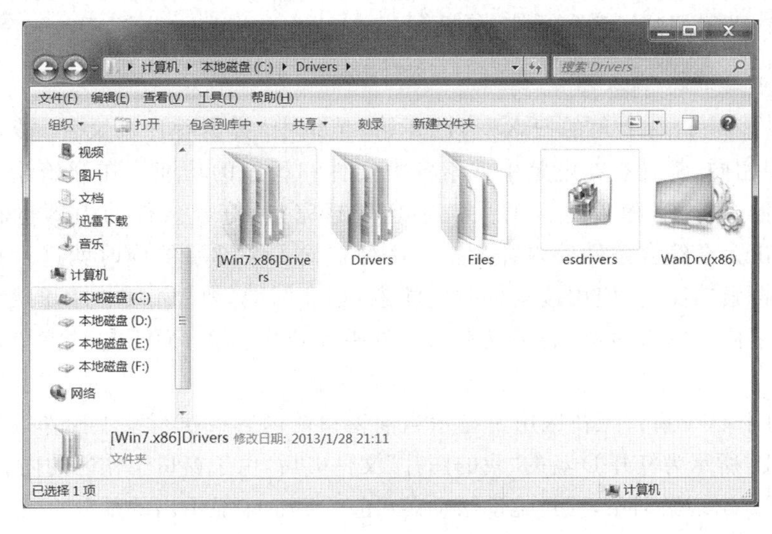

图 2-15 Windows 7 地址栏中的按钮

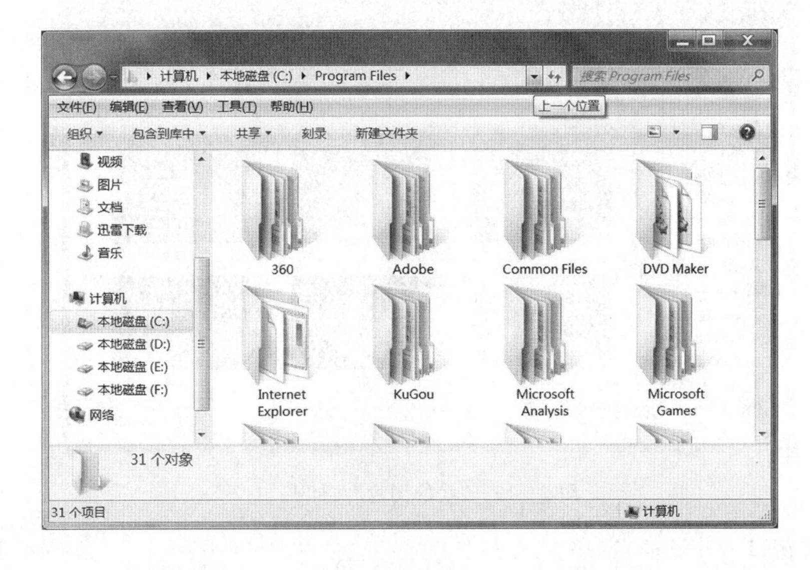

图 2-16 按钮对应文件夹的所有子文件夹

③工具栏。工具栏用于显示针对当前窗口或窗口内容的一些常用的工具按钮，通过这些按钮可以对当前的窗口和其中的内容进行调整或设置。打开不同的窗口或在窗口中选择不同的对象，工具栏中显示的工具按钮是不一样的。如图 2－17 所示为“计算机”窗口显示的工具栏，如图 2－18 所示为 D 盘窗口显示的工具栏。

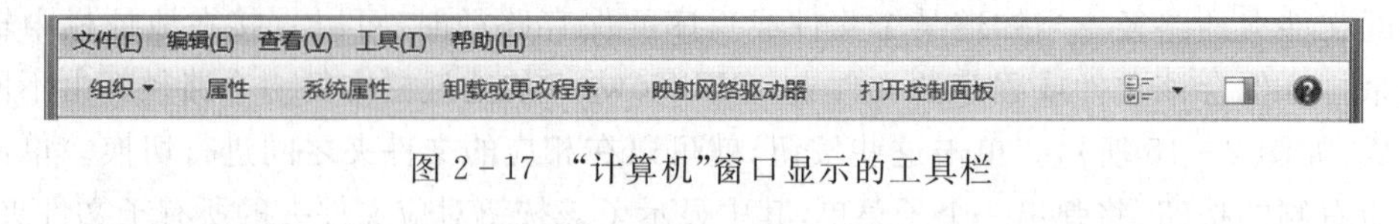

图 2－17 “计算机”窗口显示的工具栏

图 2－18 D 盘窗口显示的工具栏

④ 搜索栏。窗口右上角的搜索框与“开始”菜单中“搜索程序和文件”搜索框的使用方法和作用相同，都具有在电脑中搜索各类文件和程序的功能。在开始输入关键字时，搜索就开始进行了，随着输入的关键字越来越完整，符合条件的内容也将越来越少，直到搜索出完全符合条件的内容为止。这种在输入关键字的同时就进行搜索的方式称为“动态搜索功能”。使用搜索框时应注意，如在“计算机”窗口中打开某个文件夹窗口，并在搜索框中输入内容，表示只在该文件夹窗口中搜索，而不是对整个计算机资源进行搜索。

⑤ 窗口工作区。窗口工作区用于显示当前窗口的内容或执行某项操作后显示的内容。如图 2－19 所示为打开 D 盘的“我的图片”文件夹后，由于窗口工作区的内容较多，将在其右侧和下方出现滚动条，通过拖动滚动条可查看其他未显示出的部分。

图 2－19 “我的图片”文件夹

(3)关闭窗口

在窗口中执行完操作后，可关闭窗口，其方法有以下几种：

使用菜单命令：将鼠标光标移到标题栏，单击鼠标右键，在弹出的快捷菜单中选择“关闭”命令来关闭窗口。

单击“关闭”按钮：直接单击窗口右上角的“关闭”按钮关闭窗口。

使用任务栏：用鼠标右键单击窗口在任务栏中对应的图标，在弹出的快捷菜单中选择“关闭窗口”命令。当打开多个窗口时，选择“关闭所有窗口”命令，将关闭对应的窗口，如图 2-20 所示。

Microsoft Word 2010
将此程序锁定到任务栏
关闭窗口

图 2-20　“关闭所有窗口”对话框

(4)移动窗口

在操作电脑时，为了方便操作某些部分，需要调整窗口在桌面上的位置，其方法是将鼠标光标移到窗口的标题栏上，如图 2-21 所示，按住鼠标左键不放，可以拖动窗口到任意位置。

图 2-21　调整窗口在桌面上的位置

(5)排列窗口

与其他版本一样，Windows 7 也可以对窗口进行不同的排列，方便用户对窗口进行操作和查看，尤其当打开的窗口过多时，采用不同的方式排列窗口可以提高工作效率。其方法是在任务栏的空白处单击鼠标右键，在弹出的快捷菜单中选择“层叠窗口”“堆叠显示窗口”或“并排显示窗口”命令即可。

2. Windows 7 中的对话框

Windows 7 中的对话框与 Windows 其他系列的对话框相比，外观和颜色都发生了变化。Windows 7 中的对话框提供了更多的信息和操作提示，使操作更准确。

选择某些命令后需进一步设置，打开相应的对话框，其中包含了不同类型的元素，且不同的元素可实现不同的功能。图 2-22 和图 2-23 为“任务栏和‘开始’菜单属性”对话框和单击“自定义”按钮后打开的对话框。

图 2-22 "任务栏和'开始'菜单属性"对话框

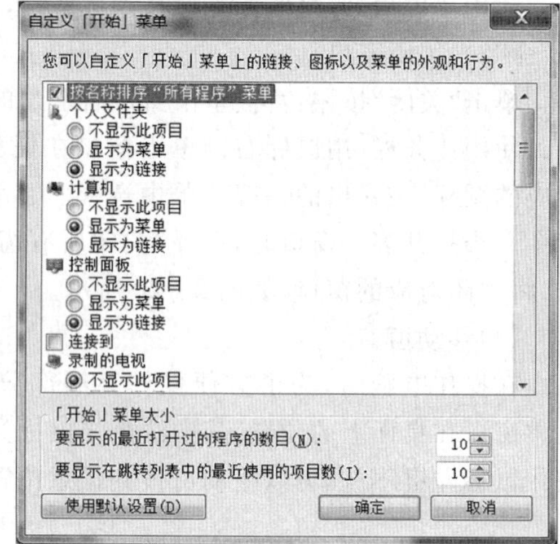

图 2-23 "自定义'开始'菜单"的对话框

列表框：列表框在对话框中以矩形框形式显示，其中分别列出了多个选项。

单选按钮：选中单选按钮可以完成某项操作或功能的设置，选中后单选按钮前面的标记变为◉。

数值框：可以直接在数值框中输入数值，也可以通过后面的按钮设置数值。

复选框：其作用与单选框按钮类似，当选中复选框后，复选框前面的标记变为☑。

下拉列表框：与列表框类似，只是将选项折叠起来，单击对应的按钮，将显示出所有的选项。

按钮：单击对话框中的某些按钮可以打开相应对话框进行进一步设置，而单击某些按钮则执行对应的功能。

2.5 Windows 7 的文件与文件夹管理

2.5.1 磁盘、文件与文件夹

电脑中的资源通常是以文件形式保存的，而文件通常存放于磁盘或其他的文件夹中。三者之间存在包含与被包含的关系。下面将分别介绍磁盘、文件和文件夹的相关概念。

1. 磁盘

磁盘通常是指硬盘划分出的分区，用于存放电脑中的各种资源。磁盘的盘符通常由磁盘图标、磁盘名称和磁盘使用的信息组成，用大写的英文字母后面加一个冒号来表示，如"D:"，可以简称为 D 盘。用户可以根据需要在不同的磁盘中存放相应的内容，并将各个磁盘存放的内容分类。

2. 文件与文件夹

文件可以存放在文件夹中，而文件夹不能存放在文件中，下面将分别介绍文件和文件夹的相关知识。

(1)文件

保存在电脑中的各种信息和数据都被统称为文件,如一张图片、一份办公文档、一个应用程序、一首歌曲或一部电影等。在 Windows 7 操作系统的平铺显示方式下,文件主要由文件名、文件扩展名、分隔点、文件图标及文件描述信息等部分组成。

文件中各组成部分的作用介绍如下:

文件名:用于表示当前文件的名称,用户可以自定义文件的名称,以便对其进行管理。

文件扩展名:是操作系统中用来标识文件格式的一种机制,如名为"雨季.doc"的文件中,doc 是其扩展名,表示这个文件是一个 Word 文件。

分隔点:用于区分文件名与文件扩展名。

文件图标:与文件扩展名的功能类似,用于表示当前文件的类别,它是应用程序自动建立的,在不同类型的文件中其文件图标和扩展名也不相同。

文件描述信息:用于显示当前文件的大小和类型等信息。

(2)文件夹

文件夹用于存放和管理电脑中的文件,是为了更好地管理文件而设计的。通过将不同的文件归类存放到相应的文件夹中,可以快速找到所需的文件。文件夹的外观由文件夹图标和文件夹名称组成。

3.磁盘、文件与文件夹之间的关系

如果把电脑比作图书馆,那么磁盘就是各个图书室,而文件夹就是图书室中的各排书架,文件则是图书。它们的大概关系便是如此。不同的是,磁盘中除了可以有多个文件夹以外,也可以直接存放文件,而文件夹中除了文件以外,还可以有许多子文件夹。

在管理电脑资源的过程中,需要随时查看某些文件和文件夹,Windows 7 一般在"计算机"窗口中查看电脑中的资源,主要通过窗口工作区、地址栏和文件夹窗格三种方法进行查看。

2.5.2　文件与文件夹的操作

企业只有在有效的管理机制下才能良好运作,同样,电脑中的资源也只有在得到妥善的管理后才会变得井井有条。要想管理好电脑中的丰富资源,就必须掌握文件和文件夹的基本操作,包括新建、复制和移动等。

1.设置文件与文件夹显示方式

Windows 7 提供了图标、列表、详细信息、平铺和内容 5 种类型的显示方式。只需单击窗口工具栏中的按钮,在弹出的菜单中选择相应的命令,即可应用相应的显示方式。

各显示方式介绍如下:

图标显示方式:将文件夹所包含的图像显示在文件夹图标上,可以快速识别该文件夹的内容,常用于文件夹中,包括超大图标、大图标、中等图标和小图标 4 种图标显示方式。

列表显示方式:将文件与文件夹通过列表显示其内容。若文件夹中包含很多文件,列表显示便于快速查找某个文件,在该显示方式中可以对文件和文件夹进行分类,但是无法按组排列文件。

详细信息显示方式:显示相关文件或文件夹的详细信息,包括名称、类型、大小和日期等。

平铺显示方式:以图标加文件信息的方式显示文件或文件夹,是查看文件或文件夹的常用方式。

内容显示方式:将文件的创建日期、修改日期和大小等内容显示出来,方便进行查看和选择。

2.新建文件与文件夹

在电脑中写入资料或存储文件时需要新建文件或文件夹,在 Windows 7 的相关窗口中通过快捷菜单命令可以快速完成新建任务。下面将新建一个名为“资料”的文件夹,其操作步骤如下:

在需要新建文件夹的窗口处单击鼠标右键,在弹出的快捷菜单中选择“新建文件夹”命令,或者单击工具栏中的按钮。

此时,窗口中新建文件夹的名称文本框处于可编辑状态,输入“资料”,按 Enter 键完成新建。

新建文件的操作与新建文件夹的操作相同,在需新建文件的窗口空白处单击鼠标右键,在弹出的快捷菜单中选择“新建”命令,然后在弹出的子菜单中选择新建文件类型对应的命令即可。

3.选择文件与文件夹

在对文件与文件夹进行复制、移动、重命名等基本操作之前,需要对文件与文件夹进行选择,且可以选择不同数量和不同位置的文件和文件夹。

(1)选择单个文件或文件夹

用鼠标单击文件或文件夹图标即可将其选择,被选择的文件或文件夹与其他没有被选中的文件或文件夹相比,呈蓝底形式显示。

(2)选择多个文件或文件夹

当选择多个文件或文件夹时,可以选择多个相邻的、多个连续的,多个不连续的或所有文件和文件夹,其方法介绍如下:

选择多个相邻的文件或文件夹:在需选择的文件或文件夹起始位置处按住鼠标左键进行拖动,此时在窗口中将出现一个蓝色的矩形框,框住需要选择的文件或文件夹后,释放鼠标,即可完成选择。

选择多个连续的文件或文件夹:单击某个文件或文件夹图标后,按住“Shift”键不放,然后单击另一个文件或文件夹图标,即可选择这两个文件或文件夹之间的所有连续文件或文件夹。

选择多个不连续的文件或文件夹:按住“Ctrl”键不放,一次单击需要选择的文件或文件夹即可选择多个不连续的文件或文件夹。

选择所有文件或文件夹:在打开的窗口中单击工具栏中的按钮,然后在弹出的菜单中选择“全选”命令或者按“Ctrl+A”键,即可选择该窗口中的所有文件或文件夹。

4.重命名文件或文件夹

为了便于对文件或文件夹进行管理和查找,更好地体现其内容,可以对文件或文件夹进行重命名。下面将名为“记事”的文件夹重命名为“母亲的鞋子”，其操作步骤如下：

通过文件夹窗格打开计算机 D 盘，新建“记事”文件夹，然后单击鼠标右键，在弹出的快捷菜单中选择“重命名”命令。

此时“记事”文件夹的名称文本框呈可编辑状态，输入“母亲的鞋子”文本内容后，单击窗口空白处或按“Enter”键完成重命名的操作。

5. 移动和复制文件或文件夹

移动和复制文件或文件夹是对文件和文件夹进行查看和管理过程中经常使用的操作，其使用方法比较简单。下面分别对此进行讲解。

(1)移动文件或文件夹

移动文件或文件夹后，在原来的位置将不存在该文件或文件夹，其方法介绍如下：

选择需要移动的文件或文件夹，单击工具栏中的按钮，在弹出的菜单中选择“剪切”命令，然后打开目标文件夹，单击工具栏中的按钮，在弹出的菜单中选择“粘贴”命令。

选择需要移动的文件或文件夹，按“Ctrl＋X”键，打开目标文件夹，按“Ctrl＋V”键。

选择需要移动的文件夹或文件，单击鼠标右键，在弹出的快捷菜单中选择“剪切”命令，然后打开目标文件夹，单击鼠标右键，在弹出的快捷菜单中选择“粘贴”命令。

下面使用快捷菜单将“植物”文件夹中名为“菊花”的 Word 文件移动到计算机 D 盘的“花卉”文件夹中，其操作步骤如下：

通过文件夹窗格打开光盘窗口中的“植物”文件夹，选择“菊花”文件，单击鼠标右键，在弹出的快捷菜单中选择“剪切”命令，被剪切后的文件与被选中前相比呈浅色显示。

通过地址栏打开计算机的 D 盘，并在其中新建并打开“花卉”文件夹，然后在窗口空白区单击鼠标右键，在弹出的快捷菜单中选择“粘贴”命令完成此项操作。

(2)复制文件或文件夹

复制文件或文件夹是指对原来的文件或文件夹不做任何改变，重新生成一个完全相同的文件或文件夹。下面将库中的“图片”文件夹复制到计算机 D 盘中，其操作步骤如下：

双击桌面“计算机”图标，在打开的库窗口中选择“图片”文件夹，按“Ctrl＋C”键或单击工具栏中的按钮，然后在弹出的菜单中选择“复制”命令。

通过地址栏打开计算机 D 盘的窗口，按“Ctrl＋V”键或单击工具栏中的按钮，然后在弹出的菜单中选择“粘贴”命令完成此项操作。

6. 删除文件或文件夹

当磁盘中存在重复的或者不需要的文件或文件夹影响了对电脑的各种操作时，可删除文件或文件夹，其方法介绍如下：

选择需删除的文件或文件夹，按“Delete”键。

选择需删除的文件或文件夹，单击工具栏中的按钮，在弹出的菜单中选择“删除”命令。

选择需删除的文件或文件夹，单击鼠标右键，在弹出的快捷菜单中选择“删除”命令。

选择需删除的文件或文件夹，按住鼠标左键将其拖动到桌面上的“回收站”图标上，再释放鼠标。

在执行以上删除文件或文件夹的操作后，会出现“删除文件”提示对话框询问是否将该文件或文件夹放入回收站中，单击按钮删除该文件或文件夹。下面将删除计算机D盘中的“花卉”文件夹，其操作步骤如下：

通过文件夹窗格打开计算机D盘的窗口，选择已新建的“花卉”文件夹，然后单击工具栏中的按钮，在弹出的菜单中选择“删除”命令。

在系统自动打开的“删除文件夹”提示对话框中，单击按钮，返回到D盘的窗口中，可发现该文件夹已经被删除。

7. 搜索文件或文件夹

当忘记了文件或文件夹的保存位置或记不清楚文件或文件夹的全名时，使用Windows 7的搜索功能便可快速查找到所需的文件或文件夹，并且此操作非常简单和方便，只需在“搜索”文本框中输入需要查找文件或文件夹的名称或该名称的部分内容，系统就会根据输入的内容自动进行搜索，搜索完成后将在打开的窗口中显示搜索到的全部内容。下面将搜索在“计算机”窗口中与“花”相关的文件或文件夹，其操作步骤如下：

双击“计算机”图标，打开“计算机”窗口，单击工具栏中的“搜索”按钮。

在“搜索”文本框中输入“花”，系统自动进行搜索，搜索完成后，该窗口中将显示所有与“花”有关的文件或文件夹。

2.5.3 文件与文件夹的设置

在对电脑中的文件和文件夹等资源进行管理时，还可对文件和文件夹进行各种设置，包括设置文件或文件夹的属性、显示隐藏的文件或文件夹和设置个性化的文件夹图标等。

1. 设置文件或文件夹的属性

如果需要某个文件或文件夹只能被打开查看，但是内容不能被修改，或者需要将某些文件或文件夹隐藏起来，就可以对其属性进行相应的设置。下面将“家园”文件夹的属性设置为只读和隐藏形式，其操作步骤如下：

① 通过文件夹窗格打开计算机的D盘，在其中新建“家园”文件夹，然后在“家园”文件夹上单击鼠标右键，在弹出的快捷菜单中选择“属性”命令。

② 打开“属性”对话框，在“常规”选项卡的“属性”栏中选择“只读”和“隐藏”复选框，单击按钮。

③ 打开“确认属性更改”对话框，选中“仅将更改应用于此文件夹”单选按钮，单击按钮。

④ 返回保存“家园”文件夹的窗口，将不会显示该文件夹。

2. 显示隐藏的文件或文件夹

隐藏文件夹或文件后，如果需要重新对其进行查看，可以通过对“文件夹选项”对话框进行设置将其再次显示出来。下面将显示计算机D盘中已被隐藏的“家园”文件夹，其操作步骤如下：

① 通过文件夹窗格打开已保存“家园”文件夹的计算机D盘窗口，单击工具栏中的按钮，在弹出的菜单中选择“文件夹和搜索选项”命令。

② 打开“文件夹选项”对话框，选择“查看”选项卡，在“高级设置”列表框中选中“显示

隐藏的文件、文件夹和驱动器"单选按钮，单击按钮。

3. 设置个性化的文件夹图标

在管理电脑中的资源时，可以对文件夹图标进行个性化设置，从而使用户快速识别该文件夹的内容。下面将为计算机 D 盘中的"家园"文件夹设置个性化的文件夹图标，其操作步骤如下：

① 通过文件夹窗格打开计算机 D 盘的窗口，在"家园"文件夹上单击鼠标右键，在弹出的快捷菜单中选择"属性"命令。

② 打开"家园"对话框，选择"自定义"选项卡，然后单击按钮。

③ 打开"为文件夹家园更改图标"对话框，通过拖动"从以下列表中选择一个图标"列表框下方的滚动条来寻找所需图标，选择好图标，单击确定按钮。

④ 返回"家园属性"对话框，单击确定按钮，此时计算机 D 盘窗口中"家园"的文件夹图标已经改变。

2.6　Windows 7 的个性化设置

2.6.1　鼠标与键盘的设置

当鼠标或键盘的默认设置不能达到自己的要求时，通过对鼠标和键盘速度等参数进行设置，可以使操作过程变得顺畅。

1. 设置鼠标

设置鼠标主要包括调整双击鼠标的速度、更改指针样式以及设置鼠标指针选项等。其操作如下：

① 在桌面空白处单击鼠标右键，在弹出的快捷菜单中选择"个性化"命令，打开"个性化"窗口，单击导航窗格中的"更改鼠标指针"超链接。

② 打开"鼠标属性"对话框，选择"指针"选项卡，然后单击"方案"栏中的下拉按钮，在其下拉列表中选择鼠标样式方案，如选择"Windows 黑色(系统方案)"选项，单击"应用"按钮，此时鼠标指针样式变为设置后的样式。

③ 在"自定义"列表框中选择需单独更改样式的鼠标状态选项，如选择"后台运行"选项，如图 2-24 所示，然后单击"浏览"按钮。

④ 打开"浏览"对话框，系统自动定位到可选择指针样式的文件夹，在列表框中选择一种样式，如选择"aero-busy-ani"选项，如图 2-25 所示，单击"打开"按钮。

⑤ 返回"鼠标属性"对话框，可看到"自定义"列表框中的"后台运行"鼠标指针变为 aero-busy-ani 样式效果了。

图 2-24　"鼠标属性"对话框

⑥ 选择“鼠标键”选项卡，在“双击速度”栏中拖动“速度”滑块调节双击速度，如图 2 - 26 所示，单击“应用”按钮。

图 2 - 25 “aero-busy-ani”选项卡

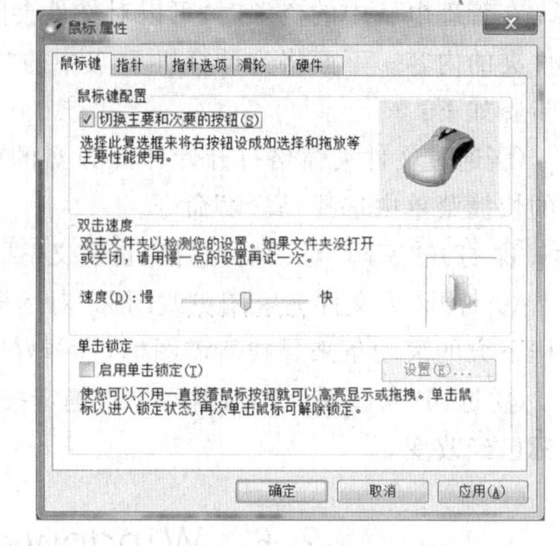

图 2 - 26 “鼠标属性‘鼠标键’”选项卡

⑦ 选择“指针选项”选项卡，在“移动”栏中拖动滑块调整鼠标指针的移动速度，选中“显示指针轨迹”复选框，移动鼠标指针时会产生“移动轨迹”效果，确认设置后，单击“确定”按钮，如图 2 - 27 所示，完成对鼠标的设置。

图 2 - 27 “鼠标属性‘鼠标指针’”选项卡

2. 设置键盘

在 Windows 7 中，设置键盘主要包括调整键盘的响应速度以及光标的闪烁速度。其操作如下：

① 选择“开始/控制面板”命令，打开“控制面板”窗口。

② 选择该窗口右上角“查看方式”下拉列表框中的“小图标”选项，如图 2 - 28 所示，将该窗口切换至“小图标”视力模式，单击“键盘”超链接。

③ 打开“键盘属性”对话框，选择“速度”选项卡，拖动“字符重复”栏中的“重复延迟”

图 2-28　“控制面板”窗口

滑块，改变键盘重复输入的延迟时间，如向左拖动该滑块使重复输入速度降低，如图2-29所示。

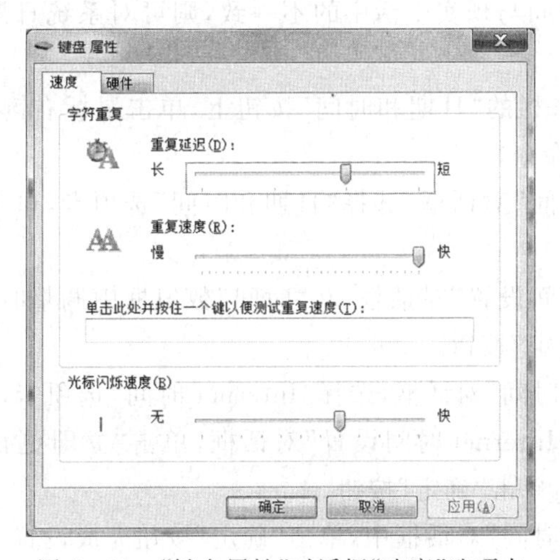

图 2-29　“键盘属性”对话框“速度”选项卡

④ 在“光标闪烁速度”栏中拖动滑块，改变文本编辑软件(如记事本)中文本插入点在编辑位置的闪烁速度，如向左拖动滑块设置为中等速度，单击“确定”按钮完成设置。

2.6.2　日期与时间的设置

与其他版本相比，Windows 7 不仅在任务栏的通知区域显示了系统时间，同时还显示了系统日期，为了使系统日期和时间与工作和生活中的日期和时间一致，有时需要对系统日期和时间进行调整。

在查看系统具体的日期和时间后，可根据实际需要去调整。下面介绍查看或调整系统日期和时间的方法。

1. 查看系统日期和时间

任务栏中显示了系统的日期和时间，但没有显示出星期，将鼠标指针移到通知区域

“日期和时间”对应的按钮上，系统会自动弹出一个浮动界面，可以查看到星期，如图2-30所示；单击通知区域“日期和时间”对应的按钮，系统会弹出一个直观的显示界面，如图2-31所示。

图 2-30“日期和时间”按钮浮动界面

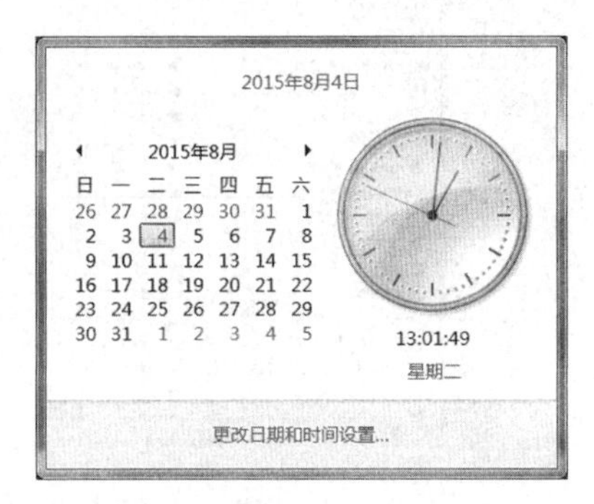

图 2-31 “日期和时间”按钮对话框

2. 调整系统日期和时间

如果系统日期和时间与现实生活中的不一致，则可对系统日期和时间进行调整。其操作如下：

① 将鼠标移到任务栏的“日期和时间”按钮上，单击鼠标右键，在弹出的快捷菜单中选择“调整日期/时间”命令。

② 打开“日期和时间”对话框，选择“日期和时间”选项卡，单击“更改日期和时间”按钮，如图 2-32 所示。

③ 打开“日期和时间设置”对话框，在“时间”数值框中调整时间，然后在“日期”列表框中选择日期，单击“确定”按钮。

④ 返回到“日期和时间”对话框，选择“Internet 时间”选项卡，单击“更改设置”按钮，如图 2-33 所示，打开“Internet 时间设置”对话框，单击“立即更新”按钮，将当前时间与 Internet 时间同步一致，单击“确定”按钮。

⑤ 返回到“日期和时间”对话框中，单击“确定”按钮完成设置。

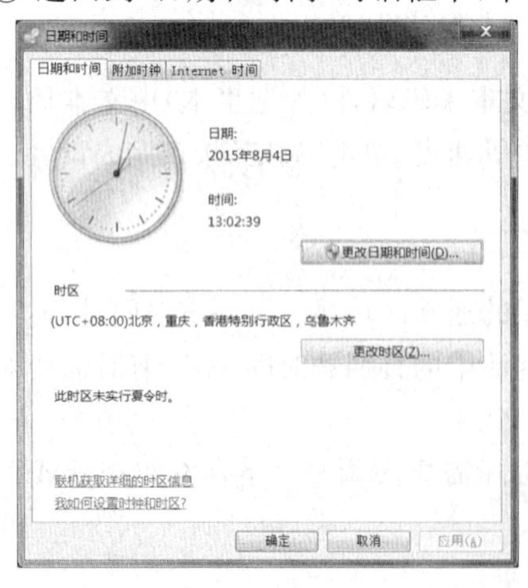

图 2-32 “日期和时间”选项卡

图 2-33 “Internet 时间”选项卡

2.7 Windows 7 软件的管理

2.7.1 软件的安装

1.安装软件前的准备

(1)检查配置

(2)获得软件

安装软件前先要获得软件的安装程序。通常可以通过以下3种方法获得所需的软件安装程序:

网上下载安装程序:许多软件开发商都会在网上公布一些共享文件和免费软件的安装程序,用户只需上网查找并下载这些安装程序。

购买安装光盘:购买正规的软件安装光盘,不但质量有保证,通常还能享受一些升级和技术支持,常用软件的安装光盘在当地的软件销售商处都能够买到。

购买软件图书时赠送:购买某些电脑方面的杂志或书籍时,附带了一些软件的安装程序光盘。

(3)软件的序列号

安装序列号也称注册码,许多软件为了防止盗版都设有安装序列号,在安装此类软件的过程中,需要输入该软件的安装序列号,只有输入了正确的安装序列号,才能继续进行安装;有的则是安装完成后,运行程序的激活码。获取软件安装序列号一般有以下3种方法:

查阅印刷在安装光盘、包装盒封面或附带说明书上的相关文字,获得该软件的安装序列号。

在网上下载免费软件或试用软件,可以通过阅读软件的说明文档获取软件的安装序列号和安装方法等。

一些共享软件的安装序列号可以通过网站或手机注册的方式获取。

(4)兼容性

由于 Windows 7 是 Microsoft 公司最新一代的操作系统,因此,原有的一些针对 Windows 安装当前电脑的硬件配置不必拆开主机机箱来查看,通过 Windows 7 的"系统"窗口即可完成,而且 Windows 7 集成的电脑硬件评分功能可对电脑硬件的整体状况有个初步了解。

其操作步骤如下:

① 用鼠标右键单机桌面的"计算机"图标,在弹出的快捷菜单中选择"属性"命令;打开"系统"窗口,在其中可以查看有关电脑的基本信息,如图 2-34 所示。

② 单击"性能信息和工具"超链接,在打开的"性能信息和工具"窗口显示了当前系统中每项硬件的得分及基本分数,如图 2-35 所示。

③ XP 或其他操作系统开发的软件不一定能够与之兼容,不兼容的软件在使用时会显得很不稳定,甚至有些不兼容的软件根本就不能安装到 Windows 7 中,所以在选用软件时还需要选择使用兼容的软件。

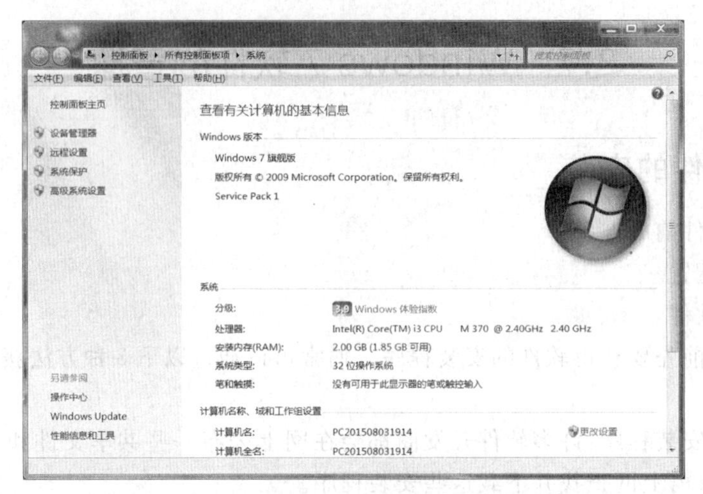

图 2-34 “系统”窗口

图 2-35 “性能信息和工具”窗口

(5)检查要安装的软件

目前，许多软件都捆绑一些与程序本身完全没有关系的其他软件，特别是从网上下载的一些共享软件。这些软件有些具有一定功能，其本身是无害的，不会对电脑的操作系统造成负面影响；但有些捆绑的软件会强制性安装，且无法彻底卸载，甚至有的软件会被发布者恶意捆绑一些病毒或窃取用户信息的恶意软件，因此在安装软件之前应该对要安装的软件有一个初步的了解。如果从网上下载软件，下载之前需了解其他用户对这个软件的评价，再根据得到的信息决定是否安装该软件。

同时，在安装软件的过程中也要清楚安装过程中每一个步骤的选项，有的软件在安装过程中会让用户选择是否安装捆绑的程序，可以根据需要选择是否安装。如果确定某个软件捆绑了其他程序，且安装过程中不提供是否安装的提示，那么建议用户不要再继续安装此软件，而是寻找具有类似功能的其他软件代替，或者通过其他途径获取该软件。

2. 安装软件

经过准备之后，如果该软件符合用户的要求，接下来就可以安装软件了。软件的安装方法是，在计算机中找到该软件的安装程序，双击其中的安装文件，通常是“setup. exe”或“install. exe”，然后再根据打开的安装向导窗口中的提示进行操作。例如，安装“千千静听”，其操作步骤如下：

① 打开保存“千千静听”安装程序的文件夹，双击安装文件“千千静听. exe”。

② 打开“千千静听”的安装向导界面，单击开始按钮，开始进行安装。

③ 打开“许可证协议”界面，阅读“软件使用协议”后，单击“我同意”按钮。

④ 打开“选择组件”界面，根据需要选择各个选项，这里保持默认选择不变，单击“下一步”按钮。

⑤ 打开“目标文件夹”界面。选择软件的存放位置，单击“浏览”按钮，打开“浏览文件夹”对话框。

⑥ 返回“目标文件夹”界面，单击“下一步”按钮，打开“附加任务”界面，选中“创建快捷方式”栏中的“开始菜单”复选框和“卸载程序”栏中的复选框，单击“下一步”按钮。

⑦ 打开“完成安装向导”界面，根据需要选择所需选项，这里取消选中所要的复选框，单击“完成”按钮。

⑧ 选择“开始/所有程序”命令，弹出“所要程序”菜单，在“所要程序”菜单中可看到安装的“千千静听”程序。

3. 修复安装软件

如果在使用某个软件时该软件程序经常发生问题，那么有可能是该软件的部分程序发生了损坏，此时可以重新安装该程序，也可以通过控制面板中的“卸载或更改程序”功能对软件进行修复，其操作步骤如下：

① 选择“开始/控制面板”命令，打开“控制面板”窗口，单击“卸载程序”超链接。

② 打开“程序和功能”窗口，在列表中选择要修复安装的程序名称，如选择 Microsoft Office Professional Plus 2010，单击“修复”按钮或选择该程序，单击鼠标右键，在弹出的快捷菜单中选择“修复”命令。

③ 打开显示修复进度的对话框，系统正在进行修复安装，修复完成后自动关闭对话框。

2.7.2 添加和设置输入法

我们在操作电脑的很多时候，需要向电脑中输入文字内容，而文字内容是有相应的输入法控制的。为了快速寻找到自己的输入法，我们经常需要对其进行设置，下面将介绍输入法的一些基本设置方法。

1. 添加和删除输入法

如果输入法列表中的输入法不能满足自己的输入需要，或是输入法列表中有很多不需要的输入法，此时就可以添加或删除输入法。

(1)添加输入法

在输入法列表中添加系统自带的输入法，其操作步骤如下：

在语音栏的“输入法”按钮上，单击鼠标右键，在弹出的快捷菜单中选择“设置”命令，打开“文本服务和输入语言”对话框，单击“添加”按钮。

打开“添加输入语言”对话框，通过拖动列表框右侧的滑块选中需添加输入法的复选框，这里选中“简体中文全拼”输入法对应的复选框单击，确定按钮。

返回“文本服务和输入语言”对话框，可以看到“简体中文全拼”输入法已经添加到输入法列表中了，单击确定按钮，完成设置。

(2)删除输入法

为了快速地切换输入法，有时需要删除不常使用的输入法，其操作步骤如下：

① 在语言栏中的“输入法”按钮上单击鼠标右键，在弹出的快捷菜单中选择“设置”命令。

② 打开“文本服务和输入语言”对话框，选中需要删除的输入法选项对应的复选框，单击“删除”按钮便可将该输入法删除。

2. 设置默认输入法

通过设置默认输入法，可将经常使用的输入法设置为默认输入法，在输入内容时就无须再进行切换，设置默认输入法的操作步骤如下：

在语言栏中的“输入法”按钮上单击鼠标右键，在弹出的快捷菜单中选择“设置”命令。

打开“文本服务和输入语言”对话框，在“默认输入语言”栏下拉列表框中选择设置为默认输入法的选项，单击确定按钮，完成默认输入法的设置。

2.8 Windows 7 用户管理

2.8.1 账户的创建与管理

当多个用户使用同一台电脑时，为了保护各自保存在电脑中的文件的安全，使文件不受到损坏，可以在电脑中设置多个账户，让每一个用户在各自的账户界面下工作。下面介绍账户的创建和管理。

1. 创建新用户账户

在使用电脑的过程中，可以根据需要创建一个或多个用户账户，不同的用户可以通过各自的用户账户登录系统，在各自的账户界面下进行各项操作。例如，创建一个名为“小小”的标准账户，其操作步骤如下：

① 选择“开始/控制面板”命令，打开“控制面板”窗口，单击“添加或删除用户账户”超链接。

② 打开“管理账户”窗口，单击该窗口中的“创建一个新用户”超链接。

③ 打开“创建新账户”窗口，在“新账户名”文本框中输入账户名称，这里输入“小小”，然后设置用户账户的类型，这里选中“标准用户”单选按钮，单击“创建账户”按钮。

④ 返回“管理账户”窗口，即可看到创建的新账户。

2. 更改账户类型

在创建完新账户后，可以根据实际的使用和操作更改账户的类型，改变该用户账户的操作权限。例如，将新创建的“小小”标准账户更改为管理员账户类型，其操作步骤如下：

① 选择“开始/控制面板”命令，打开“控制面板”窗口，单击“添加或删除用户账户”超链接。

② 打开“管理账户”窗口，单击“小小”标准账户选项。

③ 打开“更改账户”窗口，单击“更改账户类型”超链接。

④ 打开“更改账户类型”窗口，选中“管理员”单选按钮，单击更改账户类型按钮。如图 2 - 36 所示，将“小小”标准账户更改为“管理员”账户。

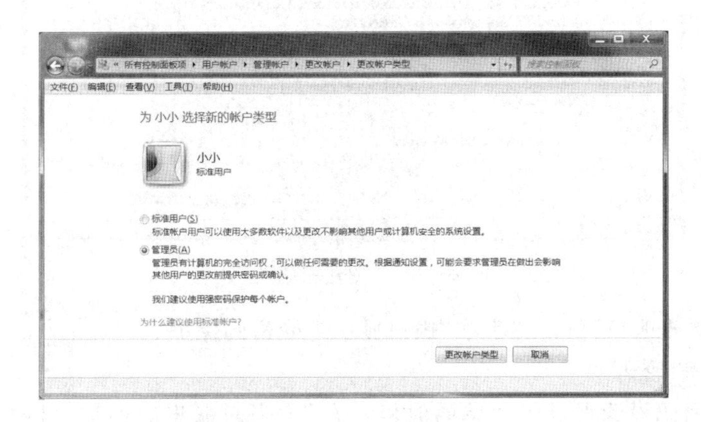

图 2 - 36　“更改账户类型”窗口

⑤ 返回“更改账户”窗口，该账户的“标准账户”字样变为“管理员”字样，然后关闭窗口。

3. 创建、更改或删除密码

为了保护用户账户的文件，使其不被其他用户查看和破坏，可为该账户创建密码，之后还可以根据需要更改或删除密码，下面详细介绍创建、更改和删除密码的方法。

(1)创建账户密码

为新建的“小小”账户创建密码，保护该账户的安全，其操作步骤如下：

① 选择“开始/控制面板”命令，打开“控制面板”窗口，单击“添加或删除用户”超链接。

② 打开“管理账户”窗口，单击“小小”账户选项。

③ 打开“更改账户”窗口，单击“创建密码”超链接，如图 2 - 37 所示。

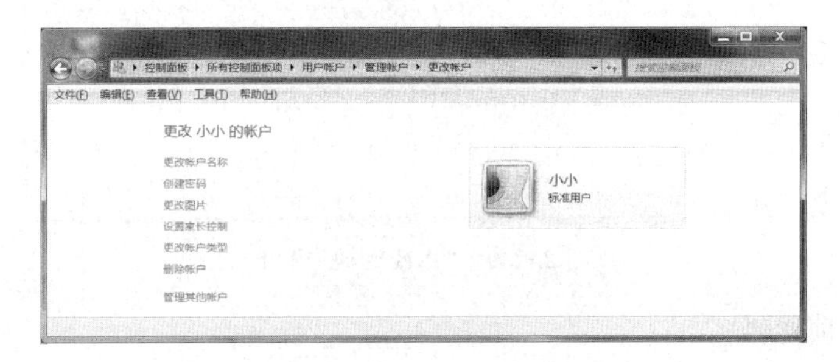

图 2 - 37　“更改账户”窗口

④ 打开“创建密码”窗口，在“新密码”文本框中输入密码，然后在“确认新密码”文本框中再次输入相同的密码，如图 2－38 所示，单击创建密码按钮。

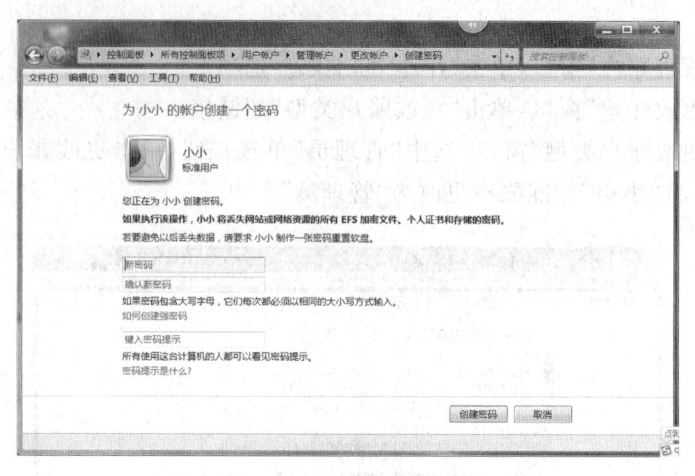

图 2－38 “创建密码”窗口

⑤ 返回“更改账户”窗口，“小小”账户显示为受密码保护账户。

(2)更改账户密码

当账户的密码设置得过于简单的时候，为了加强对账户的保护，可以更改账户的密码。例如，更改“小小”账户选项。

① 打开“控制面板”窗口，单击“添加或删除用户账户”超链接，打开“管理账户”窗口，单击“小小”账户选项。

② 打开“更改账户”窗口，单击“更改密码”超链接。

③ 打开“更改密码”窗口，在“新密码”文本框中重新输入加强的密码，然后在“确认新密码”文本框中再次输入相同密码，如图 2－39 所示，单击更改密码按钮。

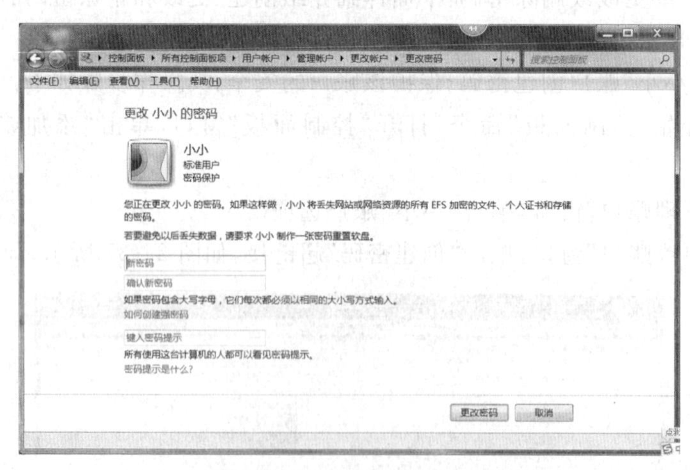

图 2－39 “更改密码”窗口

(3)删除当前密码

在为账户创建密码之后，当不再需要密码时，可以将该密码删除。例如，删除“小小”

的账户密码，其操作步骤如下：

① 打开“控制面板”窗口，单击“添加或删除用户账户”超链接，打开“管理账户”窗口，单击“小小”账户选项。

② 打开“更改账户”窗口，单击“删除密码”超链接。

③ 打开“删除密码”窗口，单击删除密码按钮，如图 2-40 所示，即可删除账户密码。

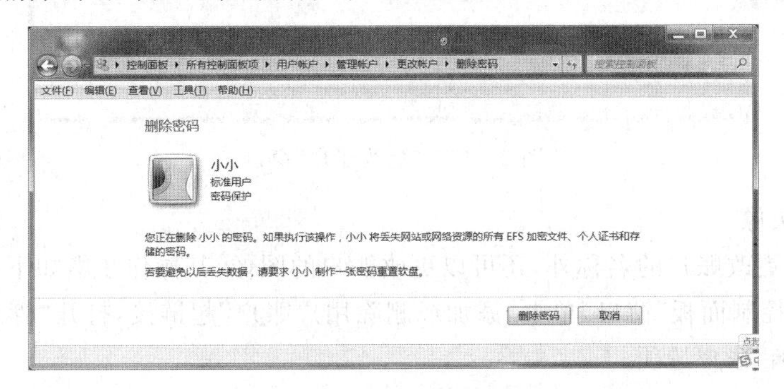

图 2-40　“删除密码”窗口

4. 设置账户名称和头像

与个性化的桌面外观设置一样，创建用户账户后，可以为账户设置个性化的名称和头像，以美化电脑的使用环境。

(1)更改账户的显示名称

可以将账户的显示名称设置为自己喜欢的地点、人物、某句诗词或某些流行的词语，在使用电脑时增添乐趣；或是将显示名称设置为自己的名字，在多用户使用电脑的情况下，方便记忆。例如，将 a 账户的名称更改为“曲径通幽”，其操作步骤如下：

① 打开“控制面板”窗口，单击“添加或删除用户账号”超链接，打开“管理账户”窗口，单击 a 账户选项。

② 打开“更改账户”窗口，单击“更改账户名称”超链接。

③ 打开“重命名只能更换”窗口，在“新账户”文本框中输入“曲径通幽”文本内容，单击更改名称按钮，如图 2-41 所示。

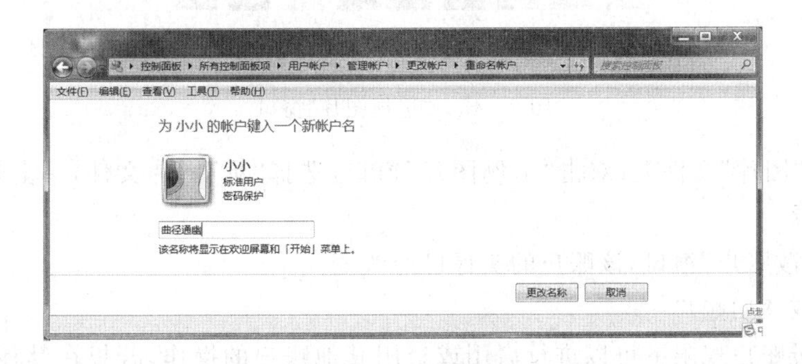

图 2-41　“重命名只能更换”窗口

④ 返回“更改账户”窗口，可看到 a 账户的名称已被更改为“曲径通幽”，如图 2-42 所示，然后关闭该窗口。

图 2-42 “更改账户”窗口

(2)更改头像

除了可以更改账户的名称外,还可以更改账户的图像,其操作步骤如下:

① 打开“控制面板”窗口,单击“添加或删除用户账户”超链接,打开“管理账户”窗口,单击“曲径通幽”账户选项。

② 打开“更改账户”窗口,单击“更改图片”超链接。

③ 打开“选择图片”窗口,在窗口中选择自己喜欢的一张图片,或单击“浏览更多图片”超链接,获取更多图片的选择。

④ 这里单击“浏览更多图片”超链接,如图 2-43 所示。

图 2-43 “选择图片”窗口

⑤ 打开“图片”文件夹,双击“示例图片”窗口,选择“狗”图片文件,单击打开按钮,如图 2-44 所示。

返回“更改账户”窗口,该账户的头像已经改变。

5. 启用或禁用账户

在管理员账户权限下可以进行启用或禁用其他账户的操作,若想在其他的标准用户账户下进行启用或禁用账户的操作,需要获得管理员账户的允许。

(1)启用或禁用来宾账户

启动电脑进入系统后,来宾账户是未被启用的,此时可以启用来宾账户,其操作步骤如下：

① 打开“控制面板”窗口，单击“添加或删除用户账户”超链接，打开“管理账户”窗口，单击“来宾账户”账户选项。

图 2－44　“示例图片”窗口

② 打开“启用来宾账户”窗口，单击启用按钮，如图 2－45 所示，即可启用来宾账户。

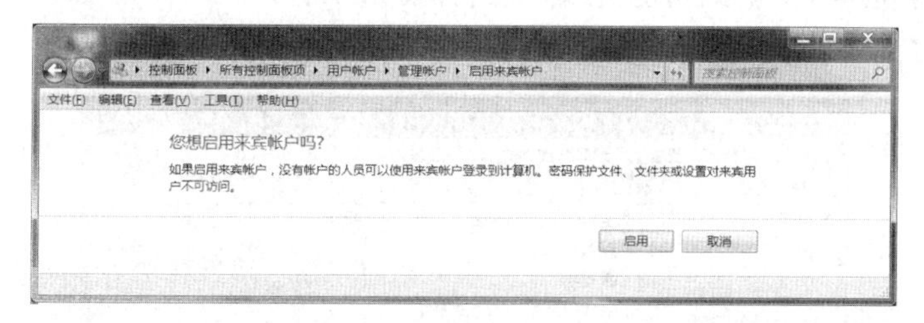

图 2－45　“启用来宾账户”窗口

③ 返回“管理账户”窗口，再次单击“来宾账户”账户选项，打开“更改来宾账户”窗口，单击“关闭来宾账户”超链接，如图 2－46 所示，可重新禁用来宾账户。

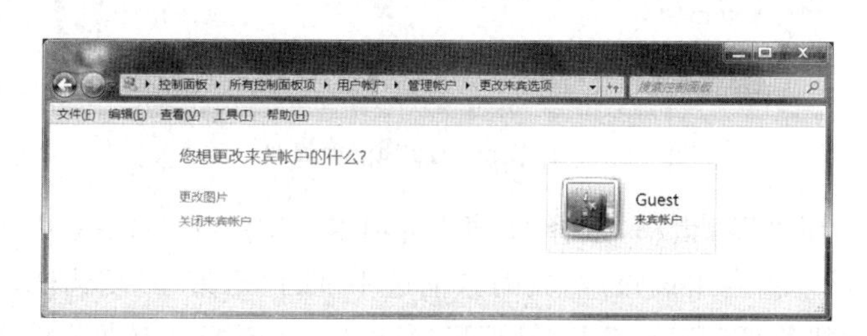

图 2－46　“更改来宾账户”窗口

(2)启用或禁用标准用户

使用管理员账户登录系统，可以通过“计算机管理”窗口对用户账号进行管理。下面主要介绍通过“计算机管理”窗口启用或禁用标准用户。例如，对“小小”账户进行操作，其操作步骤如下：

① 在“计算机”桌面图标上单击鼠标右键，或单击“开始”按钮，弹出“开始”菜单，将鼠标光标移到“计算机”选项上，单击鼠标右键，在弹出的快捷菜单中选择“管理”命令。

② 打开“计算机管理”窗口，单击导航窗格中“本地用户和组”选项前的按钮，显示出所有子目录，单击“用户”选项，在窗口工作区将显示所有的用户账户，如图 2-47 所示。

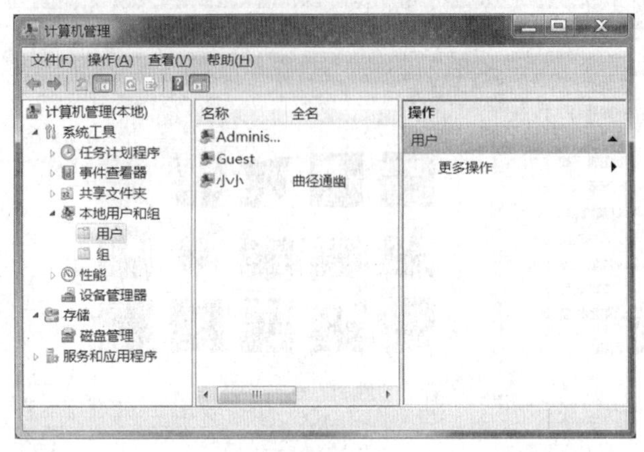

图 2-47 “计算机管理”窗口“用户”选项卡

③ 单击窗口工作区的“小小”账户选项，在右边的窗格会出现“小小”账户栏显示出“更多操作”功能选项，单击此功能选项，或选择窗口工作区的“小小”账户选项，单击鼠标右键，在弹出的快捷菜单中选择“属性”命令，如图 2-48 所示。

图 2-48 “计算机管理”窗口“属性”选项卡

④ 打开“小小属性”对话框，选择“常规”选项卡，选中“账户已禁用”复选框，单击“确定”按钮，如果需要重新启用该账户，只需取消选中“账户已禁用”复选框。

⑤ 关闭“计算机管理”窗口，打开“管理账户”窗口，在该窗口中将发现没有“小小”账户。

6. 删除用户账户

当不再需要某个已创建的用户账户时，在删除用户账户之前，需先登录到“管理员”类型的账户，将其删除。例如，删除“曲径通幽”账户，其操作步骤如下：

① 打开“控制面板”窗口，单击“用户账户和家庭安全”选项，再次单击“添加或删除用户账户”超链接，打开“管理账户”窗口，单击“曲径通幽”选项。

② 打开“更改账户”窗口，单击“删除账户”超链接，如图 2-49 所示。

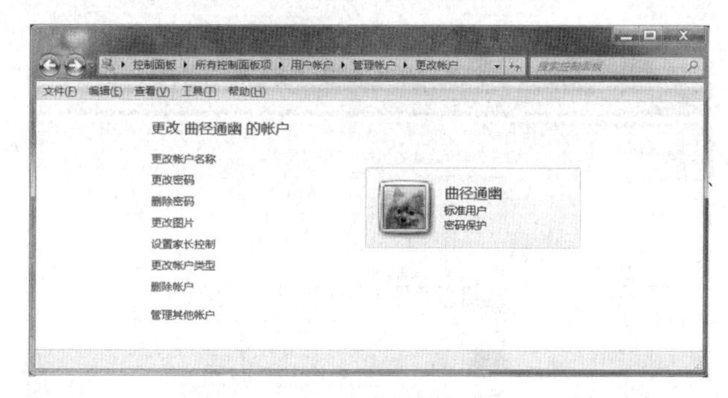

图 2-49　“更改账户”窗口

③ 打开“删除账户”窗口，询问是否保留该账户的文件，如需保留文件，单击“保留文件”按钮，这里单击“删除文件”按钮，选择删除文件，如图 2-50 所示。

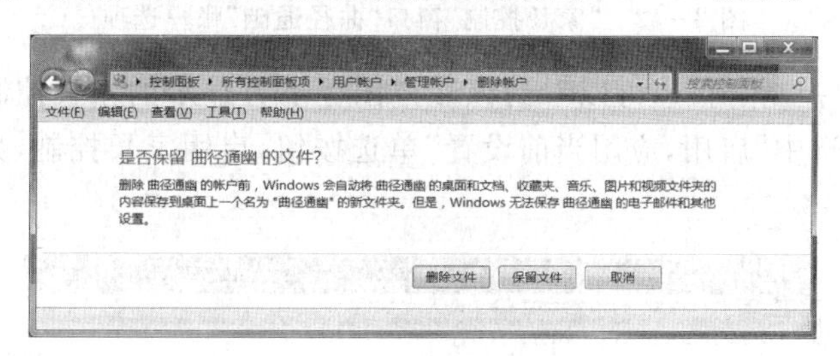

图 2-50　“删除账户”窗口

④ 打开“确认删除”窗口，单击删除账户按钮，确认删除该账户。

2.8.2　家长控制的设置

家长控制主要是针对在家庭中使用电脑的儿童，尤其是针对在家长不能全程指导儿童使用电脑的情况下使用的。用户使用“家长控制”功能可对孩子使用的电脑进行协助管理。例如，限制指定账户的使用时间、限定使用的应用程序。

1. 启用家长控制

在登录系统后，默认状态下家长控制是未被启用的，它是针对某个标准用户下使用的。要以管理员身份登录系统才可启用家长控制，其操作步骤如下：

① 打开“控制面板”窗口，单击“添加或删除用户账户”超链接，打开“管理账户”窗口。

② 单击“设置家长控制”超链接，如图 2-51 所示，打开“家长控制”窗口。

图 2-51　“家长控制”窗口

③ 选择需要启用家长控制的账户选项，这里选择“曲径通幽”账户选项，如图 2-52 所示。

图 2-52 “家长控制”窗口“曲径通幽”账户选项

④ 打开“用户控制”窗口，可以看到该账户图标下方显示的家长控制是关闭的，如图 2-53所示，此时，选中“启用，应用当前设置”单选按钮，启用家长控制，如图 2-54 所示，单击“确定”按钮。

图 2-53 “用户控制”窗口

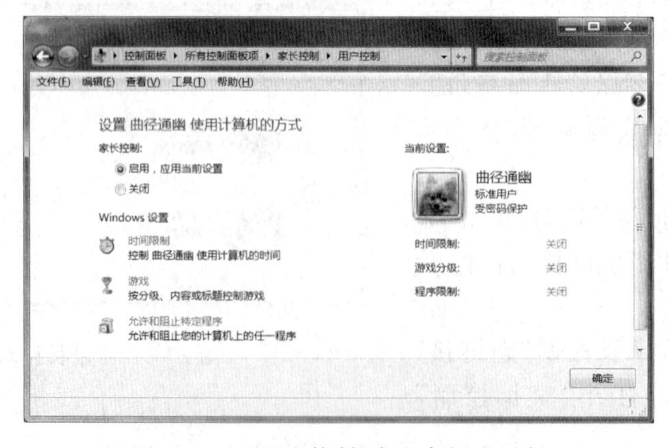

图 2-54 “用户控制”窗口家长选项卡

2. 设置家长控制的内容

在启用账户的家长控制后，需要对家长控制的内容选项进行设置，包括时间限制、游戏和程序限制内容选项。下面具体讲解设置家长控制各内容选项的操作。

(1)时间限制

通过时间限制来控制启用家长控制的账户使用电脑的时间，其操作步骤如下：

① 打开“曲径通幽”账户的“用户控制”窗口，单击“时间限制”超链接，打开该账户的“时间限制”窗口，如图 2-55 所示。

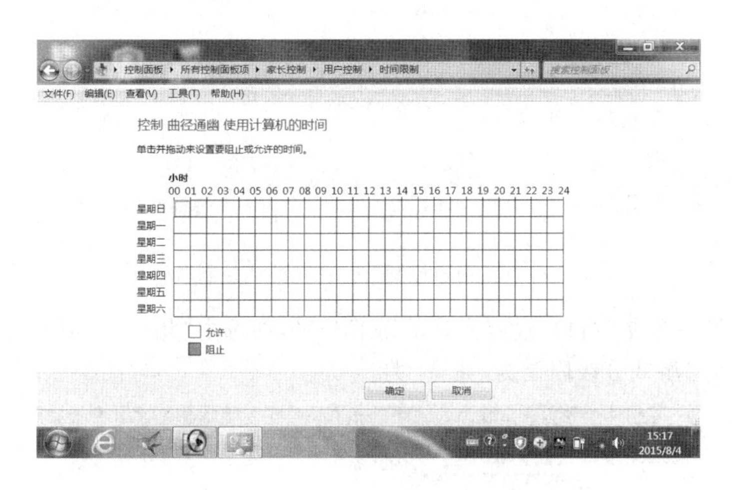

图 2-55　“用户控制”窗口的“时间限制”窗口

② 通过拖动鼠标控制该账户的使用时间，然后单击确定按钮，如图 2-56 所示为允许星期一至星期五的 14:00～17:00 和星期六的 10:00～20:00 使用电脑。

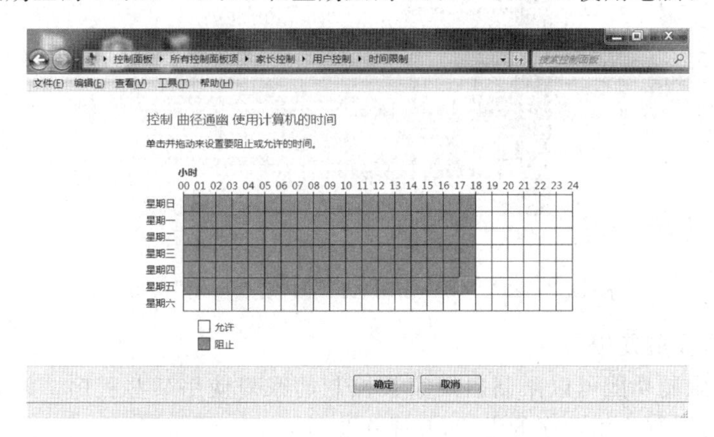

图 2-56　“用户控制”窗口的时间限制设置

(2)限制游戏

限制游戏包括阻止允许所有的游戏或按分级、内容类型阻止允许某些游戏，其操作步骤如下：

① 打开“曲径通幽”账户的“用户控制”窗口，单击“游戏”超链接，打开该账户的“游戏控制”窗口。

② 如选中“是否允许曲径通幽玩游戏”栏中的“否”单选按钮，可以阻止该用户玩游戏，这里选中“是”单选按钮，如图 2-57 所示，然后单击“设置游戏分级”超链接。

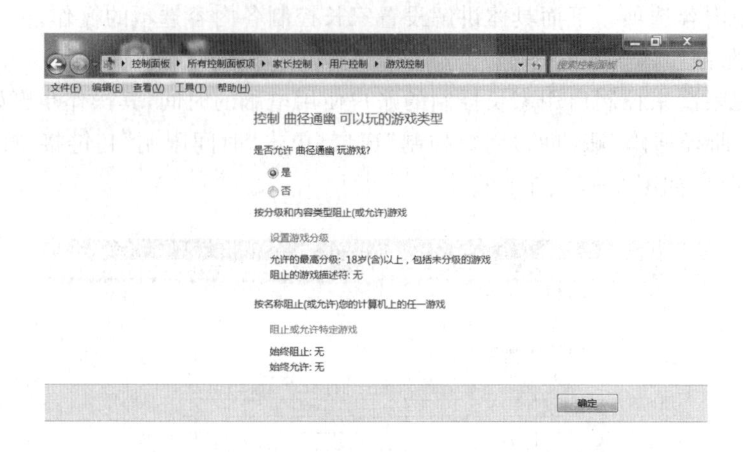

图 2-57 “用户控制”窗口的“游戏控制”窗口

③ 打开“游戏限制”窗口，设置允许的游戏分级，如选中“儿童”选项前的单选按钮，如图 2-58 所示，将游戏分级限制为“儿童”类。

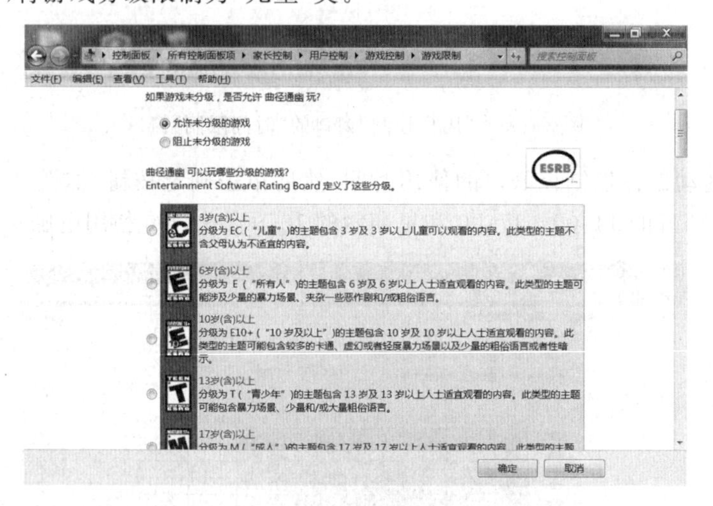

图 2-58 “用户控制”窗口的“游戏限制”窗口

(3)控制程序的使用

应用程序限制功能可以限制启用家长控制的账户使用某些程序。例如，在“曲径通幽”账户中进行限制应用程序的设置，其操作步骤如下：

① 打开“曲径通幽”账户的“用户控制”窗口，单击“允许和阻止特定程序”超链接，打开该账户的“应用程序限制”窗口，这里选中“曲径通幽只能使用允许的程序”单选按钮，如图 2-59 所示。

② 系统开始搜索程序，搜索完成后，在该窗口的下方将显示搜索的应用程序，如图 2-60所示。

③ 在“应用程序限制”窗口的列表框中选中允许使用的程序选项前的复选框，然后单

击“确定”按钮。

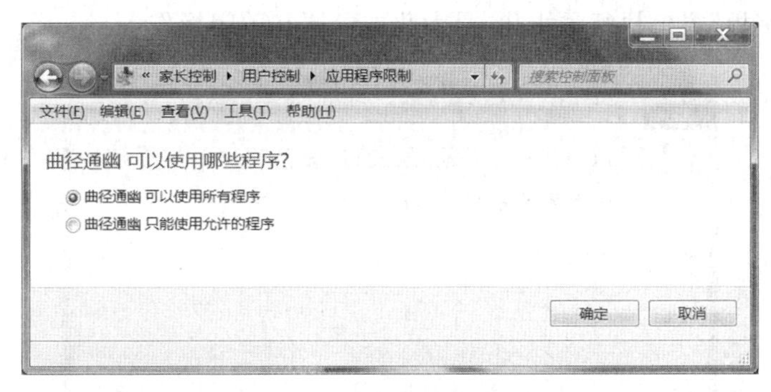

图 2 - 59　“应用程序限制”窗口

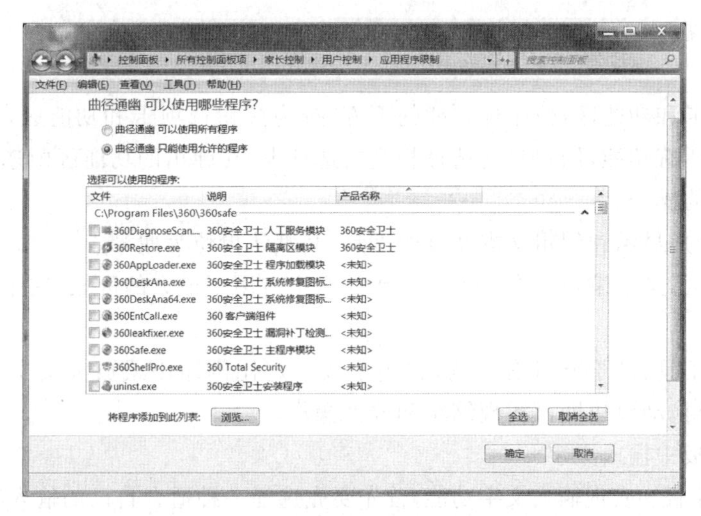

图 2 - 60　“应用程序限制”窗口

2.9　Windows 7 的附件

2.9.1　写字板

“写字板”程序是 Windows 7 自带的一款功能强大的文字编辑和排版工具，在该程序中用户可以完成输入文本、设置文本的格式、插入图片等基础操作。

1. 写字板的操作界面

要使用写字板必须先启动它，其方法是：选择“开始/所要程序/附件/写字板”命令，打开“写字板”程序，如图 2 - 61 所示。“写字板”程序由快速访问工具栏、标题栏、功能选项卡和功能区、标尺、文档编辑区及缩放比例工具等组成，其结构与一般窗口基本一致。

下面简要介绍“写字板”程序的组成部分。

快速访问工具栏：快速访问工具栏是 Windows 7 新添到写字板中的功能栏，它便于用户进行保存、撤销和重做等操作，单击快速访问工具栏右侧的按钮，可以将经常使用的工具添加到快速访问工具栏中。

标题栏：显示正在操作的文档和程序的名称等信息。在标题栏右侧有三个窗口控制按钮，可对“写字板”窗口执行最小化、最大化或还原和关闭操作。

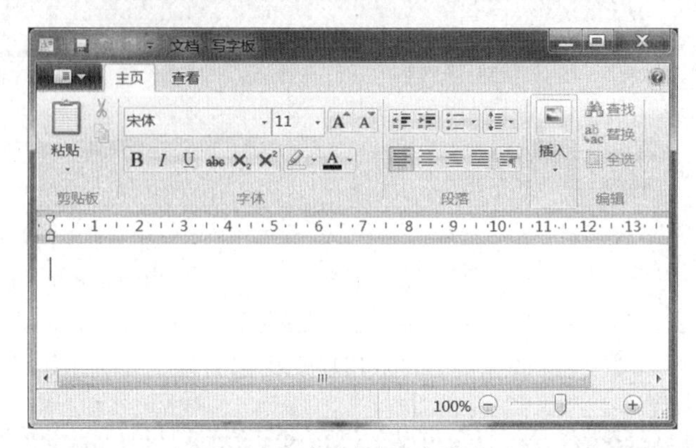

图 2－61 “写字板”程序窗口

功能选项卡和功能区：位于标题栏的下方，分为按钮选项卡和功能区，其中选项卡提供了写字板的所有功能，用户只需选择相应的选项卡，在弹出的功能区中选择相应的选项即可完成所需的操作。

标尺：标尺是显示和编辑文本宽度的工具，其默认单位为厘米。

文档编辑区：文本编辑区在写字板工作界面中占用了最大的区域，它主要用于输入和编辑文本。

缩放比例工具：位于窗口右下侧，它用于按一定比例缩小或放大文本编辑区中的信息，单击按钮或拖动滑块即可实现缩小和放大操作。

2. 在写字板中输入文字

要想在写字板中实现输入文字功能，首先要先选择一种适合自己的输入法。Windows 7 自带了一些输入法，它们与微软拼音输入法 2010 相似。下面就以微软拼音输入法 2010 为例进行讲解。

(1)选择汉字输入法

在 Windows 7 中默认的输入法为英文输入，若需要输入中文汉字，则首先要重新选择输入法。其方法是：单击窗口右下方语言栏中的按钮，弹出如图 2－62 所示的输入法列表。该列表显示出 Windows 7 操作系统中已安装的输入法，这里选择“微软拼音-新体验 2010”。

(2)微软拼音输入法状态条

将输入法切换到微软拼音输入法 2010 后，会显示如图 2－63 所示的输入法状态条，通过其中的图标可对输入法的状态和输入风格进行设定。

(3)输入文字

在输入文字前需先打开“写字板”程序，再选择输入法，最后进行输入文字的操作。下面在“写字板”中输入文字，练习微软拼音输入法 2010 的使用以及如何在写字板中分段等操作。其操作步骤如下：

① 单击开始，在弹出的菜单中选择“所有程序/附件/写字板”命令，打开“写字板”程序。

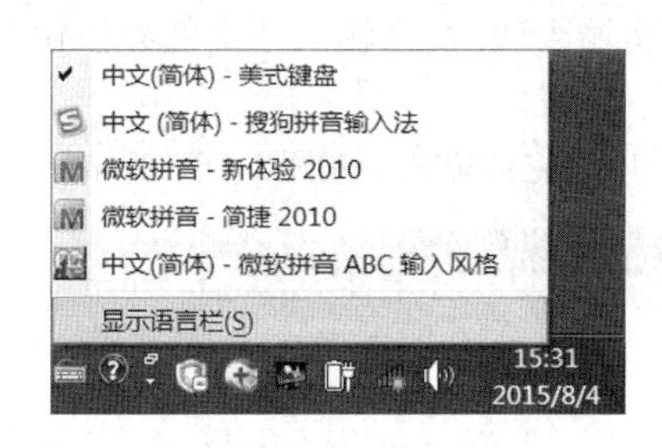

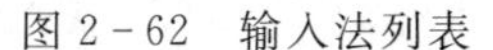

图 2-62　输入法列表

图 2-63　输入法状态条

② 在"写字板"窗口中单击文档编辑区定位于插入点，再单击语言栏中的图标，选择"微软拼音-新体验 2010"命令；或按"Shift＋Ctrl"键，切换输入法直到当前输入法为微软拼音-新体验 2010 为止。

③ 输入词组"写字板"的拼音 xieziban，此时在汉字候选框中会出现拼音为 xieziban 的字，按所需汉字对应的数字键即可选择，这里按数字 1 键，如图 2-64 所示。

图 2-64　"写字板"窗口

④ 按"Enter"键，将鼠标光标移到下一行，此方法实现分段功能。

⑤ 按"Shift"键，将输入法状态条中的图标切换为英文图标，输入英文"Windows 7"，如图 2-65 所示。

图 2-65　"写字板"窗口

⑥ 按“Shift”键，将英文输入法切换为中文输入法，按照输入单字的办法输入多个字“自带的附件”，按空格键。

⑦ 输入完毕后，按键盘上的“·”键输入句号，完成输入，如图 2-66 所示。

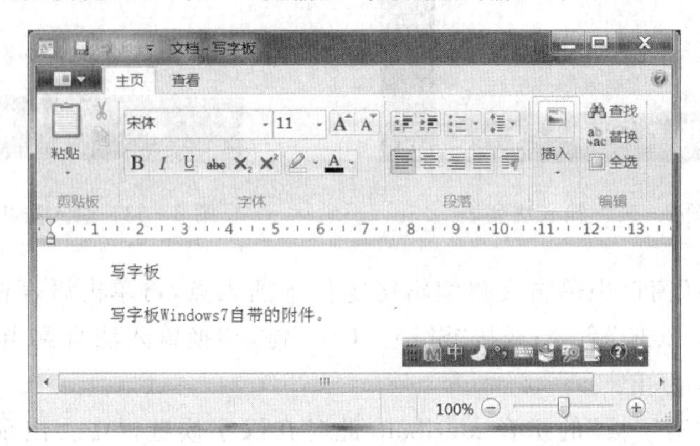

图 2-66 输入法之间切换

3. 文档的编辑

输入完文字后即可对文档进行编辑。编辑文本前需要先选择文本才能对文本进行复制、移动和粘贴等编辑操作。下面分别对文档的各种编辑方法进行讲解。

(1)选择文本

“写字板”程序和 Windows 7 其他自带的程序一样，提供了多种选择方式，用户可以选择常用或者熟悉的方法进行操作，其选择方法如下。

① 选择连续的文本：将鼠标光标移到需要选择的文本开始处，当鼠标光标变成形状时，按住鼠标左键并拖动，此时选中的文本内容全部呈蓝底白字显示，选择完成后释放鼠标左键；或者单击需选择文本的开始处，按住“Shift”键不放，按住键盘上的方向键到目标处后，释放“Shift”键即可选择文本。

② 选择一行文本：将鼠标移到需要选择的行最左端的空白处，当光标变成形状时，单击鼠标即可选择该行。

③ 选择整篇文本：将鼠标光标定位到文本的起始位置，按住鼠标左键并拖动至文本末尾处；或者按“Ctrl+A”键。

(2)移动和复制文本

在编辑文本时，若要输入相同的内容，可使用复制文本的方式来完成输入操作，而不需要再重复输入。在“写字板”程序中也可以在文本中任意拖动选择的文本到需要复制的位置。

下面分别讲解复制和移动文本的方法。

复制文本：选择需复制的文本后在其上方单击鼠标右键，在弹出的快捷菜单中选择“复制”命令，再将文本插入点定位到目标位置，单击鼠标右键，在弹出的快捷菜单中选择“粘贴”命令；或者选择需要复制的文本后，按住“Ctrl”键和鼠标左键不放，将其拖动到目标位置同时释放按键。

移动文本：在需移动的文本上单击鼠标右键，在弹出的快捷菜单中选择“剪切”命令，再将文本插入点定位到目标位置，单击鼠标右键，在弹出的快捷菜单中选择“粘贴”命令；或者选择需要移动的文本后，按住鼠标左键拖动到目标位置释放鼠标。

(3)替换文本

当发现文档中某个字或词组输入错误时，可使用写字板中的“替换”命令，将所有输入错误的字词一次修改过来，而不用逐一修改。下面将对“通知”文档中的词组进行替换文本的操作，其操作步骤如下：

① 在文档中选择“主页”功能选项卡，单击“编辑”栏下的替换按钮，打开“替换”对话框。在“查找内容”文本框中输入需要替换的文字，这里输入“设计”，在“替换为”文本框中输入“论文”，如图 2－67 所示。

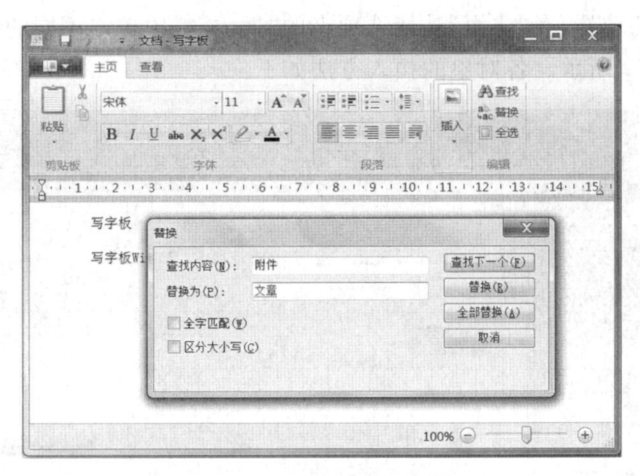

图 2－67　“替换”对话框

② 在对话框中单击查找下一个按钮，“写字板”程序将自动找到第一个并呈蓝底白字显示。

③ 单击替换按钮将查找到的“设计”替换为“论文”，并且系统将自动查找下一个“设计”，连续单击替换按钮；或者单击全部替换按钮。将文本中所有的“设计”替换为“论文”。

图 2－68　“完成替换”提示对话框

④ 此时将打开“完成替换”提示对话框，如图 2－68 所示，单击确定按钮返回“替换”对话框，单击取消按钮返回“写字板”程序界面。

(4)删除文本

要将出错或多余的文本进行删除，可使用以下几种方法：

① 将光标移动到需删除的文本右侧，按“Delete”键。

② 将光标移动到需删除的文本左侧，按“Backspace”键。

③ 选择需删除的文本后，按“Delete”键或“Backspace”键。

4. 插入对象

为使文档更加美观，可在写字板中插入图片等对象。其方法是将鼠标光标定位至文档中要插入对象的位置，在“主页”功能选项卡的“插入”栏中单击不同的按钮，可插入不同的对象，如图 2－69 所示。各对象的插入方法如下。

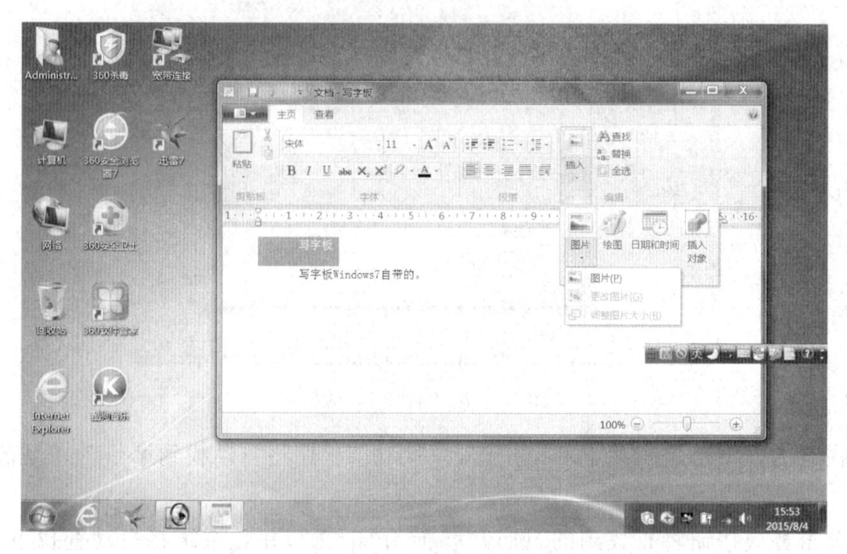

图 2－69 “主页”选项卡的“插入”栏

插入图片：单击图片选项下的按钮，在弹出的下拉列表中选择“图片”选项，在打开“选择图片”对话框中选择图片的位置和图片文件后，单击打开按钮即可插入电脑中已保存的图形文件。

插入绘图：单击按钮，程序自动启动“绘图”程序。在绘制完图形后，关闭“绘图”程序，用户在“绘图”程序中绘制的图形将立刻被插入到写字板文档中。

插入日期和时间：单击按钮，打开“日期和时间”对话框，在该对话框中可选择需插入的时间格式，单击确定按钮插入当前时间。

插入对象：单击按钮，打开“插入对象”对话框，在“对象类型”下拉列表中可选择特殊图形进行插入。

5. 设置文档格式

写字板除了能对文本进行移动、复制和删除等基本操作以外，还能对字体样式、大小、颜色以及段落对齐方式等属性进行设置。下面将对“通知”文档格式进行设置，其操作步骤如下：

① 在“通知”中，选择文本，在“主页”功能选项卡的“段落”栏中单击按钮，在字体栏的“字体”下拉列表框中选择“宋体”，在“字体大小”下拉列表框中选择“24”，单击该按钮旁的按钮，在弹出的颜色列表中选择“鲜红”选项。

② 选择正文文本，用鼠标左键按住标尺中的按钮不放，调整第一行文字比第二行文字缩进两个字的位置时释放鼠标，用鼠标左键按住标尺中的按钮不放，依次将左边的按钮调整到 2 厘米的位置，将右边的按钮调整到 13 厘米的位置。

③ 单击“字体”栏中的“B”和“7”按钮，用鼠标单击文档空白处，取消文本的选中状态。

6. 文档的保存与打开

在设置好文本后，应将其保存，以便下次进行编辑、查看。下面介绍保存和打开文档的方法。

(1)保存文档

文档编辑完成或者正在编辑文档时，应注意及时保存文档，以免因为意外情况丢失文档数据。保存文档的方法有如下几种：

① 单击快速访问工具栏中的按钮。

② 单击功能选项卡中的按钮，在弹出的菜单中选择“保存”命令或按“Ctrl＋S”键。

③ 单击功能选项卡中的按钮，在弹出的菜单中选择“另存为”命令。

④ 执行以上操作后，在打开的“保存为”对话框中设置保存位置、文件名及其保存类型，单击“保存”按钮。该方法还可以将已有文档保存到其他位置。

(2)打开文档

在使用电脑的过程中，经常需要对已保存的文档进行查看、编辑或调用。若想打开已保存的文档，可通过以下几种方法：

在“计算机”窗口中，打开存放文档的文件夹，双击文档图标。

在“计算机”窗口中，打开存放文档的文件夹，在文档图标上单击鼠标右键，在弹出的快捷菜单中选择“打开方式/写字板”命令。

启动“写字板”程序，单击按钮，在弹出的菜单中单击“打开”按钮或者按“Ctrl＋0”键。打开“打开”对话框，选择文档所在的位置后，在右侧的列表框中选择需打开的写字板中文件，单击“打开”按钮。

2.9.2　画图程序

在 Windows 7 中，用户除了能对文字进行编辑外，还能对图形图像进行绘制和编辑。画图程序就是 Windows 7 自带的一款集图形绘制与编辑功能于一身的软件。

1. 认识画图程序的界面

画图程序界面简洁，操作也非常简单。打开“绘图”程序的主要方法是：选择“开始/附件/画图”命令。打开“画图”窗口后，出现如图 2－70 所示的操作界面。

下面将简要介绍“画图”程序中特有的组成部分。

绘图区：该区域是画图程序中最大的区域，用于显示和编辑当前图形图像效果。

状态栏：显示当前操作图形的相关信息，如鼠标光标的像素位置、当前图形宽度像素和高度像素，以便绘制出更精确的图像。

在创作图形图像时，需要借助画图程序中自带的工具，画图程序中所有的绘制命令都集成在“主页”选项卡中。下面介绍工具栏各种工具的特点及用途。

“图像”栏：主要用于选择命令，根据选择文件的不同，可选用矩形选择和自由图形选择等方式。单击“选择”选项下的按钮可弹出选择方式下拉列表。“裁剪”选项可在建立各选区后，裁剪图形中的某部分。“重新调整大小”选项可对图形进行放大/缩小处理。“旋转”选项可对图形进行旋转。

“工具栏”：提供了绘制图形时所需的各种常用工具，单击其中的按钮即可使用选取的工具。

选择其中某些工具可激活其他栏中的选项。工具栏中主要有铅笔、油漆桶（填充工具）、插入文字、橡皮擦、吸管（吸取颜色工具）和放大/缩小等工具。

“刷子”选项：单击“刷子”选项下的按钮会弹出下拉列表，显示了画图程序自带的 9 种刷子格式。这 9 种刷子分别模拟了现实中的 9 种画笔质感。单击任意刷子按钮即可使用刷子功能绘制图形。

“形状”栏：单击“形状”选项下的按钮，将显示画图程序提供的 23 种基本图形样式，如图 2－70 所示，单击下拉列表中的任意按钮，可在画布中绘制选择的图形，使用形状工具绘制图形后，该栏中的轮廓和填充按钮将被激活。

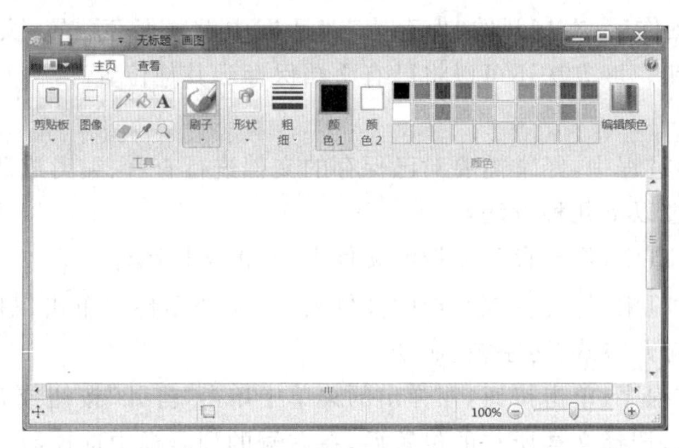

图 2－70 “画图”窗口

“颜色”栏：分为“颜色 1”选项“颜色 2”选项，颜色块和编辑颜色选项，如图 2－70 所示。“颜色 1”为前景色，用于设置图像的轮廓线颜色。“颜色 2”为背景色，用于设置图像的填充色。单击“颜色 1”或“颜色 2”选项后，再选择颜色块中的任意颜色即可设置“颜色 1”或“颜色 2”的颜色。

“粗细”选项：用于设置所有绘制工具的粗细程度，选择绘制工具后，单击该选项下的按钮会弹出如图 2－70 所示的下拉列表，在列表中选择任意选项即可调整当前工具的绘制宽度。

2. 绘制图形

在学习完各工具的作用后，即可尽情发挥想象完成图形的绘制了。绘制图形时要注意各工具的搭配，它们搭配之后会产生意想不到的效果。下面就以绘制“七星瓢虫”为例，学习“画图”程序，其操作步骤如下：

① 选择“开始/附件/画图”命令，启动“画图”程序。

② 在工具箱中选择“直线”工具，将其线宽设置为最粗。

③ 选择“椭圆”工具，将其模式设置为“线框”（最上面一个），在画布上绘制一个较大的椭圆（代表七星瓢虫的身体轮廓）；在该椭圆上方继续绘制一个较小的椭圆（代表七星瓢虫的头部轮廓），并利用橡皮擦工具擦除部分多余线条。

④ 选择“直线”工具，在大椭圆内绘制一条位置居中的直线。

⑤ 再次选择“椭圆”工具，将其模式设置为“只有填色”（最下面一个），按住 shift 键，在直线靠上的位置画出一个实心的正圆；采用同样的方法，在直线左侧绘制 3 个大小不等的实心正圆。

⑥ 利用“任意形状”的选择工具，将直线左侧的 3 个正圆选中并复制，粘贴后得到一个图形，执行“图像\旋转和翻转\水平翻转”，然后将新图形移动至直线右侧，调整其位置，尽量保证左右两边图形对称。

⑦ 选择“用颜色填充”工具，将七星瓢虫的身体和头部均填充红色，效果如图 2－71 所示。

⑧ 利用曲线工具（线宽为最粗，颜色为棕色），绘制出七星瓢虫的一对触角，借助椭圆工具（模式为“只有填色”，颜色为红色），在触角顶端分别添加一个实心正圆。

⑨ 最后利用椭圆和直线工具，分别绘制七星瓢虫的 2 只眼睛和 6 条腿（注意左右对称），至此完成整体图形的制作，最终效果如图 2－72 所示。

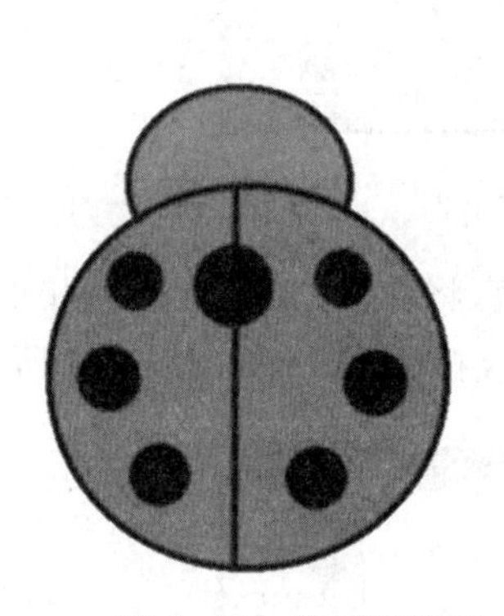

图 2－71　“画图”窗口

图 2－72　“七星瓢虫”图形

3. 编辑图形

“画图”程序除了能绘制出基本的图形外，还能对图片进行基础编辑。下面介绍“画图”程序常用的编辑方式。

（1）打开图形文件

用“画图程序”编辑打开的图片有以下几种方法：

① 在“计算机”窗口中打开存放文档的文件夹，在该文件夹图标上单击鼠标右键，选择“打开方式/画图”命令。

② 启动“画图”程序，单击“开始”按钮，在弹出的快捷菜单中选择“打开”命令或按住

“Ctrl＋O”键。在“打开”对话框中打开所需编辑的图像位置，单击“打开”按钮。

(2)翻转与旋转图形

若打开的图形不是正常显示，则可以使用画图程序中的旋转命令进行编辑。

在打开的“画图”窗口中单击旋转按钮，在弹出的下拉列表中选择需旋转的方向和角度，如选择“向左旋转 90 度”选项。

(3)调整与扭曲图形

当对图像大小不满意时，可通过“重新调整大小”命令放大或缩小图形。在编辑图形时，若想对图片进行一些特殊应用，可将图片设置为扭曲效果。

调整图形：打开“画图”窗口，单击重新调整大小按钮，将弹出“调整大小和扭曲”对话框，如图 2－73 所示。在“重新调整大小”栏的“水平”文本框中输入 1～500 的一个数值，调整图形的大小。应该注意的是，不要取消选中保持纵横比复选框，否则图片将变形。

图 2－73 “调整大小和扭曲”对话框

扭曲图形：打开“画图”窗口，单击重新调整大小按钮，将弹出“调整大小和扭曲”对话框，在“倾斜(角度)”栏的水平选项中输入 45 的数字，完成扭曲操作，如图 2－74 所示。

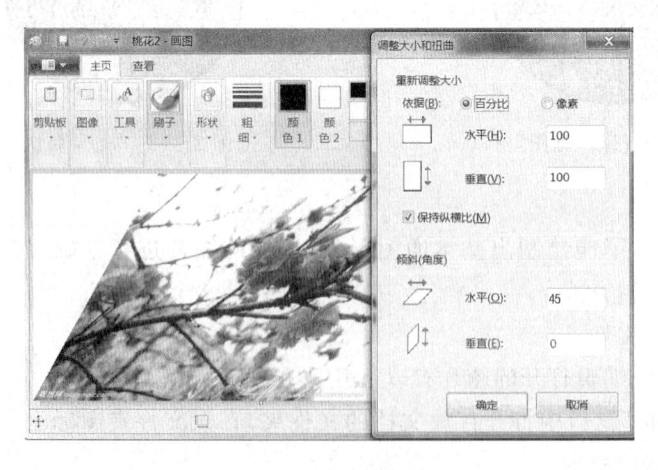

图 2－74 图片倾斜效果

(4)裁剪、缩放图形

"画图"程序不但能对图形进行整体处理,还能对其进行局部处理,如裁剪、缩放和移动等操作。其方法介绍分别如下:

裁剪图形:当图形中有多余部分想去除时,可使用画图程序中的裁剪功能。其方法是在"图像"栏中单击"选择"下的按钮,在弹出的下拉列表中选择"矩形"选项,框住需要保留的部分,此时图像中将出现一个黑色虚线框。与此同时,图像栏中的按钮被激活。单击按钮,程序将自动裁剪掉多余的部分,如图 2-75 所示。

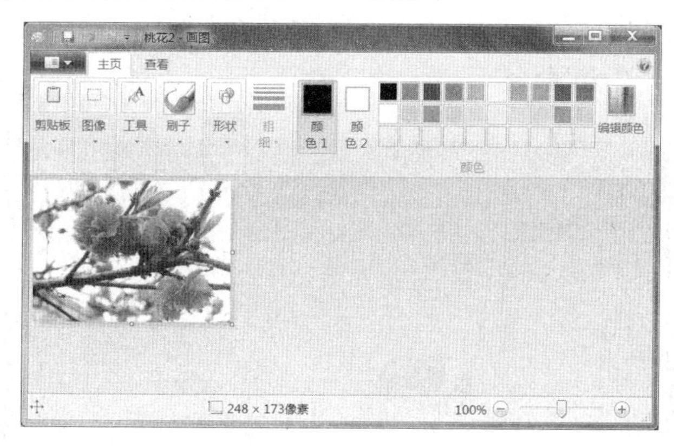

图 2-75　图片裁剪效果

缩放图形:若想突出图形的某部分,可使用缩放功能,其方法是单击"图像"栏中"选择"下的按钮,在弹出的下拉列表中选择"矩形"选项。在需特别放大的位置画出一个选区,释放鼠标左键后,选区将变成一个矩形虚线框,将鼠标光标放在矩形框右上角,当鼠标光标变成形状时,按住鼠标左键不放左右拖动,图像即会放大或缩小,释放鼠标左键完成操作。图 2-76 是使用了局部放大的效果。

图 2-76　图片拖放效果

4. 图形的保存

图形绘制、编辑完成后可以使用保存或另存为命令,将其存放在磁盘中,以便进行打印和查看等操作。

图形的保存方法有如下几种：

① 单击按钮，在弹出的菜单中单击按钮，或者按“Ctrl＋S”键。此时如果是第一次保存，系统将打开“保存为”对话框。

② 单击按钮，在弹出的菜单中单击按钮或按 F12 键。在打开的“另存为”对话框中，找到所需编辑的图像位置，设置名称后单击“保存”按钮。

③ 单击“另存为”命令旁边的按钮保存图像时，画图程序默认的存储类型有 Png、jpeg、bmp、gif 等格式，如图 2－77 所示。应该注意的是，将编辑图形进行保存操作时，不管是否是第一次执行保存命令，程序都不会打开“另存为”对话框，此时若想改变图形的文件类型，必须使用“另存为”命令。

图 2－77　图形“另存为”对话框

2.9.3　截图工具

当遇到特殊情况，无法使用语言解释而需要用到图片才能说明情况时，可以使用 Windows 7 自带的截图工具截取电脑中的图片。

打开“截图工具”的主要方法是选择“开始/附件/截图工具”命令，打开如图 2－78 所示的“截图工具”窗口，下面介绍它们的特点和使用方法。

图 2－78　“截图工具”窗口

在 Windows 7 中，截图的方式分为任意截图和窗口截图两种。

1. 任意截图

任意截图适用于仅需要部分窗口、元素或者在图片需要特别标注就能说明的情况，其操作步骤如下：

① 启动截图工具，单击“新建”按钮。此时，除截图工具窗口以外的所有屏幕有效位置都像被一张白色半透明的玻璃纸覆盖住了一样。

② 当鼠标光标变成“＋”形时，将鼠标光标移到所需截图的位置，按住鼠标左键不放

拖动鼠标，被选中的区域白色玻璃纸效果将消失，图像变得清晰，选中框成红色实线显示。

③ 选取好所需元素后释放鼠标左键，释放鼠标左键后打开“截图工具”编辑窗口，如图2-79所示。

图2-79 “截图工具”编辑窗口

完成编辑后可以对其进行编辑，如勾画重点、备注等，截图工具中的编辑工具与画图中的相似。

任意截图除了能对图像进行矩形截图外，还能完成任意格式截图。其方法是：单击新建按钮旁的按钮，在弹出的下拉列表中选择“任意格式截图”选项，此时鼠标光标变为形状，然后画出需截图部分即可完成截图。

完成图形的截取后，单击按钮或选择“文件/另存为”命令都可打开“另存为”对话框，选择存放位置后，单击保存按钮完成操作。

2. 窗口截图

窗口截图的方法与任意截图的方法相似，不同的是窗口截图能快速截取整个窗口的信息，窗口截图的操作步骤如下：

① 打开“截图”程序，单击新建按钮旁的按钮，在弹出的下拉列表中选择“窗口截图”选项。

② 单击新建按钮，此时当前窗口周围将出现红色边框，表示该窗口为截图窗口，单击鼠标左键确定截图。

3. 全屏截图

与窗口截图相似的还有全屏截图。当使用全屏截图时，程序会自动将当前桌面上的所有信息都作为截图内容，全屏截图的操作步骤如下：

① 打开截图程序，在新建下拉列表中选择“窗口截图”选项。

② 单击新建按钮旁的按钮，在弹出的下拉列表中选择“全屏截图”选项，程序会立刻将选择“全屏截图”那一刻的窗口信息放入“截图编辑窗口”。

除了以上窗口截图和截屏方式外，还可以通过键盘上的“Print Screen Sysrp”键，进行截取全屏的操作。与“截屏工具”最大的不同是，当按“Print Screen Sysrp”键截屏完成后，不会打开“截屏工具”编辑窗口，此时所截信息已自动存放于剪贴板中。

思考与练习

一、填空题

1. 在安装 Windows 7 的最低配置中，内存的基本要求是________GB 及以上。

2. Windows 7 有四个默认库，分别是视频、图片、________和音乐。

3. Windows 7 是由________公司开发，具有革命性变化的操作系统。

4. 要安装 Windows 7，系统磁盘分区必须为________格式。

5. 在 Windows 操作系统中，“Ctrl”+“C”是________命令的快捷键。

6. 在安装 Windows 7 的最低配置中，硬盘的基本要求是________GB 以上可用空间。

7. 在 Windows 操作系统中，“Ctrl”+“X”是________命令的快捷键。

8. 在 Windows 操作系统中，“Ctrl”+“V”是________命令的快捷键。

二、判断题

1. 正版 Windows 7 操作系统不需要激活即可使用(　)。

2. Windows 7 旗舰版支持的功能最多(　)。

3. Windows 7 家庭普通版支持的功能最少(　)。

4. 在 Windows 7 的各个版本中，支持的功能都一样(　)。

5. 要开启 Windows 7 的 Aero 效果，必须使用 Aero 主题(　)。

6. 在 Windows 7 中默认库被删除后可以通过恢复默认库进行恢复(　)。

7. 在 Windows 7 中默认库被删除了就无法恢复(　)。

8. 正版 Windows 7 操作系统不需要安装安全防护软件(　)。

9. 任何一台计算机都可以安装 Windows 7 操作系统(　)。

三、单项选择题

1. Windows 7 目前有几个版本？________。

A. 3　　B. 4　　C. 5　　D. 6

2. 在 Windows 7 的各个版本中，支持的功能最少的是________。

A. 家庭普通版　　B. 家庭高级版　　C. 专业版　　D. 旗舰版

3. 在 Windows 7 的各个版本中，支持的功能最多的是________。

A. 家庭普通版　　B. 家庭高级版　　C. 专业版　　D. 旗舰版

4. 在 Windows 7 操作系统中，将打开窗口拖动到屏幕顶端，窗口会________。

A. 关闭　　B. 消失　　C. 最大化　　D. 最小化

5. 在 Windows 7 操作系统中，显示桌面的快捷键是________。

A. “Win”+“D”　　B. “Win”+“P”　　C. “Win”+“Tab”　　D. “Alt”+“Tab”

6. 在 Windows 7 操作系统中，打开外接显示设置窗口的快捷键是________。

A. “Win”+“D”　　B. “Win”+“P”　　C. “Win”+“Tab”　　D. “Alt”+“Tab”

7. 在 Windows 7 操作系统中，显示 3D 桌面效果的快捷键是________。

A. “Win”+“D”　　B. “Win”+“P”　　C. “Win”+“Tab”　　D. “Alt”+“Tab”

8. 在 Windows 7 操作系统中，文件的类型可以根据________来识别。

A. 文件的大小　　B. 文件的用途　　C. 文件的扩展名　　D. 文件的存放位置

9. 在下列软件中，属于计算机操作系统的是________。

A. Windows 7　B. Word 2010　C. Excel 2010　D. Powerpoint 2010

10. 为了保证 Windows 7 安装后能正常使用，采用的安装方法是________。

A. 升级安装　B. 卸载安装　C. 覆盖安装　D. 全新安装

四、多项选择题

1. 在 Windows 7 中，个性化设置包括________。

A. 主题　B. 桌面背景　C. 窗口颜色　D. 声音

2. 在 Windows 7 中，可以完成窗口切换的方法是________。

A. "Alt"+"Tab"　B. "Win"+"Tab"

C. 单击要切换窗口的任何可见部位　D. 单击任务栏上要切换的应用程序按钮

3. 下列属于 Windows 7 控制面板中的设置项目的是________。

A. Windows Update　B. 备份和还原　C. 恢复　D. 网络和共享中心

4. 在 Windows 7 中，窗口最大化的方法是________。

A. 按最大化按钮　B. 按还原按钮　C. 双击标题栏　D. 拖曳窗口到屏幕顶端

5. 使用 Windows 7 的备份功能所创建的系统镜像可以保存在________上。

A. 内存　B. 硬盘　C. 光盘　D. 网络

6. 在 Windows 7 操作系统中，属于默认库的有________。

A. 文档　B. 音乐　C. 图片　D. 视频

7. 以下网络位置中，可以在 Windows 7 里进行设置的是________。

A. 家庭网络　B. 小区网络　C. 工作网络　D. 公共网络

8. Windows 7 的特点是________。

A. 更易用　B. 更快速　C. 更简单　D. 更安全

9. 当 Windows 系统崩溃后，可以通过________来恢复。

A. 更新驱动　B. 使用之前创建的系统镜像

C. 使用安装光盘重新安装　D. 卸载程序

10. 下列属于 Windows 7 零售盒装产品的是________。

A. 家庭普通版　B. 家庭高级版　C. 专业版　D. 旗舰版

五、操作题

1. 任意新建一个文件夹和文件。

2. 重命名文件夹和文件。

3. 复制、移动文件夹和文件。

4. 删除和恢复文件夹和文件。

5. 设置文件夹和文件的属性。

6. 显示隐藏的文件夹和文件。

7. 设置个性化的文件夹图标。

第3章　中文字处理软件 Word 2010

Office 2010 套件中的中文 Word 2010，是一款功能强大、界面友好、操作简便的文字处理软件之一。利用它不仅可以创建普通 Web、发送电子邮件、打印文档、插入各种图片和剪贴画，还可以制作各种商业表格等。

3.1　中文 Word 2010 概述

Word 2010 是 Microsoft 公司开发的 Office 2010 办公组件之一，Word 主要版本有：1989 年推出的 Word 1.0 版、1992 年推出的 Word 2.0 版、1994 年推出的 Word 6.0 版、1995 年推出的 Word 95 版(又称作 Word 7.0，因为是包含于 Microsoft Office 95 中的，所以习惯称作 Word 95)、1997 年推出的 Word 97 版、2000 年推出的 Word 2000 版、2002 年推出的 Word XP 版、2003 年推出的 Word 2003 版、2007 年推出的 Word 2007 版、2010 年推出的 Word 2010 版。

3.1.1　新版本的改进

1. 发现改进的搜索与导航体验

在 Word 2010 中，可以更加迅速、轻松地查找所需的信息。利用改进的新“查找”体验，您现在可以在单个窗格中查看搜索结果的摘要，并单击以访问任何单独的结果。改进的导航窗格会提供文档的直观大纲，以便于您对所需的内容进行快速浏览、排序和查找。

2. 与他人协同工作，而不必排队等候

Word 2010 重新定义了人们可针对某个文档协同工作的方式。利用共同创作功能，您可以在编辑论文的同时，与他人分享您的观点。您也可以查看正与您一起创作文档的他人的状态，并在不退出 Word 的情况下轻松发起会话。

3. 几乎可从任何位置访问和共享文档

在线发布文档，然后通过任何一台计算机或您的 Windows 电话对文档进行访问、查看和编辑。借助 Word 2010，您可以从多个位置使用多种设备来尽情体会非凡的文档操作过程。

Microsoft Word Web App。当您离开办公室、出门在外或离开学校时，可利用 Web 浏览器来编辑文档，同时不影响您的查看体验的质量。

Microsoft Word Mobile 2010。利用专门适合于您的 Windows 电话的移动版本的增强型 Word，保持更新并在必要时立即采取行动。

4. 向文本添加视觉效果

利用 Word 2010 可以像应用粗体和下划线那样，将诸如阴影、凹凸效果、发光、映像等格式效果轻松应用到文档文本中。可以对使用了可视化效果的文本执行拼写检查，并将文本效果添加到段落样式中。现在可将很多用于图像的相同效果同时用于文本和形状中，从而使您能够无缝地协调全部内容。

5. 将文本转换为醒目的图表

Word 2010 提供了让文档增加视觉效果的更多选项。从众多的附加 SmartArt® 图形中进行选择，从而只需键入项目符号列表，即可构建精彩的图表。使用 SmartArt 可将基本的要点句文本转换为引人入胜的视觉画面，以更好地阐释您的观点。

6. 为您的文档增加视觉冲击力

利用 Word 2010 中提供的新型图片编辑工具，可在不使用其他照片编辑软件的情况下，添加特殊的图片效果。您可以利用色彩饱和度和色温控件来轻松调整图片，还可以利用所提供的改进工具来更轻松、精确地对图像进行裁剪和更正，从而有助于您将一个简单的文档转化为一件艺术作品。

7. 恢复您认为已丢失的工作

在某个文档上工作片刻之后，您是否在未保存该文档的情况下意外地将其关闭？没关系。利用 Word 2010，可以像打开任何文件那样轻松恢复最近所编辑文件的草稿版本，即使您从未保存过该文档也是如此。

8. 跨越沟通障碍

Word 2010 有助于您跨不同语言进行有效的工作和交流，比以往更轻松地翻译某个单词、词组或文档。针对屏幕提示、帮助内容和显示，分别对语言进行不同的设置。利用英语文本到语音转换播放功能，为以英语为第二语言的用户提供额外的帮助。

9. 将屏幕截图插入到文档

直接从 Word 2010 中捕获和插入屏幕截图，以快速、轻松地将视觉插图纳入您的工作中。如果使用已启用 Tablet 的设备(如 Tablet PC 或 Wacom Tablet)，则经过改进的工具使设置墨迹格式与设置形状格式一样轻松。

10. 利用增强的用户体验完成更多工作

Word 2010 可简化功能的访问方式。新的 Microsoft Office Backstage 视图将替代传统的“文件”菜单，从而您只需单击几次鼠标即可保存、共享、打印和发布文档。利用改进的功能区，可以更快速地访问您的常用命令，方法为：自定义选项卡或创建您自己的选项卡，从而使您的工作风格体现出您的个性化经验。

3.1.2 功能区

Microsoft Word 从 Word 2007 升级到 Word 2010，其最显著的变化就是使用“文件”按钮代替了 Word 2007 中的 Office 按钮，使用户更容易从 Word 2003 和 Word 2000 等旧版本中转移。另外，Word 2010 同样取消了传统的菜单操作方式，而代之以各种功能区。在 Word 2010 窗口上方看起来像菜单的名称其实是功能区的名称，当单击这些名称时并不会打开菜单，而是切换到与之相对应的功能区面板。每个功能区根据功能的不同又分为若干个组，每个功能区所拥有的功能如下所述：

1. “开始”功能区

“开始”功能区中包括剪贴板、字体、段落、样式和编辑五个组，对应 Word 2003 的“编辑”和“段落”菜单部分命令。该功能区主要用于帮助用户对Word 2010文档进行文字编辑和格式设置，是用户最常用的功能区。

2.“插入”功能区

“插入”功能区包括页、表格、插图、链接、页眉和页脚、文本、符号和特殊符号几个组，对应Word 2003中“插入”菜单的部分命令，主要用于在Word 2010文档中插入各种元素。

3.“页面布局”功能区

“页面布局”功能区包括主题、页面设置、稿纸、页面背景、段落、排列几个组，对应Word 2003的“页面设置”菜单命令和“段落”菜单中的部分命令，用于帮助用户设置Word 2010文档页面样式。

4.“引用”功能区

“引用”功能区包括目录、脚注、引文与书目、题注、索引和引文目录几个组，用于实现在Word 2010文档中插入目录等比较高级的功能。

5.“邮件”功能区

“邮件”功能区包括创建、开始邮件合并、编写和插入域、预览结果和完成几个组，该功能区的作用比较专一，专门用于在Word 2010文档中进行邮件合并方面的操作。

6.“审阅”功能区

“审阅”功能区包括校对、语言、中文简繁转换、批注、修订、更改、比较和保护几个组，主要用于对Word 2010文档进行校对和修订等操作，适用于多人协作处理Word 2010长文档。

7.“视图”功能区

“视图”功能区包括文档视图、显示、显示比例、窗口和宏几个组，主要用于帮助用户设置Word 2010操作窗口的视图类型，以方便操作。

8.“加载项”功能区

“加载项”功能区包括菜单命令一个分组，加载项是可以为Word 2010安装的附加属性，如自定义的工具栏或其他命令扩展。在“加载项”功能区，可以在Word 2010中添加或删除加载项。

3.1.3 中文Word 2010的启动和退出

1.启动中文Word 2010

通常，启动Word 2010的方式有三种：

(1)使用“开始”菜单

执行“开始”→“程序”→“Microsoft office→Microsoft Word 2010”，即可启动中文Word 2010。

(2)使用快捷方式

对于经常使用的程序，可以在桌面上创建其快捷方式图标，双击该图标即可启动程序。创建Word 2010程序快捷方式图标的具体操作为：鼠标右键单击展开的“Microsoft office”菜单项，并在弹出的快捷菜单中选择“发送到”→“桌面快捷方式”菜单项。

(3)双击已有的 Word 文档

如果用户的硬盘上存放有 Word 2010 文档，系统中又安装有 2010 程序，只要在“我的电脑”窗口中找到这个文档双击即可。

2. 退出中文 Word 2010

如果要退出中文 Word 2010，最常用的方式有两种：

(1)单击程序标题栏右侧的“关闭”按钮

(2)单击“文件”菜单，在展开的界面中单击左侧的“退出”项

如果在退出中文 Word 2010 时文档尚未保存，则中文 Word 2010 会自动提示是否保存所进行的修改。选择“是”则保存修改后的文档，选择“否”则放弃修改而退出中文 Word 2010，选择“取消”则放弃退出操作并返回中文 Word 2010 窗口。

3.1.4　中文 Word 2010 的窗口组成

启动中文 Word 2010 后，屏幕将出现如图 3－1 所示的中文 Word 2010 窗口。它由标题栏、快速访问工具栏、控制菜单图标、功能区、“编辑”窗口、滚动条、状态栏等部分组成，各部分的作用介绍如下：

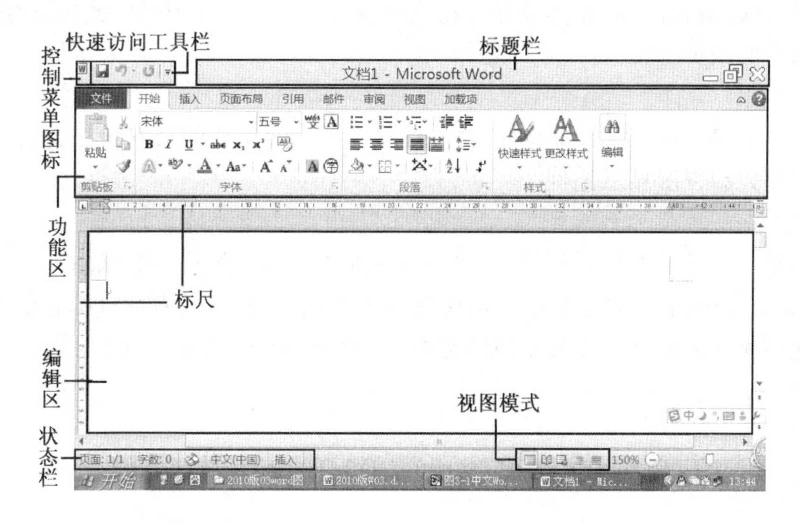

图 3－1　中文 Word 2010 窗口组成

1. 标题栏

标题栏位于屏幕最上方，呈深蓝色，显示应用程序的名称及本窗口所编辑文档的文件名和一些窗口控制按钮。

当启动中文 Word 2010 时，当前的工作窗口为空，中文 Word 2010 自动命名为文档 1，在存盘时可以由用户输入一个合适的文件名。

2. 快速访问工具栏

为了便于用户操作，系统提供了快速访问工具栏，主要放置一些在编辑文档时使用频率较高的命令。默认情况下，该工具栏位于控制菜单按钮右侧，其中包含了“保存”“重复”和“撤销”按钮。

3. 控制菜单图标

该图标位于窗口左上角，单击该图标，会打开一个窗口控制菜单，通过该菜单可执行还原、最小化和关闭窗口等操作。

4. 功能区

Word 2010 将其大部分功能命令分类放置在功能区的各选项卡中，如“文件”“开始”“插入”“页面布局”“引用”“邮件”“审阅”“视图”。在每一个选项卡中，命令又被分成了若干个组，如图 3-2 所示。要执行某项命令，可先单击命令所在的选项卡的标签切换到该选项卡，然后再单击需要的命令按钮即可。

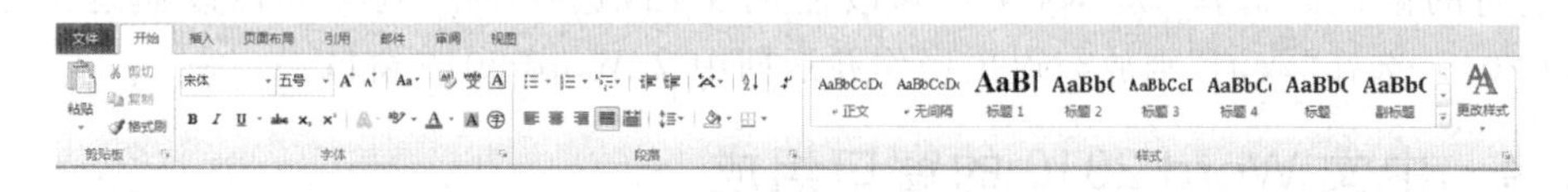

图 3-2 功能区

5. 编辑区

在 Word 2010 中，大块空白区域即为编辑区，用户可在该区域内输入文本、插入图片，或对文档进行编辑、修改和排版等。在编辑区左上角有一个闪烁的光标，成为插入符，用于指示当前的编辑位置。

6. 状态栏

状态栏位于 Word 文档窗口底部，其左侧显示了当前文档的状态和相关信息，右侧显示的是视图模式和视图显示比例。

7. 标尺

标尺也是一个可以选择的栏目，它可以调整文本段落的缩进，在左、右两边分别有左、右缩进标志，文本的内容被限制在左、右缩进标志之间。随着左、右缩进标志的移动，文本可以自动地做相应的调整。要显示或隐藏标尺，通过“视图”选项卡可以找到“标尺”命令来控制。

3.2 中文 Word 2010 的基本操作

3.2.1 建立文档

在启动中文 Word 2010 的同时，中文 Word 2010 会自动创建一个名为“文档 1”的空文档编辑窗口，如图 3-3 所示。

中文 Word 2010 可以同时创建或打开多个文档。启动中文 Word 2010 后，可以采用以下方法中的任何一种来建立新文档。

① 按“Ctrl+N”组合键可快速创建一个空白文档。

② 单击“文件”选项卡，在打开的界面中选择左侧窗格的“新建”项，此时在界面右侧窗格的“可用模板”列表中的“空白文档”选项被自动选中，单击“创建”按钮，如图 3-4 所示，即可完成空白文档的创建。

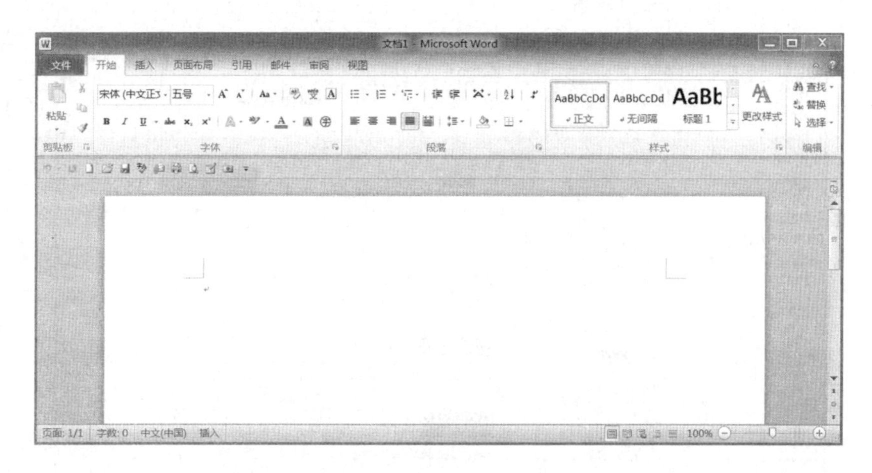

图 3 - 3　新建空白文档

图 3 - 4　创建空白文档

③ 在 Word 2010 中，提供了各种类型的文档模板，有效利用这些模板，可快速创建带有相应格式和内容的文档。要应用模板创建文档，在“可用模板”列表中选择“样本模板”选项，然后在列表中选择想要使用的模板类型，如“黑领结合并信函”，右侧选择“文档”单选框，最后单击“创建”按钮即可，如图 3 - 5 所示。

3.2.2　打开文档

如果要显示或修改以前保存过的文档，最常用的方法是利用“文件”选项卡中的“打开”命令，其操作方法如下：

① 按“Ctrl＋O”组合键，或单击“文件”选项卡，在打开的界面中选择左侧窗格中的“打开”项，打开“打开”对话框。

② 在“查找范围”下拉列表中选择文档所在的位置，然后选择要打开的文档，最后单击“打开”按钮，即可打开所选的文档，如图 3 - 6 所示。

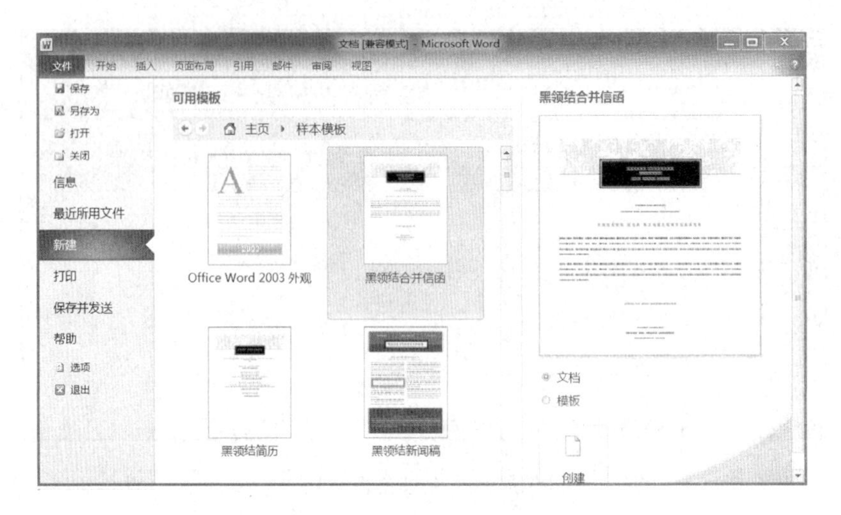

图 3-5　利用模板创建文档

图 3-6　利用文件选项卡的打开命令打开文档

若要打开最近编辑过的文档，可单击“文件”选项卡标签，在打开的界面中部显示了最近打开的文档列表(默认为 25 个)，单击所需要的文档名称即可将其打开。界面的右侧窗格对应显示了文档所在的位置。

3.2.3　输入文本

新建或打开文档后，编辑窗口内有一个闪烁的插入点，用户键入的字符就显示在插入点的左面，插入点自动向右移动。如果要录入汉字，则先要切换到汉字输入法状态。

中文输入法的使用：选用一种中文输入法后，会出现相应的输入法状态窗。在汉字输入法状态下，若在文章中插入大写英文字母，可以用鼠标单击输入法状态窗中的“中英文切换”按钮进行切换。当“中英文切换”按钮的图标变成“A”时，表明已进入大写英文的输入状态。

用户也可以通过快捷键“Ctrl＋Space”或者单击“任务栏”上的“输入法指示器”，在弹出的“语言”菜单中选择英文输入法来实现中英文输入状态的切换。按快捷键“Ctrl＋句号”或单击中文输入法状态窗的“中英文标点切换”按钮，可以实现中英文标点输入状态的切换。中英文标点的键位如表 3－1 所示。

表 3－1　中英文标点符号键位对照表

中文符号	键位	说明	中文符号	键位	说明
。　句号	.		）　右括号	)	
，　逗号	,		〈　《　单双书名号	<	自动嵌套
；　分号	;		〉　》　单双书名号	>	自动嵌套
：　冒号	:		……　省略号	^	双字符处理
？　问号	?		——　破折号	—	双字符处理
！　感叹号	!		、　顿号	\	
“　”　双引号	"　"	自动配对	·　间隔号	@	
‘　’　单引号	'	自动配对	—　连接号	&	
（　左括号	(		￥　人民币符号	$	

用中文 Word 2010 录入文字时，当输入到达每行的行尾时，系统会自动换到下一行，输完一个段后，按回车键即可插入一个段落标记，将插入点移到新一段的行首，如图 3－7 是录入几段样本文字的中文 Word 2010 画面。

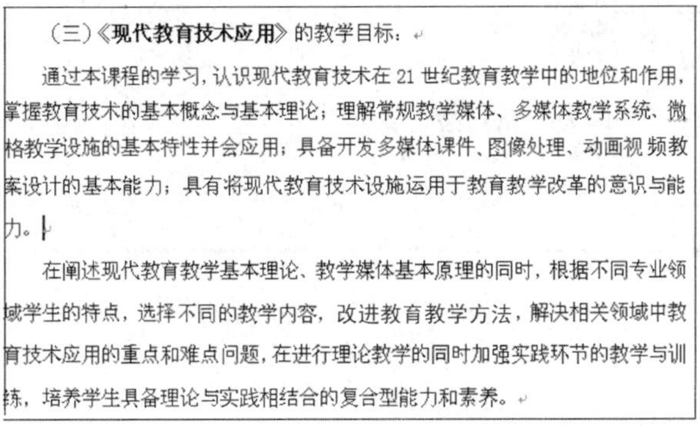

(三)《**现代教育技术应用**》的教学目标：

通过本课程的学习，认识现代教育技术在 21 世纪教育教学中的地位和作用，掌握教育技术的基本概念与基本理论；理解常规教学媒体、多媒体教学系统、微格教学设施的基本特性并会应用；具备开发多媒体课件、图像处理、动画视频教案设计的基本能力；具有将现代教育技术设施运用于教育教学改革的意识与能力。

在阐述现代教育教学基本理论、教学媒体基本原理的同时，根据不同专业领域学生的特点，选择不同的教学内容，改进教育教学方法，解决相关领域中教育技术应用的重点和难点问题，在进行理论教学的同时加强实践环节的教学与训练，培养学生具备理论与实践相结合的复合型能力和素养。

图 3－7　中文 Word 2010 录入汉字后的画面

3.2.4　修改文档

录入的文本可能会有漏字、重字和别字等错误，需要增、删、改，这就是文档的修改或编辑。

删除：把插入点移到要删除的字符左侧，按 Delete 键。

插入：在"插入"状态下，把插入点移动到要插入的两字符之间，输入要插入的字符。

改写：按 Ins 键，或双击状态上的"改写"字样，当"改写"字样呈黑色后，表明编辑操作进入了"改写"状态。在"改写"状态下，输入的字符替换插入点右边的文字。

3.2.5 保存文档

1.保存

刚刚编辑和排版成功的文档只是存储在计算机内存中的，关机或突然断电都会造成信息的丢失，因此在工作中应注意随时保存文档。对于已经保存的文档，可以随时打开使用。保存文档有以下三种方法：

(1)单击工具栏上的"保存"按钮

(2)执行"文件"菜单中的"保存"命令

(3)按快捷键"Ctrl+S"

在保存新建的文档时，中文 Word 2010 会弹出一个如图 3-8 所示的"另存为"对话框，可以在该对话框中为要保存的文档取名并指定存放的路径。如果是打开已有的文档，修改后再次保存，系统将自动覆盖修改前的文件，不再提示用户输入文件名。

如果要更名保存，可以使用"文件"菜单中的"另存为"命令。

图 3-8 保存文件对话框

2.另存为

想把当前打开的文档用不同的文件名保存或保存到不同的位置上(完全不会影响原文件的内容)，就可以执行"文件"菜单中的"另存为"命令，系统将弹出如图 3-8 所示的"另存为"对话框。对话框中各选项的使用方法如下：

保存位置：用鼠标单击"保存位置"列表上的下拉按钮，在弹出的驱动器及文件列表中选择文档存放的文件夹。

文件名：单击"文件名"框或按 Tab 键激活该框，为要保存的文档取名。文件名最多可以使用 255 个字符，包括英文字符、汉字、空格等。如果不输入扩展名，系统默认为中文

Word 2010 文档,并自动加上扩展名.docx。

3.关闭文档

在中文 Word 2010 中同时打开多个文档编辑时,可能会因存储器空间不足使系统性能降低,这时关闭一些暂不使用的文档,可以提高运行速度。关闭文件的操作如下:

(1)"Ctrl+F4"键或在窗口菜单中,把需要关闭的文档设置成活动文档

(2)执行"文件"菜单中的"关闭"命令

(3)如果文档修改后没有保存,中文 Word 2010 会在关闭文件前弹出一个对话框,提示是否保存文件

3.2.6 打印文档

1.页面设置

页面设置就是对文章的总体版面的设置及纸张大小的选择。页面设置的好坏直接影响到整个文档的布局、结构以及文档的输入、编辑等,因此页面设置是必须掌握的。

一般在每篇文章的录入排版之前,首先要确定的就是该文档的页面设置,单击"页面布局"选项卡,如图 3-9 所示,该选项卡提供了页边距、文字方向、纸张方向、纸张大小等。

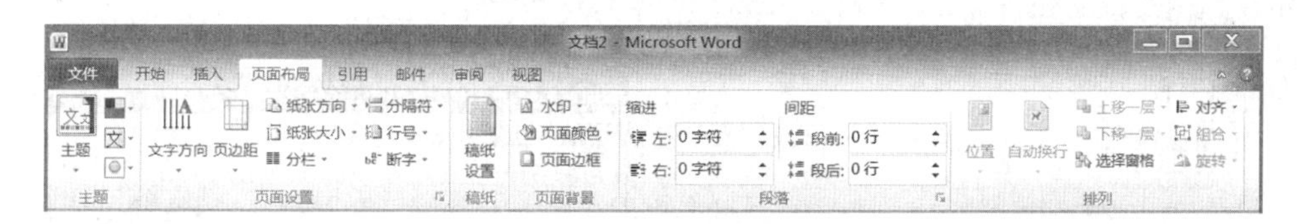

图 3-9　"页面布局"选项卡

(1)设置纸张大小和方向

默认情况下,Word 2010 文档使用的纸张大小是标准的 A4 纸,其宽度是 21 厘米,高度是 29.7 厘米,我们可以根据实际需要改变纸张的大小及方向等。

要设置纸张大小,可单击"页面布局"选项卡上的"页面设置"组中的"纸张大小"按钮,在展开的列表中选择所需的纸型,如 B5,如图 3-10 所示。

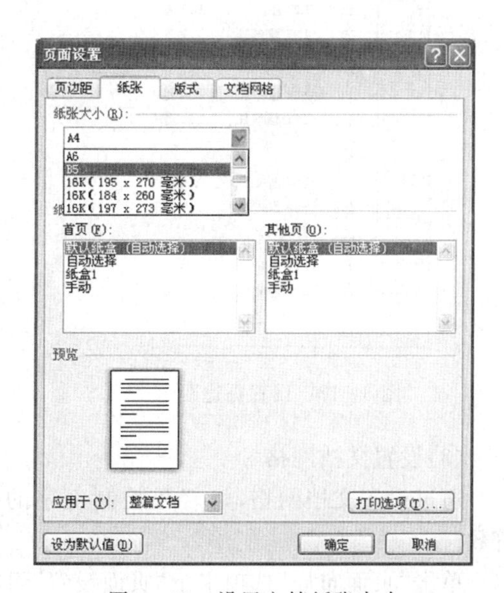

图 3-10　设置文档纸张大小

若列表中没有所需选项,可单击列表底部的"其他页面大小"项,打开"页面设置"对话框的"纸张"选项卡,然后在"纸张大小"下拉列表框进行选择;我们还可直接在"宽度"和"高度"编辑框中输入数值来自定义大小。

在"应用于"下拉列表中可选择页面设置的应用范围(整篇文档、当前节或插入符

之后)，纸张大小设置完毕。

要改变纸张方向，可单击“页面布局”选项卡“页面设置”组中的“纸张方向”按钮，然后在展开的列表中进行选择，如选择“横向”，如图 3-11 所示。

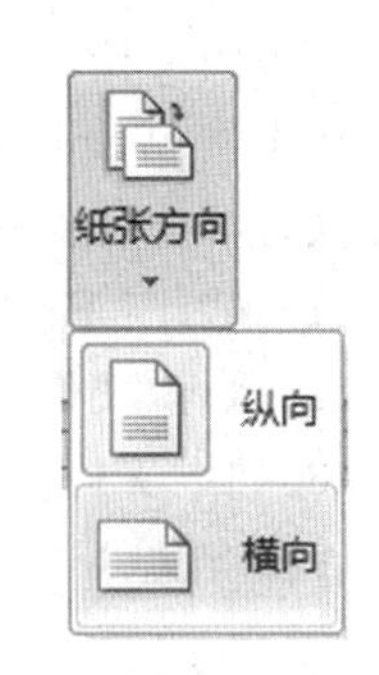

图 3-11 设置纸张方向

要快速设置页面中文字的排列方向，可单击“页面布局”选项卡“页面设置”组中的文字方向按钮，从弹出的列表中进行选择，例如选择“垂直”，单击“确定”按钮即可。

(2)设置页边距

页边距是指文档内容的边界和纸张边界间的距离，也即页面四周的空白区域。默认情况下，Word 2010 创建的文档顶端和底端为 2.54 厘米的页边距，左右两侧为 3.17 厘米的页边距。用户可以根据需要修改页边距。

单击“页面布局”选项卡上的“页面设置”组中的“页边距”按钮，可在展开的列表中选择系统内置的页边距，如图 3-12 所示。

若列表中没有所需选项，可单击列表底部的“自定义边距”项，打开“页面设置”对话框的“页边距”选项卡，然后在“上”“下”“左”“右”编辑框中分别自定义页边距值，如图 3-13 所示。

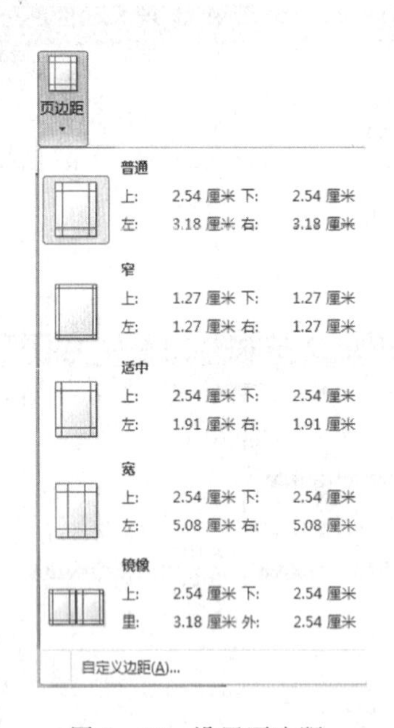

图 3-12 设置页边距

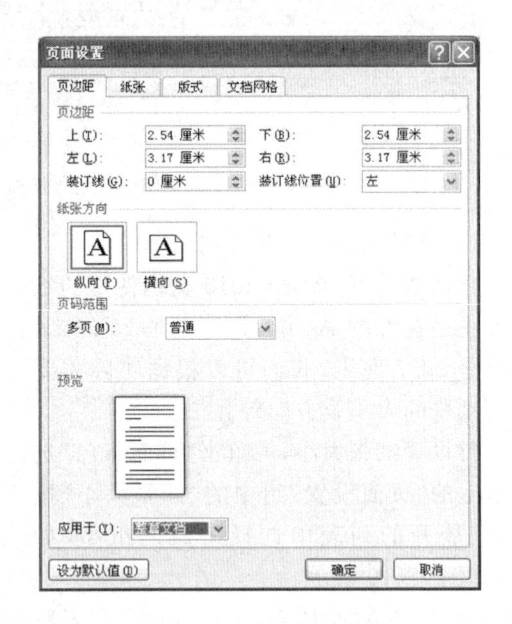

图 3-13 自定义页边距

(3)设置文档网格

通过设置文档网格，可轻松控制文字的排列方向以及每页中的行数和每行中的字符数。

单击“页面布局”选项卡上“页面设置”组右下角的“对话框启动器”按钮，打开“页面设置”对话框。

切换至“文档网格”选项卡，在“方向”列表区选择“水平”，将前面设置为垂直排列的文字方向重新恢复为默认的水平排列。

在“网格”列表区选择“指定行和字符网格”单选钮，然后在“字符数”设置区中指定每行显示的字符数。如图 3－14 所示，设置字符数为 39。

在“行数”编辑框中指定每页显示的行数，如设置为 44，如图 3－14 所示。单击“确定”按钮，完成文档网格设置。

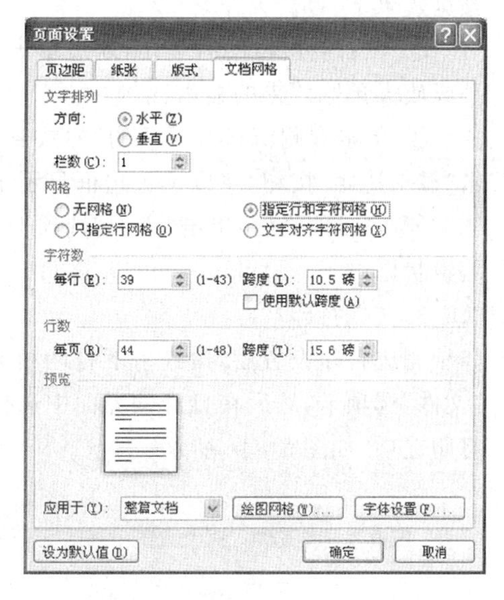

图 3－14　设置字符数

2. 打印预览

为了防止出错，在打印文档前应先进行打印预览，以便及时修改文档中出现的问题，避免因版面不符合要求而直接打印造成纸张浪费。“打印预览”的功能是显示文档打印出来后的版面样式，可以一次查看多页，放大或缩小屏幕上页面的尺寸，检查分页情况，以及对文字和段落格式的设置进行修改。打印预览的具体操作步骤如下：

① 单击“文件”选项卡，在打开的界面中单击左侧窗格的“打印”项，在右侧窗格可预览打印效果，如图 3－15 所示。

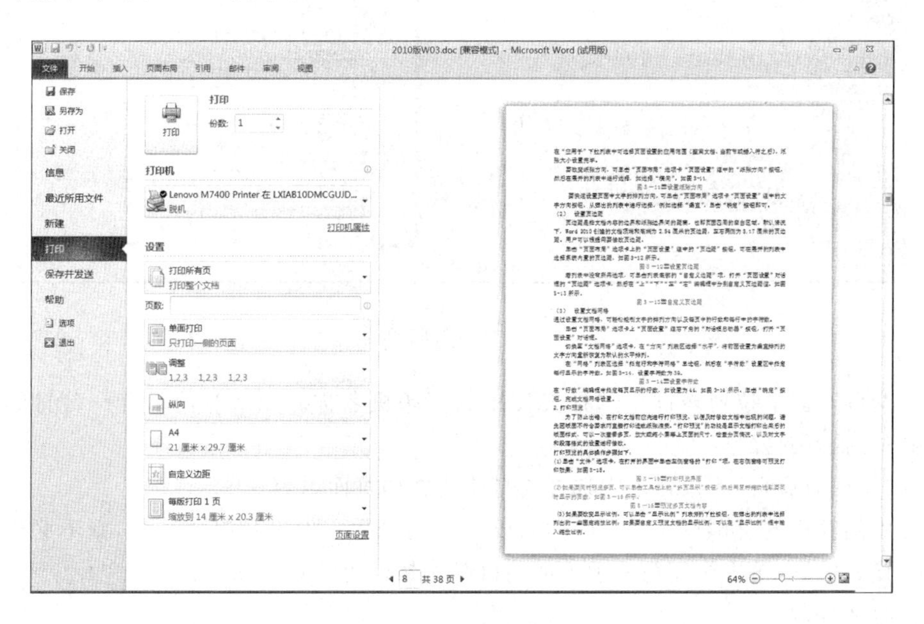

图 3－15　打印预览界面

② 对文档进行打印预览时，可通过右侧窗格下方的相关按钮查看预览内容。如果文档有多页，单击右侧窗格左下角的“上一页”按钮和“下一页”按钮，可查看前一页或下一页的预览效果。在两个按钮之间的编辑框输入页码数字，然后按回车键可快速查看该页的

预览效果。

③ 在右侧窗格的右下角，通过单击“缩小”或“放大”按钮，或拖动显示比例滑块，可缩小或放大预览效果的显示比例。

④ 单击右侧窗格右下角的“缩放到页面”按钮，将以当前页面显示比例进行预览；单击“显示边距”按钮，将以黑色边框显示出边距所在位置。

⑤ 完成预览后，单击“文件”选项卡标签或其他选项卡标签，退出打印界面，返回文档编辑状态。

3. 文档打印

完成打印设置后，检查一下打印机是否已处于联机状态（如 Online 或 Ready），单击“文件”选项卡，然后在打开的界面中选择左侧窗格的“打印”选项，此时可在中间窗格设置打印选项，如图 3－16 所示。

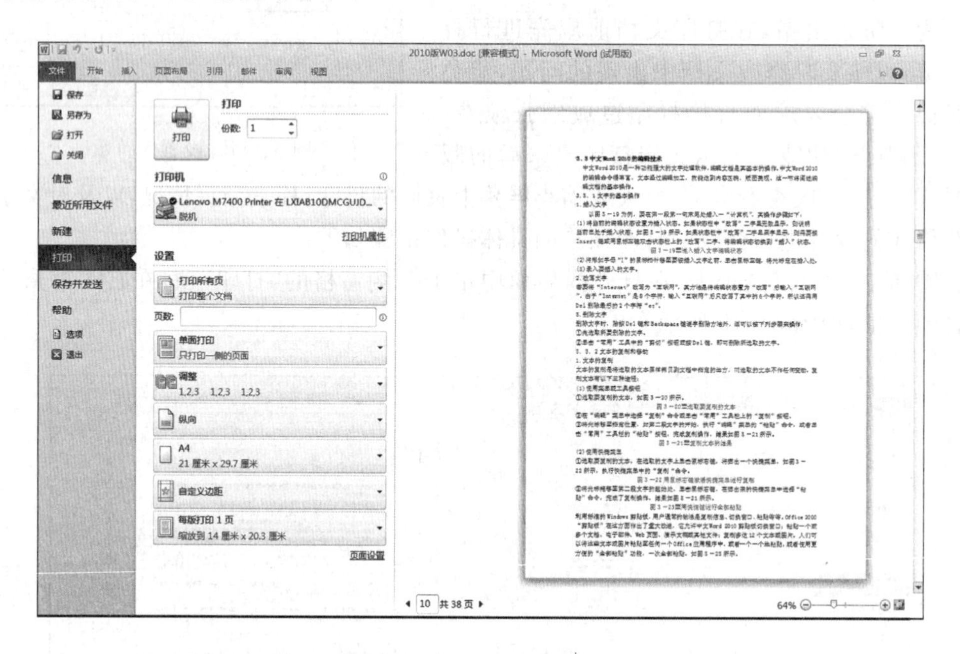

图 3－16 打印界面

在“打印机”下拉列表框中选择要使用的打印机名称。如果当前只有一台打印机可用，则不必执行此操作。

在“打印所有页”下拉列表中选择要打印的文档页面内容。

在中间窗格的“份数”编辑框中输入要打印的份数。如果只打印一份，则不必进行此操作。设置完毕，单击中间窗格上方的“打印”按钮即可设置打印文档。

4. 打印控制

实际上中文 Windows 7 的打印是在后台进行的，前台仍然可做其他工作。因此，只要把打印任务交给了打印机，中文 Windows 7 就会自动安排打印，这便形成了一个打印队列。但如果临时决定要取消、暂停或改变打印次序，打印队列也可以控制。在打印文档的过程中，如果要暂停或终止打印，可执行如下操作：

① 单击“开始”按钮，选择“打印机或传真”项，打开“打印机和传真”窗口。

② 双击目前使用的打印机图标，在打开的打印机窗口中，右键单击正在打印的文件，在打开的快捷菜单中选择“暂停”菜单项，可暂停文档的打印，如果选择“取消”菜单项，则可取消打印文档。

实际操作中，使用以上方法取消打印后，打印机有时候还会继续打印。这是因为许多打印机都有自己的内存（缓冲区）。用户可以查看打印机的帮助文件，以找到快速清除其内存的方法（如重启一下打印机）。

3.3　中文 Word 2010 的编辑技术

中文 Word 2010 是一种功能强大的文字处理软件，编辑文档是其基本的操作。中文 Word 2010 的编辑命令很丰富，文本经过编辑加工，就能达到内容正确、版面美观。这一节将阐述编辑文档的基本操作。

3.3.1　文字的基本操作

1. 插入文字

将形如字母“I”的鼠标指针移至要被插入文字之前，单击鼠标左键，将光标定在插入处，录入要插入的文字。

2. 改写文字

在输入文本的过程中难免会出现少字或输入错误的现象，此时便需要对文本执行添加、修改等操作。其操作流程如下：

① 在输入的过程中如果输入有误，可将插入符置于错误处，然后按“Backspace”键删除插入符左侧的字符；若按“Delete”键，可删除插入符右侧的字符。

② 如果需要增补文本，可将插入符置于要增补文本处，然后输入所需内容即可。

③ 在输入文本的过程中，如果要将新输入的内容代替原有内容，可使用“改写”模式，此时可单击状态栏中的“插入”按钮，使其变为“改写”按钮，进入改写编辑模式，如图 3-17 所示，然后将插入符置于要改写文本的左侧，输入新文本即可。

3. 删除文字

删除文字时，除按 Delete 键和 Backspace 键逐字删除方法外，还可以按下列步骤来操作：

图 3-17　“插入”“改写”状态

① 先选取所要删除的文字。

② 单击“常用”工具中的“剪切”按钮或按 Delete 键，即可删除所选取的文字。

3.3.2　文本的复制和移动

文本的复制是将选取的文本原样拷贝到文档中指定的地方，而选取的文本不作任何变动。对放置不当的文本，可快速将其移动到合适位置。移动和复制操作不仅可以在同一个文档中使用，还可以在多个文档之间进行。

复制和移动文本常用的方法有两种：一种是使用鼠标拖动，另一种是使用“剪切”“复制”和“粘贴”命令。若要短距离移动或复制文本，使用鼠标拖动的方法比较方便，操作如下：

① 选中要移动的文本或段落(将段落标记也选中时，表示移动整个段落)，将鼠标指针移至其上方，此时鼠标指针显示为箭头形状，如图 3－18 所示。

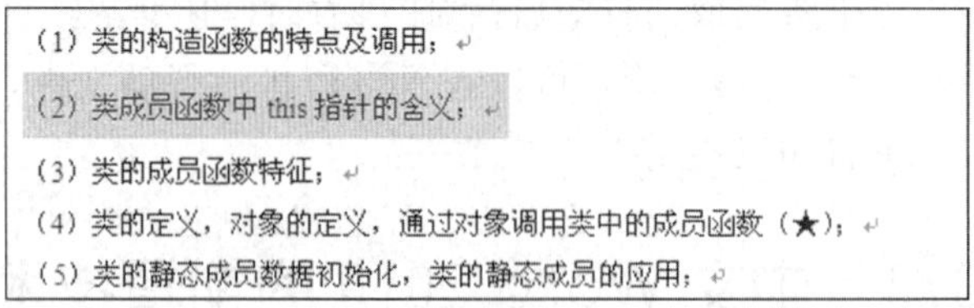
(1) 类的构造函数的特点及调用；
(2) 类成员函数中 this 指针的含义；
(3) 类的成员函数特征；
(4) 类的定义，对象的定义，通过对象调用类中的成员函数（★）；
(5) 类的静态成员数据初始化，类的静态成员的应用；

图 3－18 选择要移动的文本

② 按住鼠标左键并拖动，至目标位置时释放鼠标，所选文本即被移动到了目标位置，原位置不再保留移动文本，如图 3－19 所示。

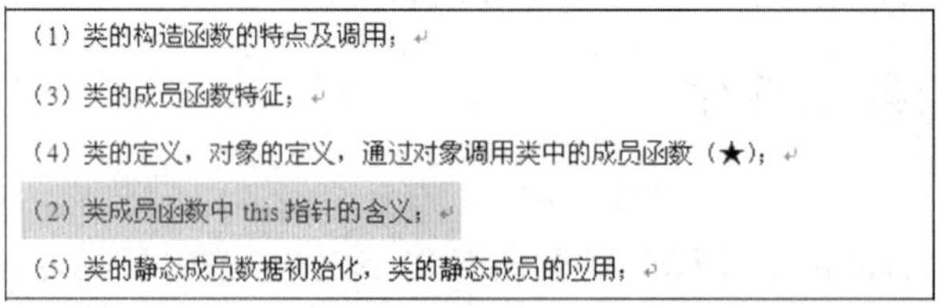
(1) 类的构造函数的特点及调用；
(3) 类的成员函数特征；
(4) 类的定义，对象的定义，通过对象调用类中的成员函数（★）；
(2) 类成员函数中 this 指针的含义；
(5) 类的静态成员数据初始化，类的静态成员的应用；

图 3－19 释放鼠标后移动至目标位置

③ 若在拖动鼠标的同时按住“CTRL”键，此时表示执行的是复制操作。

如使用工具或鼠标右键，则操作如下：

① 取要复制的文本。

② 在“开始”选项卡中选择“复制”或“剪切”命令，或在选中的文本上单击鼠标右键，如图 3－20、图 3－21 所示。

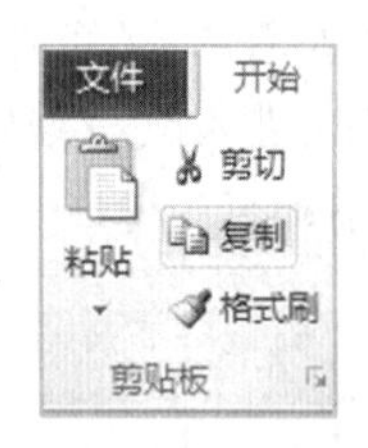

文件
开始
剪切
粘贴
复制
格式刷
剪贴板

图 3－20 利用“复制”“剪切”按钮

剪切(T)
复制(C)
粘贴选项:
汉字重选(V)

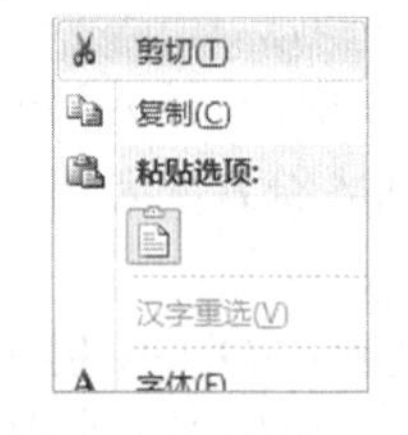

图 3－21 利用鼠标右键复制移动文本

③ 光标移至指定位置，执行“开始”选项卡中的“粘贴”命令，或者鼠标右键菜单中的“粘贴”按钮，完成复制或移动操作。

3.3.3 撤销和恢复操作

在文档的编辑过程中，不小心删除了一大段文字该怎么办？重新输入一遍，那可是一项烦恼的工作。中文 Word 2010 会自动记录用户执行的操作，使撤销错误操作和恢复被撤销的错误非常容易实现。

1. 撤销

单击快速访问工具栏中的“撤销”按钮，或按“Ctrl＋Z”组合键撤销最近一步操作，如图 3－22 所示。若要撤销多步操作，可重复执行撤销命令，或单击“撤销”按钮右侧的下三角按钮，在打开的列表中单击选择要撤销的操作，如图 3－23 所示。

图 3－22　用“撤销”按钮取消误操作　　图 3－23　撤销多步操作

2. 恢复

单击快速访问工具栏中的“恢复”按钮，或按“Ctrl＋Y”组合键，可恢复被撤销的操作。要恢复被撤销的多步操作，可连续单击“恢复”按钮。

3.3.4　查找、替换和定位

1. 查找

在文档的编辑过程中，有时需要修改正文中的某一个词或句子，但如果正文太长，可能一时难以准确地找到，这时可以使用中文 Word 2010 的“查找”命令先将光标定位到用户指定的文字或句子上，再作相应的修改。

例如，如果要在文中查找“网络”一词，可按以下步骤操作：

① 在文档中某个位置单击以确定查找的开始位置，如果希望从文档的开始位置进行查找，应在文档的开始位置单击。

② 单击“开始”选项卡上“编辑”组中的“查找”按钮，如图 3－24(a)所示，打开“导航”任务窗格，在窗格上方的编辑框中输入要查找的内容。

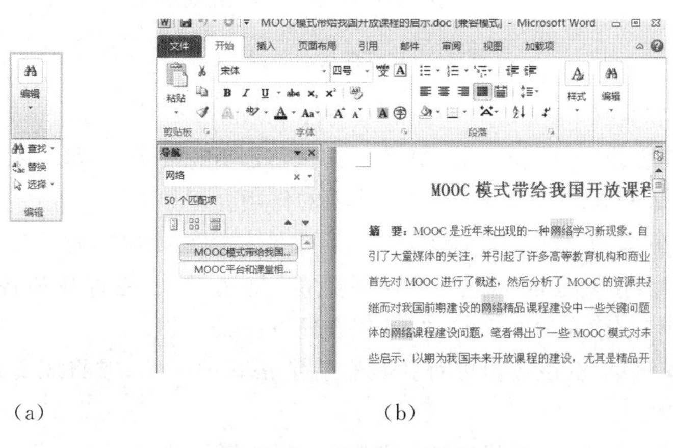

(a)　　(b)

图 3－24　“查找”文本

(3)此时文档中将以橙色底纹突出显示查找到的内容,左侧窗格中则显示要查找的文本所在的标题。单击"下一处搜索结果"按钮,可从上到下将文档依次定位到查找到的内容处;单击"上一处搜索结果"按钮,则可从下到上定位搜索结果,如图 3-24(b)所示。

2. 替换

中文 Word 2010 的"替换"命令可以在活动文档中查找并替换指定的文字、格式、脚注、尾注或批注标记。例如要将如图 3-24 所示的"网络"替换为"Internet",具体步骤如下:

① 将插入符定位在文档开始处,单击"开始"选项卡上"编辑"组中的"替换"按钮,打开"查找和替换"对话框的"替换"选项卡。

② "查找内容"编辑框中输入"网络",单击"替换"或"查找下一处"按钮,系统将从插入符所在位置开始查找,然后停在第一次出现该文本的位置,且该文本以蓝色底纹显示。

③ 单击"替换"按钮,被查到的内容将被替换;同时下一个要被替换的内容以蓝色底纹显示,此时可继续单击"替换"按钮替换。若单击查找下一处按钮,被查找到的内容将不被替换,并且系统会继续查找,并停在下一个出现该文本的位置。

④ 若单击"全部替换"按钮,则文档中的该内容全部被替换。替换完成后,在显示的提示对话框中单击"确定"按钮,如图 3-25 所示,返回"查找和替换"对话框,再单击"关闭"按钮退出。

图 3-25 "查找和替换"文本

3. 高级查找和替换

单击"查找和替换"对话框中的"更多"按钮,将展开对话框。利用展开部分中的选项可进行文本的高级查找和替换操作,部分选项的作用介绍如下:

① "区分大小写"复选框:选中该复选框可在查找和替换内容时区分英文大小写。

② "使用通配符"复选框:选中"使用通配符"复选框,可在查找和替换时使用"?"和"*"通配符,其中"?"代表单个字符,"*"代表任意字符串。

③ "格式"按钮:单击该按钮可查找具有特定格式的文本,或将原文本格式替换为指定的格式。

④ "特殊格式"按钮:可查找诸如段落标记、制表符等特殊标记。

3.3.5　中文 Word 2010 的文档视图

在 word 2010 中提供了多种视图模式供用户选择，这些视图模式包括“页面视图”“阅读版式视图”“Web 版式视图”“大纲视图”和“草稿视图”等五种视图模式。用户可以在“视图”功能区中选择需要的文档视图模式，也可以在 Word 2010 文档窗口的右下方单击视图按钮选择视图。

1. 页面视图

“页面视图”可以显示 Word 2010 文档的打印结果外观，主要包括页眉、页脚、图形对象、分栏设置、页面边距等元素，是最接近打印结果的视图模式，如图 3-26 所示。

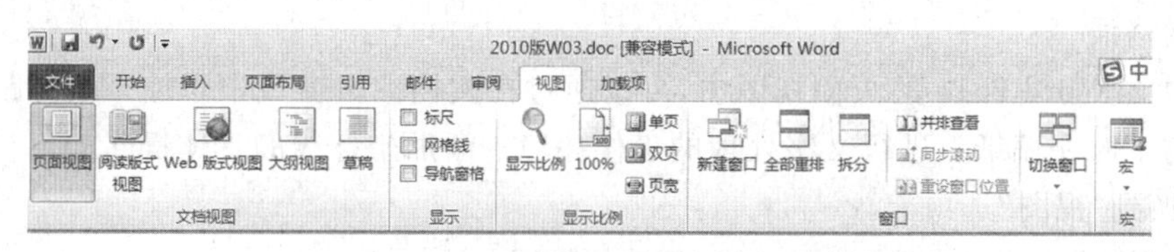

图 3-26　页面视图

2. 阅读版式视图

“阅读版式视图”以图书的分栏样式显示 Word 2010 文档，“文件”按钮、功能区等窗口元素被隐藏起来。在阅读版式视图中，用户还可以单击“工具”按钮选择各种阅读工具。

3. Web 版式视图

“Web 版式视图”以网页的形式显示 Word 2010 文档，Web 版式视图适用于发送电子邮件和创建网页。

4. 大纲视图

“大纲视图”主要用于设置 Word 2010 文档的设置和显示标题的层级结构，并可以方便地折叠和展开各种层级的文档。大纲视图广泛用于 Word 2010 长文档的快速浏览和设置中。

5. 草稿视图

“草稿视图”取消了页面边距、分栏、页眉页脚和图片等元素，仅显示标题和正文，是最节省计算机系统硬件资源的视图方式。现在计算机系统的硬件配置都比较高，基本上不存在由于硬件配置偏低而使 Word 2010 运行遇到障碍的问题。

3.3.6　标尺、段落标记和网格线

1. 标尺

中文 Word 2010 的标尺有水平标尺和垂直标尺两种。水平标尺是横穿文档窗口上部的刻度条，可用来查看和设置段落缩进、设置制表位、调整页边界以及修改表格中的宽度；垂直标尺是显示在文档窗口左侧的刻度条，用于调整上、下页边距以及表格中的行高。显示或隐藏标尺在视图选项卡中勾选其复选框，如图 3-27 所示。

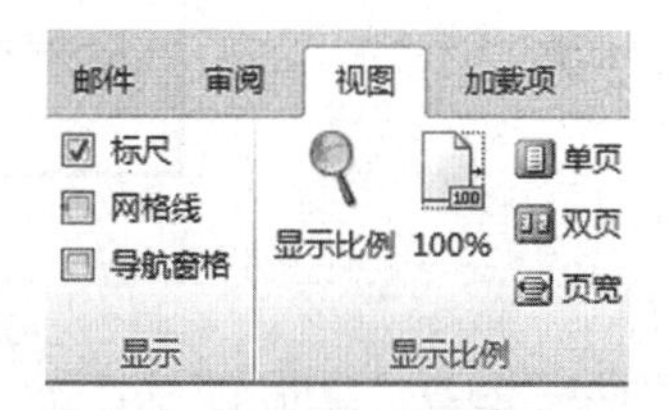

图 3-27　显示或隐藏标尺

2. 段落标记

默认情况下，Word 2010 文档中始终显示段落标记。用户需要进行必要的设置才能在显示和隐藏段落标记两种状态间切换，操作步骤如下：

第 1 步，打开 Word 2010 文档窗口，依次单击“文件”→“选项”按钮，单击“选项”按钮。

第 2 步，在打开的“Word 选项”对话框中切换到“显示”选项卡，在“始终在屏幕上显示这些格式标记”区域取消“段落标记”复选框，并单击“确定”按钮。

第 3 步，返回 Word 2010 文档窗口，在“开始”功能区的“段落”分组中单击“显示/隐藏编辑标记”按钮，从而在显示和隐藏段落标记两种状态间进行切换。

3. 网格线

在中文 Word 2010 的页面视图中，可以通过在文档编辑窗口中添加一组等距的水平线来模仿平时在稿纸上进行文字处理的工作环境。添加坐标线的具体操作如下：

① 换到“视图”选项卡。

② “视图”选项卡中选取“网格线”复选框即可。

3.3.7 设置显示比例

人们可以控制当前文档在屏幕上的显示比例。如“放大”文档，便于更清楚地查看文档的细部；或者“缩小”文档，便于看到页面中更多的内容或整个页面。

具体操作步骤如下：

① 单击“视图”选项卡中的“显示比例”。

② 如图 3-28 所示的对话框中，设置显示比例或在百分比框中输入一个在 10%～200%之间的比例数，中文 Word 2010 将根据该数据缩小或扩大活动文档的显示。

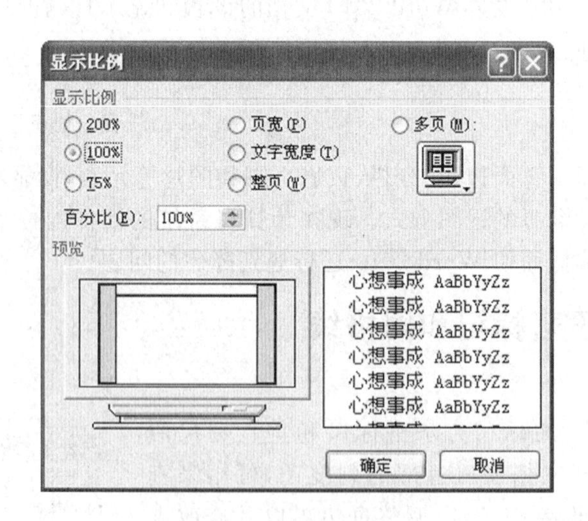

图 3-28 “显示比例”对话框

③ 如果在文档窗口中显示两页或多页，可单击“多页”按钮，再单击需要显示的页数，此选项只能在页面视图或打印预览状态下使用。

3.3.8 插入数据

1. 插入日期和时间

如果文档中需要插入系统当前的日期和时间，可以在“插入”选项卡中选择“日期和时间”命令，如图 3-29 所示。这时将弹出一个“日期和时间”对话框，如图 3-30 所示。

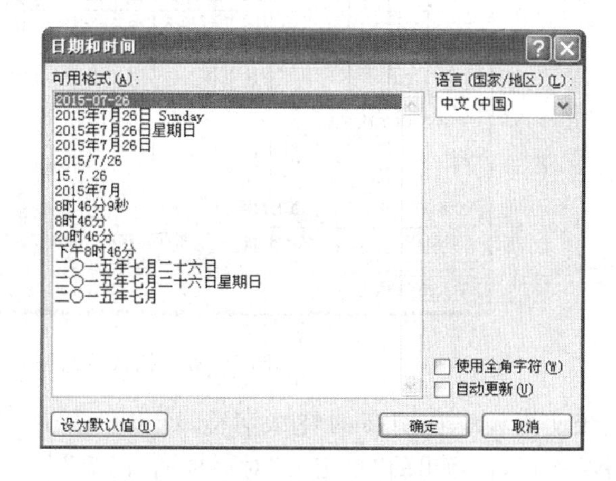

图 3-29 插入日期和时间　　图 3-30 日期和时间对话框

在“日期和时间”对话框中，可以根据实际情况需要在“语言”列表中选择需要的语种，在“可用格式”列表中选择所需的日期和时间的表达形式。

选取“使用全角字符”复选框，插入的日期和时间将以全角字符插入正文。用这种方式插入的日期和时间只能用键盘输入字符来修改。

2. 插入数字

插入数字也许是中文 Word 2010 中的一个很不起眼的功能，但是正是这不起眼的功能，给工作带来极大的方便。利用这一功能，可以将阿拉伯数字转换成汉字数字。例如，在填写支票时，按照金融机构的统一规定，支票金额应由汉字书写，如“1235”要写成“壹仟贰佰叁拾伍”，此时只需执行“插入”菜单中的“编号”命令，在如图 3-31 所示的“数字”对话框中输入要转换的数据，然后在“编号类型”中选取汉字数字格式，单击“确定”按钮即可自动完成上述数字的转换。

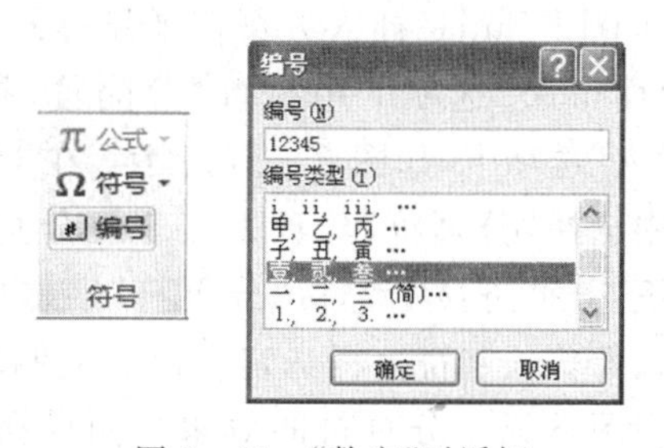

图 3-31 “数字”对话框

除此之外，利用插入数字的功能，还可以将输入的阿拉伯数字转换成大写或小写的罗马数字、英文字母等数字类型。

3. 插入特殊符号

在文档的录入过程中，要插入一些键盘无法输入的特殊字符，可以执行“插入”选项卡中的“符号”按钮，在如图 3-32 所示的“符号”对话框中选取。更改“字体”“子集”列表内的选项，可以得到多种符号类型，如标点符号、数学符号、希腊符号等。

图 3-32 插入特殊符号

对于使用频率特别高的特殊字符，可以单击“快捷键”按钮，在弹出的“自定义”对话框的“键盘”标签中，给该符号分配一个快捷键。

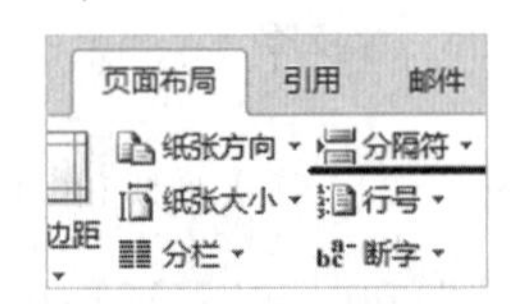

图 3-33 插入“分隔符”

4. 插入分隔符

(1)分页和分栏

使用中文 Word 2010 处理文档，当页面充满文本或图形时，它会插入一自动分页符并生成新页。有时也可以根据实际情况在指定的位置上用快捷键“Ctrl+Enter”插入分页符来强行分页，还可以在“页面布局”选项卡中执行“分隔符”按钮，而不是“插入”选项卡，如图 3-33 所示。在“分隔符”对话框中选择“分页符”选项来实现硬分页。在页面视图下，分页符显示包括“分页符”字样的单虚线，它可以像普通字符一样选定、移动、复制和删除，在页面视图下显示分页符的效果。如果在文档中插入分栏符，执行“页面布局”选项卡中的“分栏”按钮，它可以将分栏符后的文本设置在新的一栏中。

(2)分节

节是文档中相对独立的部分，各个节可以有自己的页眉、页脚、行号、页号等。在文档中插入分节符，如图 3-34 所示，可以结束分节符前面的页眉或分栏数等页面格式，而开始新的格式。在页面视图下，分节显示为包含有“分节符”字样的双虚线。

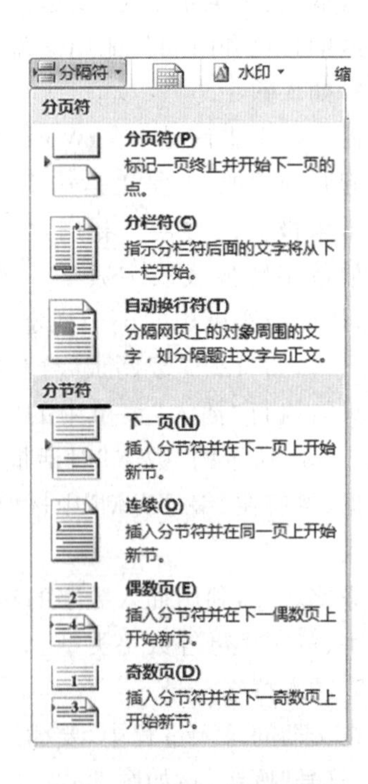

图 3-34 插入“分节符”

3.3.9　插入图片

没有插图的文章往往是枯燥的，利用中文 Word 2010“插入”菜单中的“图片”命令，可以轻松地制作一份图文并茂的文档，既增强了文章的趣味性又产生了一定的艺术效果。

1. 插入图片

在文档中插入图片的操作步骤如下：

① 光标定位在要插入图片处，执行“插入”选项卡中的“图片”按钮。

② 在弹出的“插入图片”对话框中，选择要插入图片的文件。由于中文 Word 2010 默认将图片嵌入并保存在文档中，所以插入图片后的文件长度会大大增加。如果点击“插入”按钮右侧下拉小三角，在下拉菜单中选择“链接到文件”复选框，就可以创建图片和文件的链接。以链接方式插入图片，中文 Word 2010 在文档中只保存图片的文件名、路径等必需的链接信息，而图片仍单独保存。

图 3 - 35　在 Word 文档中插入图片

如果一次要插入多张图片，可以在“插入图片”对话框中按住“Ctrl”键的同时，依次单击选择要插入的图片，然后单击“插入”按钮。若要删除文档中的图片，可先将其选中，然后按“BackSpace”键或“Delete”键。

2. 编辑图片

单击选中图片后，在 Word 2010 的功能区将自动出现“图片工具格式”选项卡，如图 3 - 36所示，利用该选项卡可以对插入的图片进行各种编辑和美化操作。

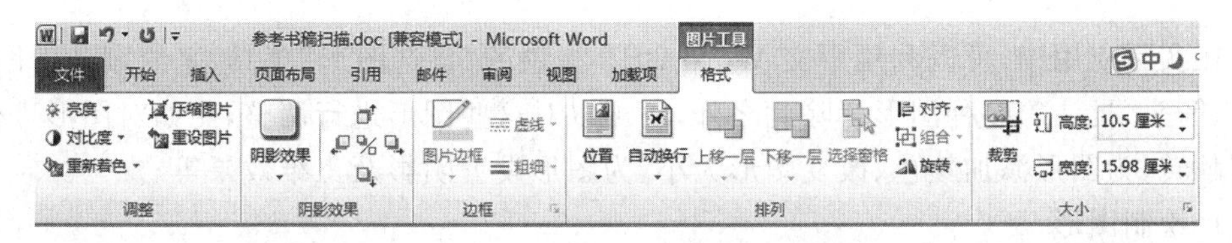

图 3 - 36　在 Word 文档中编辑图片

3. 操作图片

刚刚插入的图片往往不符合位置要求，需要对它们进行下一步的操作。

① 要改变图片大小，可在不选择任何工具的情况下单击图片，此时在图片四周显示8个蓝色的方形控制点；将鼠标指针移至图片的某个角控制点上。

② 按住鼠标左键并拖动，直至获取所需的尺寸时释放鼠标，可等比例缩放图片。

③ 如果要精确调整图片的大小，可在选中图片后，在“大小”组中的“高度”和“宽度”编辑框中直接输入数值。此处单击图片，然后在“图片工具格式”选项卡上“大小”组的“高度”编辑框中输入4厘米，然后按“Enter”键确认，此时“宽度” 编辑框中的数值自动调整。

④ 裁切图片。

单击图片，然后单击“图片工具格式”选项卡上“大小”组中的“裁剪”按钮，将鼠标指针移至图片上边界的控制点上按住鼠标左键向下拖动，至合适的位置时释放鼠标，将图片上面的空白区域裁掉一部分。

用同样的方法可裁掉图片其他区域；如果拖动4个角的控制点，还可等比例裁剪图片。

如果希望退出图片裁切状态，可在文档其他位置单击以取消图片的选中状态，或再次单击“裁剪”按钮。图片上被剪掉的内容并非被删除了，而是被隐藏了起来。要显示被裁剪的内容，只需单击“裁剪”按钮，将鼠标指针移至相应的控制点上，按住鼠标左键向图片外部拖动鼠标即可。

⑤ 设置图片环绕方式、对齐和旋转。

默认情况下，图片是以嵌入方式插入到文档中的，此时图片的移动范围受到限制。若要自由移动或对齐图片等，需要将图片的文字环绕方式设置为非嵌入型。

单击图片，然后单击“图片工具格式”选项卡“排列”组中的“自动换行”按钮，在展开的列表中选择一种环绕方式，如“四周型环绕”项。图片的文字环绕是指图片与文字之间的位置关系。例如，“四周型环绕”是指文字位于图片的四周；“衬于文字下方”指图片位于文字的下方。

单击“排列”组中的“对齐”按钮，在展开的列表中选择“左对齐”，将图片相对于页面左对齐。

若要将图片按一定角度旋转，可在选中图片后单击“排列”组中的“旋转”按钮，在展开的列表中选择所需选项。

利用“选择对象”选项选中图片，单击“调整”组中的“颜色”按钮，在展开的列表中选择一种颜色。

3.3.10 绘制和调整图形

在实际应用中，可以利用中文 Word 2010 提供的“自选图形”工具，来绘制几何图形、星形、箭头、批注等多种图形。除此之外，还可以对这些图形进行调整，比如对图形进行旋转或翻转、为图形添加颜色、改变图形大小、为图形设置阴影及三维效果等。

1. 绘制图形

① 要在文档中绘制图形，可单击“插入”选项卡“插图”组中的“形状”按钮，在展开的

列表中选择一种形状，然后在文档中按住鼠标左键不放并拖动，释放鼠标后即可绘制出相应的图形。

② 与图片一样，选中图形后，其周围将出现8个蓝色的大小控制柄和一个绿色的旋转控制柄，利用它们可以缩放和旋转图形。此外，部分图形中还将出现一个黄色的控制柄，拖动它可调整图形的变换程度。

③ 若“旋转”列表中没有所需选项，可在“旋转”列表中单击“其他旋转选项”项。打开“布局”对话框并显示“大小”选项卡，然后调整该对话框“旋转”编辑框中的数值。满意后单击“确定”按钮关闭对话框。

2. 编辑图形

在 Word 2010 中，除了可以对图片进行各种编辑操作外，还可在选中图片后，利用“图片工具格式”选项卡上的“图片样式”组快速为图片设置系统提供的漂亮样式，或为图片添加边框、设置特殊效果等，还可利用“调整”组调整图片的亮度、对比度和颜色等。

单击“调整”组中的相应按钮，可调整所选图片的亮度、对比度和颜色等。利用样式列表可为所选图片快速设置样式。对图片进行大小、旋转、裁切、亮度、对比度、样式、边框和特殊效果等设置后，若觉得效果不理想，可选中图片，然后单击“图片工具格式”选项卡“调整”组中的“重设图片”按钮，将图片还原为初始状态。其操作步骤如下：

单击图片，然后单击“图片工具格式”选项卡上“图片样式”组样式列表框右下角的“其他”按钮。在展开的样式列表中选择所需样式，如“柔化边缘椭圆”。

(1)设置图形的轮廓和填充

除了应用系统内置的样式快速美化图形外，还可自行设置图形的轮廓、填充，以及效果等。这里我们先学习设置图形轮廓和填充的方法。

① 选中图形，单击“绘图工具格式”选项卡上“形状样式”组中的“形状轮廓”按钮右侧的三角按钮，在展开的列表中选择“粗细”子列表中的选项，可设置自选图形的轮廓线粗细。

② 再次单击“形状轮廓”按钮右侧的三角按钮，从展开的列表中选择轮廓线的颜色，如红色。

③ 单击“形状填充”按钮右侧的三角按钮，在展开的列表中可选择图形的填充颜色。

(2)设置图形样式

在 Word 2010 中，提供了多种可直接应用于图形的样式以美化图形。用户只需双击图形，打开“绘图工具格式”选项卡，然后单击“形状样式”组“样式”列表框右下角“其他”按钮，在展开的图片样式列表中选择所需样式即可。

(3)为图形添加效果

利用“绘图工具格式”选项卡上“形状样式”组中的“形状效果”按钮，可为图形添加阴影、映像、发光、柔化边缘等效果，具体操作步骤如下：

① 要为图形设置效果，只需选中图形，单击“绘图工具格式”选项卡上“形状样式”组中的“形状效果”按钮右侧的三角按钮，在展开的列表中选择一种效果样式，如“阴影”>“左下斜偏移”。

② 若要为图形设置其他效果，只需再次单击“形状效果”按钮右侧的三角按钮，在展开的列表中选择一种效果样式，如“发光”＞“紫色，18pt 发光，强调文字颜色 4”项。

(4)排列和组合图形

默认情况下，Word 2010 会根据插入的对象(非嵌入型的图片、自选图形、文本框和艺术字等)的先后顺序确定对象的叠放层次，即先插入的对象在最下面，最后插入的图形在最上面，这样处在上层的图形将遮盖下面的图形。要改变对象的叠放次序，可选中要改变叠放次序的图形，单击“绘图工具格式”选项卡上“排列”组中的“上移一层”或“下移一层”按钮，或单击其右侧的三角按钮，在展开的列表中选择所需选项。当在文档中的某个页面上绘制了多个图形时，为了统一调整其位置、尺寸、线条和填充效果，可将它们组合为一个图形单元。

3.3.11 使用艺术字

在建立文档的过程中，有时候为了增强文档的视觉效果，美化文档，需要对文字进行一些修饰处理，比如设置一种特殊的艺术字，并使它弯曲、倾斜、旋转、扭曲、带阴影等。中文 Word 2010 提供了一个“艺术字”库，用户可以根据需要进行选择。

在 Word 2010 中，艺术字库包含了许多艺术字样式，选择所需的样式，输入文字，就可以轻松地在文档中创建漂亮的艺术字。创建艺术字后，还可利用“绘图工具格式”选项卡对艺术字进行各种编辑和美化操作。

1. 创建艺术字

要在文档中创建艺术字，操作方法如下：

① 确定插入符，然后单击“插入”选项卡上“文本”组中的“艺术字”按钮，打开“艺术字样式”列表，选择一种艺术字样式，如“渐变填充—橙色，强调文字颜色 6，内部阴影”，如图 3-37 所示。

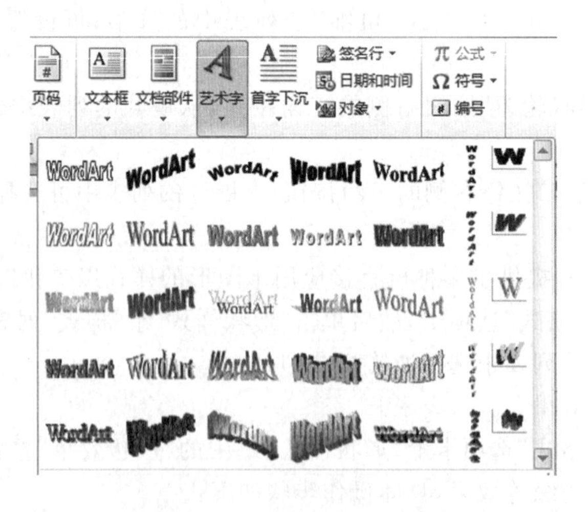

图 3-37 选择艺术字样式

② 此时在文档的插入符位置出现一个艺术字文本框占位符“请在此放置您的文字”，直接输入艺术字文字，即可创建艺术字，如图 3-38 所示。

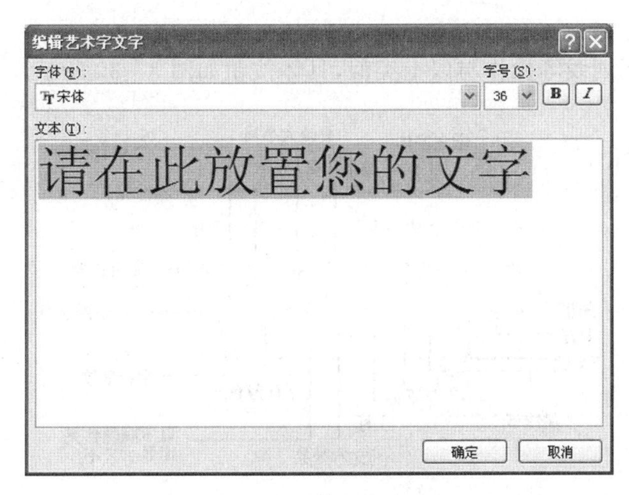

图 3 - 38　输入艺术字

2. 编辑和美化艺术字

编辑和美化艺术字的方法与编辑和美化图片或图形相似，即可以通过“绘图工具格式”选项卡中的各个组来实现。

① 选中艺术字，然后单击“绘图工具格式”选项卡上“插入形状”组中的“编辑顶点”按钮，在展开的列表中选择“更改形状”项，然后在子列表中选择某种形状，可更改艺术字文本框的形状。

② 单击“形状样式”组中的“其他”按钮，在展开的列表中选择一种样式，如“强烈效果—橄榄色，强调颜色 3”，可对艺术字文本框的填充颜色进行设置。

3.4　中文 Word 2010 的排版技术

中文 Word 2010 内置丰富的排版命令。运用这些命令，不仅可以对选定的文字或段落进行格式修饰，还可以设计出美观的文档版式。为了简化排版操作，中文 Word 2010 把一些最常用的格式修饰命令以按钮的形式放在“格式”工具栏中。

3.4.1　设置字符格式

中文 Word 2010 字符格式化功能包括设置文字的字体、大小，给文字设置粗体、斜体和下划线，应用阳文、阴文、提纲或阴影格式，设置字符间距以及在联机版式的文档中设置动态文字等。

1. 利用“字体”组

使用“开始”选项卡上“字体”组中的按钮可以快速地设置字符格式，操作方法如下：

① 单击“开始”选项卡“字体”组中“字体”下拉列表右侧的三角按钮，在展开的列表中选择所需字体，如“黑体”；单击“字号”下拉列表框右侧的三角按钮，在展开的列表中选择字号。

② 单击“字体”组右侧的“字体颜色”按钮右侧的三角按钮，在展开的列表中选择所需

颜色。

加粗、倾斜、下划线等操作与以上类似，具体按钮如图 3-39 所示。

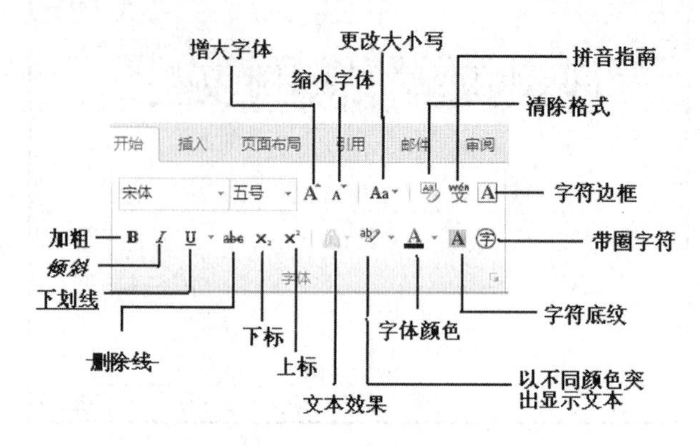

图 3-39 “字体”组中的按钮

2. 利用“字体”对话框

在 Word 2010 中，利用“字体”对话框不仅可以完成“字体”组中的所有字符设置功能，还可以分别设置中文和西文字符的格式，以及为字符设置阴影、阳文、空心等特殊效果，或设置字符间距和位置。选中文本内容，然后单击“字体”组右下角的对话框启动器按钮，如图 3-40 所示，打开字体对话框。

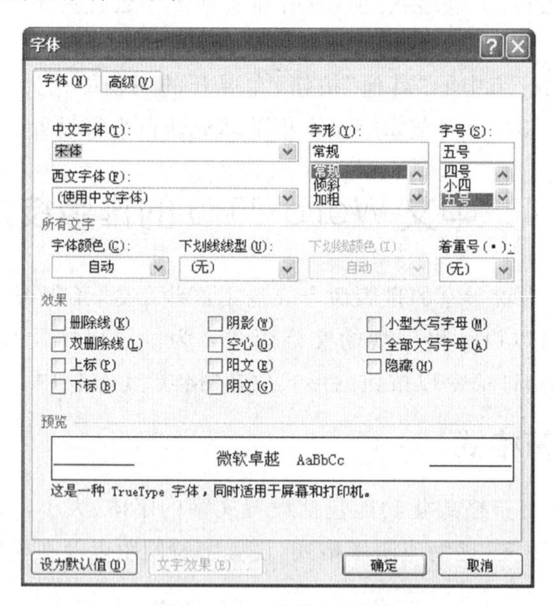

图 3-40 “字体”对话框

在“效果”设置区选择或取消某复选框，即可为所选文本设置或取消相应的特殊效果。其中，设置“阴影”“阴文”和“阳文”效果可使文本具有立体感。要注意的是，某些效果是互斥的，只能二选一，如“上标”与“下标”、“阳文”与“阴文”等。

“高级”选项卡标签打开该选项卡，“间距”下拉列表框中可以选择选择“加宽”或“紧缩”“标准”。

间距：是指字符之间的距离。在该下拉列表框中选择“加宽”或“紧缩”选项，然后可在右侧的“磅值”编辑框中设置需要加宽或紧缩的字符间距值。若选择“标准”选项，可恢复默认的字符间距。

字符缩放：是指在保持字符高度不变的情况下改变字符宽度，100%表示无缩放。用户可在该下拉列表框中选择缩放百分比，或直接输入缩放百分比。磅值：在“位置”下拉列表框中选择“提升”或“降低”选项，然后在“磅值”编辑框中设置需要的数值，可将所选字符提升或降低。

3.4.2　设置段落格式

段落的基本格式包括段落的缩进、对齐、段落间距及行距等。可以利用“开始”选项卡上“段落”组中的按钮、“段落”对话框及标尺等进行段落格式设置。如果要设置单个段落的格式，只需将插入符置于该段落中即可；如果要同时设置多个段落的格式，则需要将这些段落同时选中。

1. 利用“段落”组设置段落格式

利用“开始”选项卡上“段落”组中的按钮可以设置段落的对齐方式、缩进、行间距，以及边框和底纹、项目符号等，如图 3-41 所示。

如打开文档，选中要设置对齐的两个标题段落，单击“段落”组中的“居中”按钮，即可将选中的段落居中对齐。

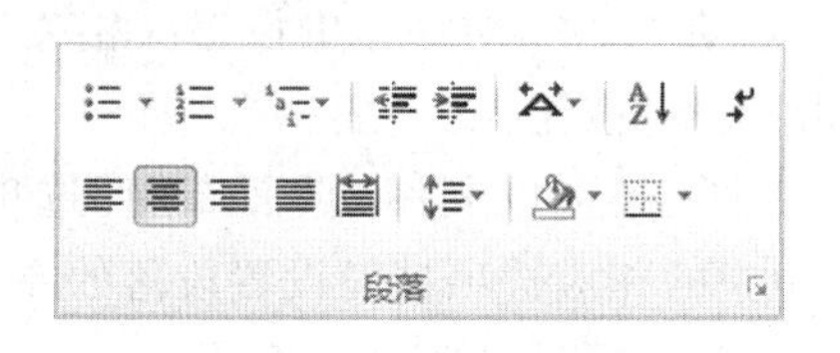

图 3-41　“段落”组按钮

在 Word 2010 中，“段落”组中提供了 5 个段落对齐方式按钮，如图 3-41 所示，其作用如下：

“文本左对齐”按钮：单击该按钮可使段落文本靠页面左侧对齐。

“居中”按钮：单击该按钮可使段落文本居中对齐。

“文本右对齐”按钮：单击该按钮可使文本靠右对齐。

“两端对齐”按钮：单击该按钮可使文本对齐到页面左右两端，并根据需要增加或缩小字间距，不满一行的文本靠左对齐。

“分散对齐”按钮：单击该按钮可使文本左右两端对齐。与“两端对齐”不同的是，不满一行的文本会均匀分布在左右文本边界之间。

2. 利用“段落”对话框设置段落格式

使用“段落”对话框可以设置更多的段落格式，而且可以精确地设置段落的缩进方式、段落间距以及行距等，具体操作如下：

① 将插入符置于正文段落中，然后单击“段落”组右下角的对话框启动器按钮，打开“段落”对话框。

② 在“段落”对话框“缩进”设置区的“特殊格式”下拉列表中选择“首行缩进”，并在“磅值”编辑框中设置缩进值为 2 字符(单击编辑框右侧的向上或向下三角按钮可增加或减少缩进值)，如图 3-42 所示。

单倍行距：这是 Word 默认的行距方式，也是最常用的方式。在该方式下，当文本的字体或字号发生变化时，Word 会自动调整行距。

多倍行距：顾名思义，该方式下行距将在单倍行距的基础上增加指定的倍数。

固定值：选择该方式后，可在其后的编辑框中输入固定的行距值。该方式下，行距将不随字体或字号的变化而变化。

最小值：选择该方式后，可指定行距的最小值。

③ 在"间距"设置区中将"段前"和"段后"值分别设置为 1.5 行和 0.5 行；在"行距"下拉列表框中选择"多倍行距"，然后将值设置为 2.5。段间距是指两个相邻段落之间的距离，行间距则是指行与行之间的距离。

④ 在"段落"对话框中设置好相关参数后，单击"确定"按钮。

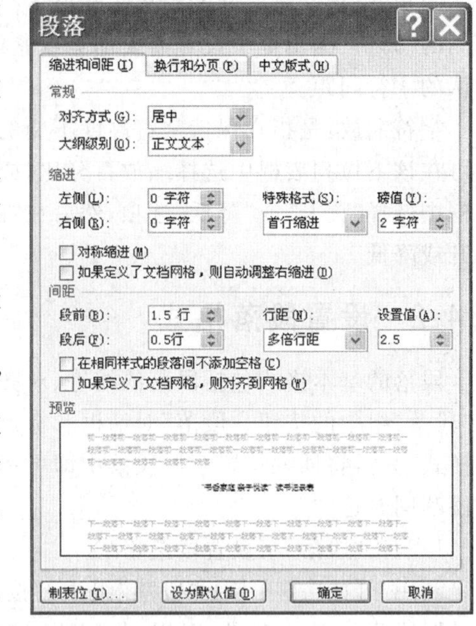

图 3-42 "段落"对话框

另外，还可以利用"页面布局"选项卡"段落"组中的相应选项精确设置段落的左、右缩进及段前和段后间距。

3. 利用标尺设置段落缩进

除了使用"段落"对话框外，还有一种更快捷的设置段落缩进的方式，那就是将鼠标指针移至标尺上的相应滑块上，然后按住鼠标左键不放并向右或向左拖动。

4. 使用格式刷复制格式

在编辑文档时，若文档中有多处内容要使用相同的格式，可使用"格式刷"工具来进行格式的复制，以提高工作效率。其具体操作如下：

① 选中已设置格式的文本或段落，这里选中整个段落(含段落标记)。

② 单击"开始"选项卡上"剪贴板"组中的"格式刷"按钮，此时鼠标指针变成刷子形状，拖动鼠标选择要应用该格式的文本或段落即可。

在 Word 2010 中，段落格式设置信息被保存在每段后的段落标记中。因此，如果只希望复制字符格式，就不要选中段落标记；如果希望同时复制字符格式和段落格式，则须选中段落标记。此外，如果只希望复制某段落的段落格式，只需将插入符置于原段落中。单击"格式刷"按钮，再单击目标段落即可，无需用选中段落文本。

若要将所选格式应用于文档中多处内容，只需双击"格式刷"按钮，然后依次选择要应用该格式的文本或段落。在此方式下，若要结束格式复制操作，需按"Esc"键或再次单击"格式刷"按钮。

3.4.3 设置边框和底纹

边框和底纹是美化文档的重要方式之一。在 Word 2010 中，不但可以为选择的文本添加边框和底纹，还可以为段落和页面添加边框和底纹。

1. 为文本添加边框和底纹

通过单击“开始”选项卡上“字体”组中的“字符边框”按钮，可以为选中的文本添加或取消单线边框；单击“字符底纹”按钮，可为选中的文本添加或取消系统默认的灰色底纹。如果要对边框和底纹进行更多设置，如设置边框类别、线型、颜色、线条宽度和底纹颜色等，则需要通过“边框和底纹”对话框进行。其具体操作步骤如下：

① 选中要添加边框和底纹的文本，单击“开始”选项卡上“段落”组中的“边框”按钮右侧的三角按钮，在展开的列表中选择“边框和底纹”项，如图 3－43 所示，打开“边框和底纹”对话框。

② 在“边框”选项卡的“应用于”下拉列表中选择“文字”；在“设置”区中选择一种边框样式，如“三维”；然后在“样式”列表中选择一种线型样式，如“双线”；在“颜色”和“宽度”下拉列表中分别设置边框的颜色（如绿色）和宽度（如 0.5 磅）。

③ 单击“底纹”选项卡标签切换到该选项卡，在“应用于”下拉列表中选择“文字”；在“填充”下拉列表中选择一种填充颜色，如浅绿；在图案“样式”下拉列表中选择一种图案样式，如“5%”；在图案“颜色”下拉列表中选择一种图案颜色，如绿色，设置完毕单击“确定”按钮。

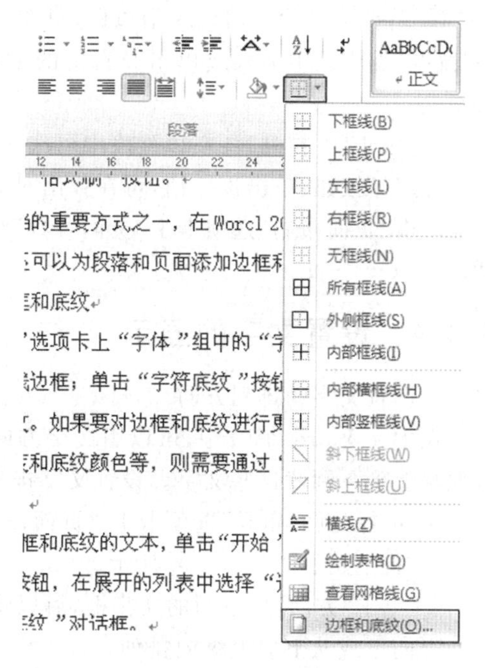

图 3－43　边框和底纹

2. 为段落添加边框和底纹

为段落添加边框和底纹的具体操作步骤如下：

① 要快速为段落添加边框，可选中要添加边框的段落，然后单击“开始”选项卡“段落”组“边框”按钮右侧的三角按钮，在展开的列表中选择要添加的边框类型，如选择“外侧框线”，如图 3－44 所示。

② 若要为段落添加复杂的边框和底纹，可选中要添加边框或底纹的段落，或将插入符置于该段落中，然后打开“边框和底纹”对话框，分别在“边框”和“底纹”选项卡的“应用于”下拉列表中选择“段落”选项，然后设置需要的边框和底纹样式、颜色等，单击“确定”按钮。

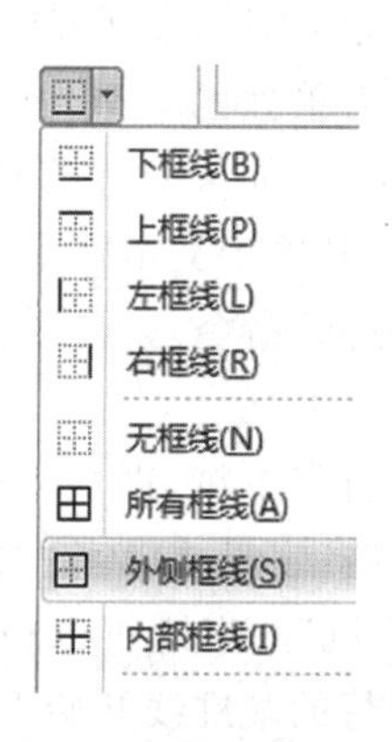

图 3－44　外侧框线

如果单击“边框”选项卡“预览”窗口中的左、右、上、下边框按钮，可增加或删除相应位置的段落边框。

3. 在页面周围添加边框

在整个页面周围添加边框，可以获得生动的页面外观效果。设置页面边框的具体操作步骤如下：

① 参考前面的方法打开“边框和底纹”对话框，并切换到“页面边框”选项卡。若要为页面添加普通的线型边框，只需参照为文本或段落设置边框的方法进行操作即可。

② 若要为页面添加艺术型边框，可在“艺术型”下拉列表中选择一种艺术边框，然后在“宽度”编辑框中输入或单击其右侧的微调按钮，调整艺术边框的宽度值，单击“确定”按钮。

“应用于”下拉列表：在该列表中可选择页面边框的应用范围。

“选项”按钮：单击该按钮，可在弹出对话框中设置页面边框距页面边缘的距离。用户也可单击“页面布局”选项卡上“页面背景”组中的“页面边框”按钮，打开“边框和底纹”对话框。

3.4.4 设置文字的显示

1. 设置文字的排列方向

在中文 Word 2010 中，可以用文字方向命令旋转正文或表格单元格中选定的文字，以便从上到下阅读这些文字。设置文字排列方向的操作如下：

① 选择“页面布局”选项卡中 “页面设置”组的“文字方向”按钮，如图 3－45 所示。

② 单击“方向”栏下面的文字框，可以将所选文字从上向下或从下向上纵向排列。

③ 单击“确定”按钮，将指定的文字方向应用于所选文字。

如果要将整篇文字设为竖排，请单击文档正文的任意位置，然后单击“文字方向”按钮；如果只需要改变部分文字的排列方向，则先通过 “分隔符”命令将其设为单独的一节，然后选定该节再单击“文字方向”命令；如果只需要改变少数文字的排列方向，请先将其置于文本框中，然后选定文本框，再单击“文字方向”命令。

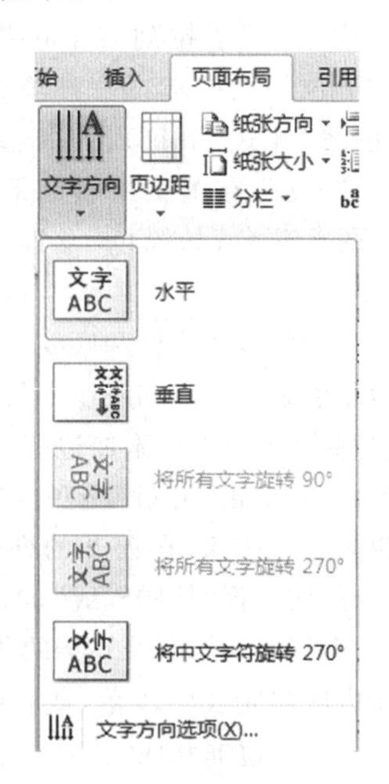

图 3－45 设置文字排列方向

2. 首字下沉

所谓首字下沉，即增大插入点所在段落首行的第一个字符(字母或汉字)的字号，使其产生“下沉”效果。“下沉”的字既可以位于左页边框中，也可以从段落首行的基准线开始下沉。

设置首字下沉的步骤如下：

① 确定需要作首字下沉的段落。

② 单击“插入”选项卡“文本”组“首字下沉”按钮，将出现如图 3－46 所示的对话框。

③ 在对话框中可进行字体的有关设置，然后单击“确定”按钮即可。

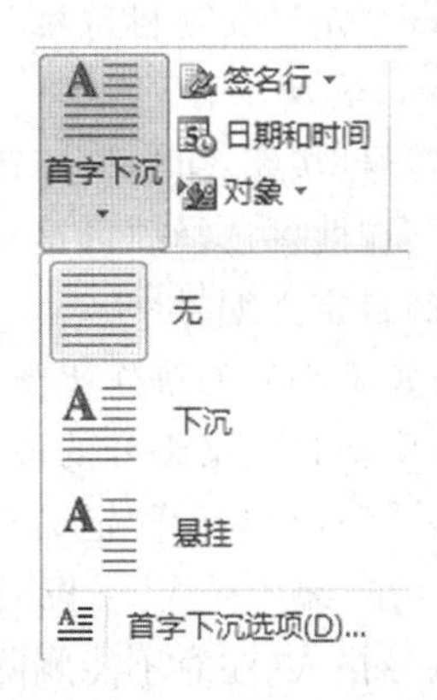

图 3-46　设置首字下沉

3.4.5　创建项目符号和编号

在编排论文、报告等文档时，借助于项目符号和编号，可使文档系统化、条理化，让读者更容易抓住要点。项目符号用于表示内容的并列关系，编号用于表示内容的顺序关系，合理地应用项目符号和编号可以使文档更具条理性。

1. 设置项目符号和编号

在输入完文本后，选中要添加项目符号或编号的段落，单击“开始”选项卡上“段落”组中的“项目符号”按钮或“编号”按钮右侧的三角按钮，在展开的列表中选择一种项目符号或编号样式，即可为所选段落添加所选项目符号或编号，如图 3-47 所示。

(a)

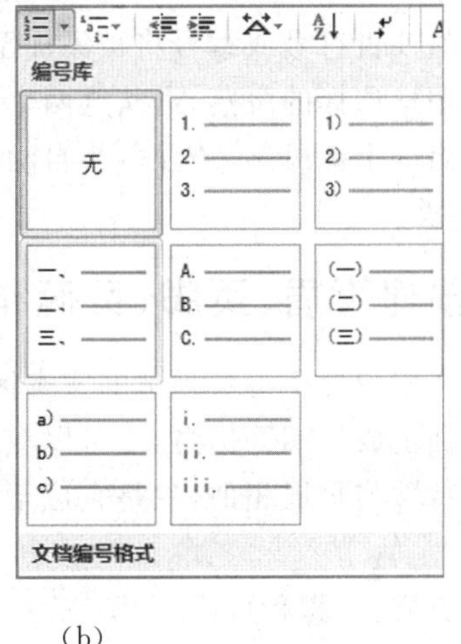

(b)

图 3-47　设置项目符号和编号

要取消为段落设置的项目符号或编号，可选中这些段落，然后打开“项目符号”或“编号”下拉列表，从中选择“无”选项。

2. 自定义项目符号和编号

如对系统预定的项目符号和编号不满意，还可以为段落设置自定义的项目符号和编号。

(1)自定义项目符号

自定义项目符号的操作步骤如下：

① 选中要自定义项目符号的段落，然后选择图 3-47(a)所示的“项目符号”列表底部的“定义新项目符号”选项，打开“定义新项目符号”对话框。

② 单击“符号”按钮，在打开的“符号”对话框中选择需要的项目符号，再单击“确定”

按钮返回“定义新项目符号”对话框，然后单击“确定”按钮即可添加自定义的项目符号，如图 3 - 47(b)所示。

“符号”按钮：单击该按钮，可在弹出的对话框中选择图片作为项目符号。“对齐方式”下拉框：在此可选择项目符号的对齐方式。

(2)自定义编号

自定义编号的操作步骤如下：

选中要自定义编号的段落，然后选择图 3 - 47(b)所示的“编号”列表底部的“定义新编号格式”选项，打开“定义新编号格式”对话框。

① 在“编号样式”下拉列表框中选择需要的编号样式，在“编号格式”编辑框中输入需要的编号格式(注意不能删除“编号格式”框中带有灰色底色的数值)，单击“确定”按钮，即可添加自定义的编号格式。

② 为段落定义了编号后，其将从所选的第 1 个段落开始进行连续编号。若希望从某个段落开始进行新的编号，需将插入符置于该段落的上一段落，然后在“编号”列表中选择“设置编号值”项，在打开的对话框中选择“开始新列表”单选钮，并在“值设置为”编辑框中输入起始编号。

自定义的项目符号或编号将被添加至“项目符号”或“编号”按钮列表中，如果其没有自动应用于用户选择的段落，需从这两个列表中选择。此外，如果从设置了项目符号或编号的段落开始一个新段落，新段落将自动添加项目符号或编号，要取消此设置，可连续按两次“Enter”键。

3.4.6 创建页眉、页脚、页码和批注

页眉是文档中处于每页顶部的文本区，典型的页眉内容可以包括章节名、页码、作者名、书名、文档生成日期等信息，还可以在页眉中插入图片或者直接在页眉中使用绘图工具。页脚的特性与页眉相似，只是它位于每一页的底部，多数情况下，页脚区用于设置页码信息。

1. 添加页眉、页脚和页码

页眉和页脚分别位于页面的顶部和底部，常用来插入页码、时间和日期、作者姓名或公司徽标等内容。

① 单击“插入”选项卡上“页眉和页脚”组中的“页眉”按钮，在展开的列表中选择页眉样式，如选择“字母表型”，如图 3 - 48 所示。

② 进入页眉和页脚编辑状态，并在页眉区显示选择的页眉，同时功能区显示“页眉和页脚工具设计”选项卡。

③ 单击“标题”标签，然后输入要设置的页眉名称，如文档名称，再利用“开始”选项卡的“字体”组设置文本的字号。

④ 单击“页眉和页脚工具设计”选项卡上“导航”组中的“转至页脚”按钮转至页脚处，然后可任意输入和设置页脚内容。这里我们单击“页眉和页脚”组中的“页脚” 按钮，从弹出下拉列表中为页脚选择系统内置的页脚样式，如“堆积型”，然后在“公司”编辑框中输入文字。

⑤ 选择系统内置的某些页脚样式时，会自动添加页码。如果没有添加，我们也可将

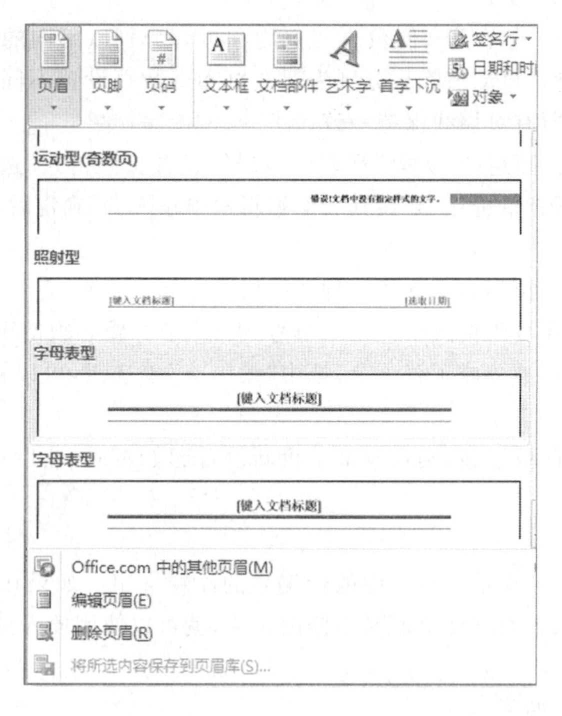

图 3－48　设置“字母表型”页眉

插入点置于要添加页码的位置，然后单击“页眉和页脚”组中的“页码”按钮；从弹出下拉列表中选择添加页码的位置，如“当前位置”，再选择页码类型，如“普通数字”。此时，系统将从文档的第 1 页开始，自动为文档编排页码。

⑥ 单击“页眉和页脚工具设计”选项卡上“关闭”组中的“关闭页眉和页脚”按钮，退出页眉和页脚编辑状态，查看页眉和页脚设置效果。

2. 修改与删除页眉和页脚

要修改页眉和页脚内容，只需在页眉或页脚位置双击鼠标进入页眉和页脚编辑状态，此时可参考修改正文的方法修改页眉或页脚。要更改系统内置的页眉或页脚样式，可在“页眉和页脚工具设计”选项卡的“页眉和页脚”组中重新选择一种样式。

3. 设置首页不同或奇偶页不同的页眉和页脚

使用 Word 2010 编排长文档(1 节或多节)时，每节的首页通常不要页眉和页脚，并且奇数页和偶数页的页眉和页脚内容和位置有时候也不相同。例如，在编排双面打印或印刷的文档时，通常将偶数页的页眉和页脚居中或靠左显示，而奇数页的页眉和页脚居中或靠右显示。

① 双击首页页眉区进入页眉和页脚编辑状态。单击“页眉和页脚工具设计”选项卡上“导航”组中的“下一节”按钮，转到第 2 节，然后选中“选项”组中的“首页不同”和“奇偶页不同”复选框，如图 3－49 所示。

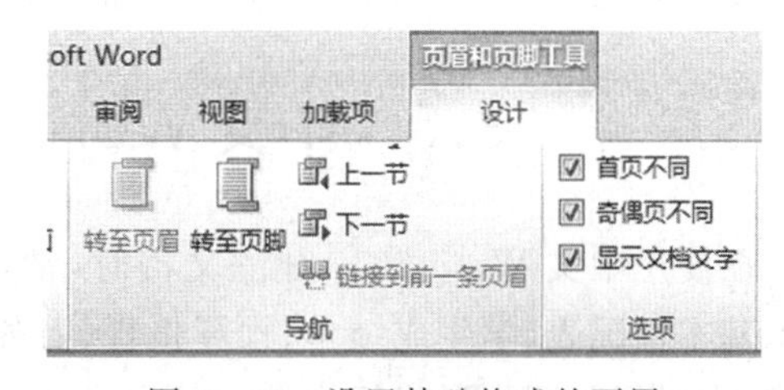

图 3－49　设置特殊格式的页眉

② 在该节的首页、奇数页和偶数页的页眉和页脚分别以不同的文字标识，并且首页和偶数的页眉和页脚将自动清除。分别为偶数页和奇数页设置不同的页眉和页脚，并修改相关的页眉线，使所有页眉线保持一致。

③ 在“页眉和页脚”组的“页码”列表中，选择“设置页码格式”选项，然后在打开的对话框中选择“起始页码”单选钮，并在其后的编辑框中输入1。确定后退出页眉和页脚编辑状态即可。

编号样式：在此下拉列表中选择一种页码格式。

包含章节：表示在页码格式中包含章节号，但章、节标题必须使用样式。

续前节：如果文档被分成了若干节，选中“续前节”单选钮，可以将所有节的页码设置成彼此连续的页码。

起始页码：选中此单选钮，则在本节中重新设置起始页码，然后在其右侧编辑框中输入起始页码。

4. 批注

批注是添加在一独立批注窗口中的带编号的注释文字。如果在审阅他人的文档时，只想在某些地方加入个人的评语而又不修改正文，就可以使用插入批注来实现。

(1)插入批注

插入批注的方法如下：

选定想要插入的文本或项目，在“审阅”的功能区，找到“新建批注”单击，如图3-50所示。

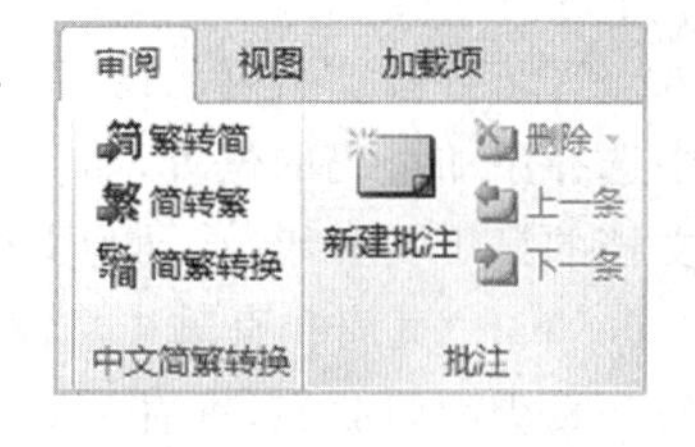

图3-50 添加批注

此时可以在批注窗口中输入批注文字。如果计算机上安装有声卡和麦克风，单击批注窗口中的“声音对象”按钮还可以将录制的声音作为批注插入文档中。

(2)查看批注

将鼠标指针移到批注上，会弹出一个显示批注内容的文字框，此外也可以按以下步骤操作：

① 在“审阅”选项卡中的“批注”组，点击“上一条”或“下一条”。该命令只有在文档中至少包含一个批注时才有效。

② 在批注窗口顶部的“审阅者”框中选择审阅者的批注。

③ 若要收听声音批注，可双击所需批注的声音符号。

(3)删除批注

在要删除的批注上单击鼠标右键，然后执行快捷菜单中的“删除批注”命令。还可以选择要删除的批注后，单击“批注”组上的“删除”按钮。

3.5 中文Word 2010的表格制作

在使用中文Word 2010建立文档时，常常要用表格或统计图来表示一些数据，比如职工基本情况表、学生成绩单、预算报告、财务分析报告等。表格是一种简明扼要的表达方式，它以行和列的形式组织信息。表格结构严谨、效果直观，往往一张简单的表格就可以代替大量的文字叙述，而且可以直接表达意图。中文 Word 2010 提供了极强的表格制作功能，可以很轻松地制作出各种各样实用美观的表格。

3.5.1　建立和删除表格

表格是由行和列组成的，一行和一列的交叉处是一个单元格。表格中的信息包含在各个单元格中。要使用表格，就要先建立表格。在中文 Word 2010 中，可以使用菜单命令或工具栏命令按钮先建立表格，然后再向表格中输入数据，也可以将现有的文本段落直接转换成表格。表格是由水平的行和垂直的列组成的，行与列交叉形成的方框称为单元格。在 Word 2010 中，可以使用表格网格、手绘表格或者“插入表格”对话框创建表格。

1. 用“插入表格”对话框创建表格

用“插入表格”对话框创建表格可以不受行、列数的限制，还可以对表格格式进行简单设置。“插入表格”对话框是最常用的创建表格的方法，其具体操作如下：

① 将插入符置于要创建表格的位置，单击“插入”选项卡上“表格”组中的“表格”按钮，在展开的列表中选择“插入表格”项，打开“插入表格”对话框，如图 3－51 所示。

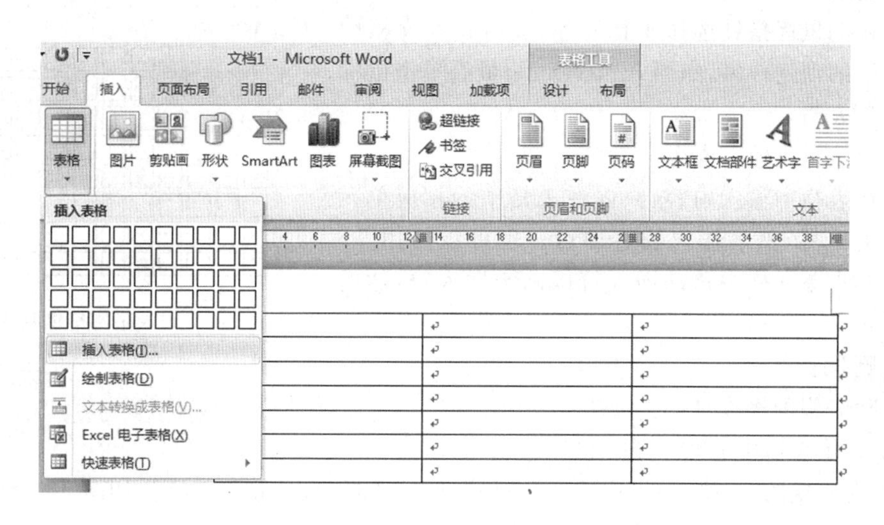

图 3－51　插入表格

② 在“插入表格”对话框的“列数”和“行数”编辑框中设置表格的行数和列数，如分别设置为 7 和 3，然后在“‘自动调整’操作”设置区选择一种定义列宽的方式，如选择“固定列宽”单选钮，然后输入列宽值，如“5 厘米”，如图 3－52 所示。

图 3－52　设置表格对话框

③ 单击“确定”按钮，即可创建一个 7 行 3 列，列宽为 5 厘米的表格。

2. 绘制表格

使用绘制表格工具可以非常灵活、方便地绘制那些行高、列宽不规则的复杂表格，或对现有表格进行修改。绘制表格的具体操作如下：

① 单击“插入”选项卡上“表格”组中的“表格”按钮，在展开的列表中选择“绘制表格”选项。

② 将鼠标指针移至文档编辑窗口，单击并拖动鼠标，此时将出现一可变的虚线框，松开鼠标左键，即可画出表格的外边框。

③ 移动鼠标指针到表格的左边框，按住鼠标左键向右拖动，当屏幕上出现一个水平虚框后松开鼠标，即可画出表格中的一条横线。

④ 重复上述操作，直至绘制出需要的行数为止。然后可采用类似的方法，在表格中绘制竖线，直至完成表格的创建。

3. 用表格网格创建表格

使用表格网格适合创建行、列数较少，并具有规范的行高和列宽的简单表格。例如，要创建一个4行4列的表格，可将插入符置于要创建表格的位置，单击“插入”选项卡上“表格”组中的“表格”按钮，在显示的网格中移动鼠标指针选择4行4列，此时将在文档中显示表格的创建效果，如图3-53所示，最后单击鼠标即可创建表格。

图3-53 用表格网格创建表格

4. 在表格中输入内容

要在表格中输入内容，只需在表格中的相应单元格中单击鼠标，然后输入内容即可。也可以使用左、右方向键在单元格中移动插入符以确定插入符，然后输入内容。

5. 删除表格

删除表格的操作是：

① 单击表格中的任一单元格。

② 在出现的“表格工具”中选择“布局”，然后选择单击“删除表格”，如图3-54所示。

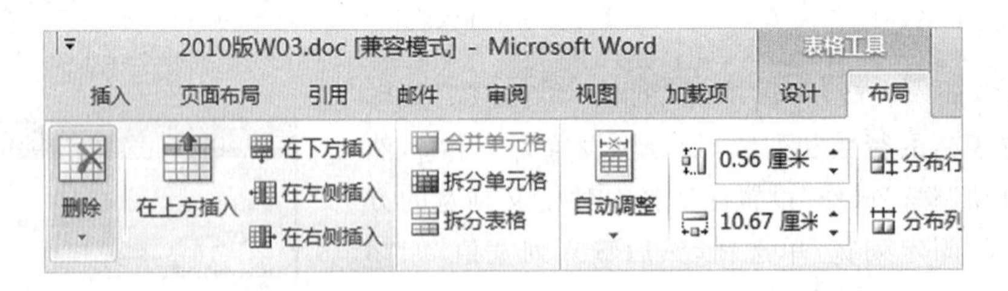

图3-54 删除表格

3.5.2 编辑表格

为满足用户在实际工作中的需要，Word 2010 提供了多种方法来修改已经创建的表格。例如，插入行、列或单元格，删除多余的行、列或单元格，合并或拆分单元格，以及调整单元格的行高和列宽等。对表格的大多数编辑操作，都是通过“表格工具布局”选项卡进行的，将插入符置于表格的任意单元格中，都将显示“表格工具”选项卡，此时单击“布局”选项卡标签可切换到该选项卡。

1. 选择单元格、行、列和表格

对表格的单元格、行、列、整个表格或表格内容进行编辑操作时，一般都需要先选中要操作的对象。

① 选中单个单元格(行)：将鼠标指针移到单元格左下角，待鼠标指针变成箭头形状后，单击鼠标可选中该单元格；双击则选中该单元格所在的一整行。

② 选择多个相邻的单元格：单击要选择的第一个单元格，将鼠标指针移至要选择的最后一个单元格，按下“Shift”键的同时单击鼠标左键。

③ 选中一整列：将鼠标指针移到该列顶端，待鼠标指针变成形状后，单击鼠标。

④ 选中多个不相邻单元格：按住“Ctrl”键的同时，依次选择要选取的单元格。

⑤ 选中整个表格：单击表格左上角的“表格位置控制点”按钮。

2. 插入行、列或单元格

当需要向已有的表格中添加新的记录或数据时，就需要向表格中插入行、列或单元格。

① 要插入行或列，可将插入符置于要添加行或列位置邻近的单元格中。单击“表格工具布局”选项卡上“行和列”组中的“在上方插入”按钮 或“在下方插入”按钮，可在插入符所在行的上方或下方插入空白行。

② 若单击“在左侧插入”按钮或“在右侧插入”按钮，可在插入符所在列的左侧或右侧插入一空白列。

③ 要插入单元格，可先确定插入符，然后单击“行和列”组右下角的对话框启动器按钮，打开“插入单元格”对话框。

④ 在对话框中选择一种插入方式，如“活动单元格右移”，单击“确定”按钮，即可在插入符所在单元格左侧插入一个空白单元格，新单元格右侧的所有单元格右移。

3. 删除单元格、列、行或表格

要删除单元格、列、行或表格，可将插入定位在相应单元格中，或选择好单元格区域、列或行，然后单击“表格工具布局”选项卡上“行和列”组中的“删除”按钮，展开如图 3-55 所示的列表，从中选择相应命令，即可删除单元格、列、行或表格。其操作方法如下：

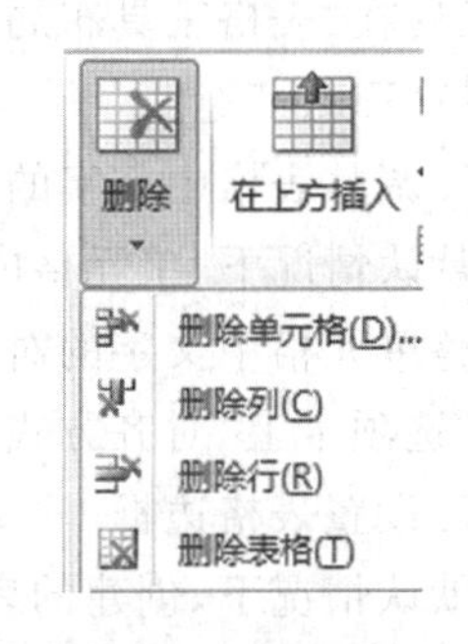

图 3-55　删除行列

① 将插入符定位在前面插入的单元格中，然后在“删除”下拉列表中选择“删除单元格”选项，在打开的对话框中选择“右侧单元格左移”单选钮，单击“确定”按钮，可将该单元格删除，同时右侧单元格左移。

删除单元格后，如果出现某些单元格列线没有对齐的情况，可将鼠标指针移至该列线处，然后按住鼠标左键并拖动进行调整；使用同样的方法调整其他没有对齐的单元格列线。

② 分别将插入符置于前面插入的空行和空列的任意单元格中，在“删除”列表中选择“删除行”或“删除列”选项，将它们删除。

4. 合并与拆分单元格或表格

制作复杂表格时，有可能会将多个单元格合并成一个单元格，或将选中的单元格拆分成等宽的多个小单元格，还可将表格进行拆分。

(1)合并单元格

要合并单元格，可选中要合并的两个或多个单元格，然后单击“表格工具布局”选项卡上“合并”组中的“合并单元格”按钮。

(2)拆分单元格

要拆分单元格，可选中要拆分的多个单元格，或将插入符置于要拆分的单元格中，然后单击“合并”组中的“拆分单元格”按钮，在打开的“拆分单元格”对话框中设置要拆分成的行、列数，单击“确定”按钮即可。

(3)拆分表格

若需要将一个表格拆分成两个表格，可将插入符置于要拆分为第二个表格的首行的任意单元格中，然后单击“合并”组中的“拆分表格”按钮即可。

5. 调整行高与列宽

在使用表格时，我们经常需要根据表格中的内容调整表格的行高和列宽。调整行高和列宽的方法主要有两种：一种是用鼠标拖曳；另一种是利用“单元格大小”组进行精确设置。

(1)使用鼠标拖曳

要调整列宽，可将鼠标指针置于要调整列宽的列线上，按住鼠标左键向右或左拖动，在合适的位置释放鼠标左键即可。

要调整行高，可将鼠标指针置于要调整行高的行边线上，按住鼠标左键向下或向上拖动，在合适的位置释放鼠标左键即可。

(2)利用“单元格大小”组

要精确调整行高和列宽值，可在表格的任意单元格中单击或选中要调整的多行或多列，然后在“表格工具布局”选项卡上“单元格大小”组的“高度”或“宽度”编辑框中输入数值并按“Enter”键。

6. 调整表格中文字的对齐方式

默认情况下，单元格内文本的水平对齐方式为两端对齐，垂直对齐方式为顶端对齐。要调整单元格中文字的对齐方式，可首先选中单元格、行、列或表格，然后单击“表格工具布局”选项卡上“对齐方式”组中的相应按钮。

7. 设置表格边框

默认情况下，创建的表格边线是黑色的单实线，无填充色。除了可以利用表格样式快速美化表格外，还可自行为选择的单元格或表格设置不同的边线和填充风格。

① 选中要添加边框的表格或单元格，这里选中整个表格。分别单击“表格工具设计”选项卡“绘图边框”组中的“笔样式”“笔画粗细”和“笔颜色”下拉列表框右侧的三角按钮，从弹出的列表中选择边框的样式、粗细和颜色，如图 3-56 所示。

② 单击“表格样式”组“边框”按钮右侧的三角按钮，在展开的列表中选择要设置的边框，如“外侧框线”，为所选单元格区域添加外边框。

③ 保持表格的选中状态，在“笔样式”“笔画粗细”和“笔颜色”下拉列表框重新选择边框样式和粗细，然后在“边框”下拉列表中选择“内部框线”，为所选单元格区域添加内边框，完成边框的设置。

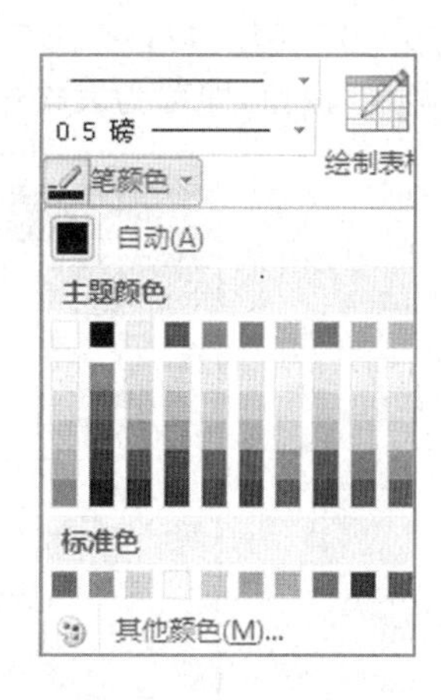

图 3－56　设计绘图边框

8. 设置底纹

为强调某些单元格中的内容，可为该单元格设置底纹。

选中要添加底纹的单元格；单击“表格工具设计”选项卡上“表格样式”组中的“底纹”按钮右侧的三角按钮，在展开的列表中选择一种底纹颜色，如橙色，如图 3－57 所示。

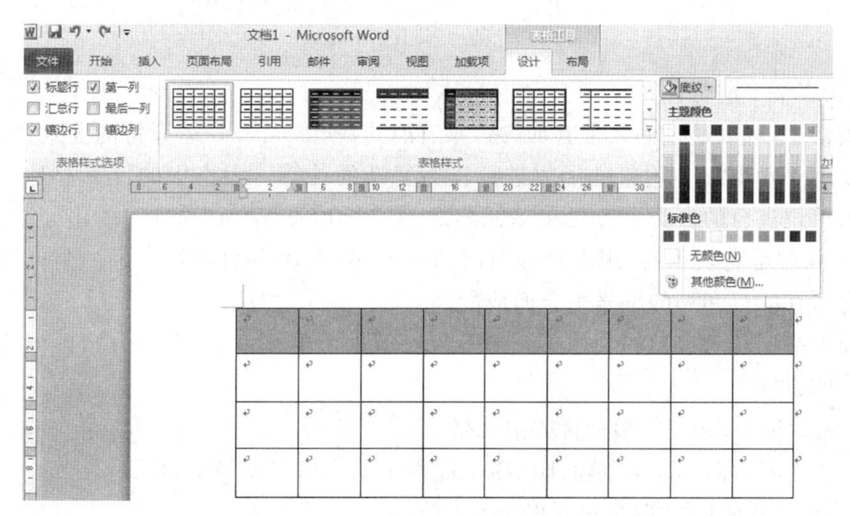

图 3－57　设置单元格底纹

9. 为表格中的数据排序

在 Word 2010 中，可以按照递增或递减的顺序将表格内容按笔画、数字、拼音或日期等进行排序，具体操作如下：

① 将插入符置于表格任意单元格中，然后单击“表格工具布局”选项卡上“数据”组中的“排序”按钮，如图 3－58 所示，打开“排序”对话框。

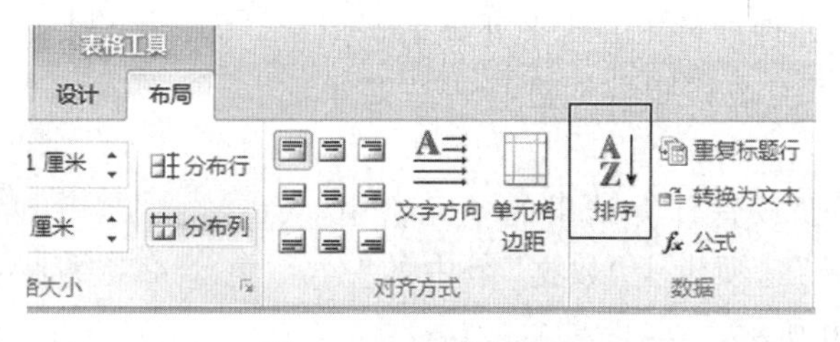

图 3－58　给数据排序

② 在“排序”对话框的“主要关键字”下拉列表中选择排序依据(即参与排序的列),单击“确定”按钮,即可为表格中的数据排序,如图 3-59 所示。

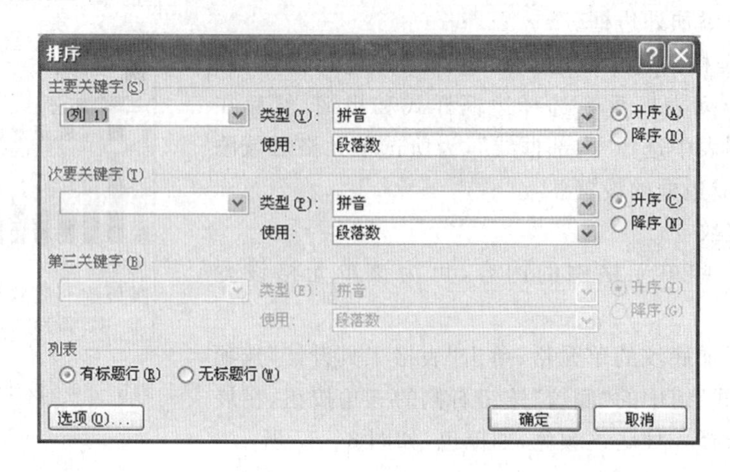

图 3-59 “排序”对话框

10. 在表格中进行计算

在表格中,可以通过输入带有加、减、乘、除(+、-、*、/)等运算符的公式进行计算,也可以使用 Word 2010 附带的函数进行较为复杂的计算。表格中的计算都是以单元格或区域为单位进行的。为了方便在单元格之间进行运算,Word 2010 中用英文字母“A,B,C……”从左至右表示列,用正整数“1,2,3……”自上而下表示行。每一个单元格的名字则由它所在的行和列的编号组合而成的。

下面列举了几个典型的利用单元格参数表示一个单元格、一个单元格区域或一整行(一整列)的方法。

A1:表示位于第一列、第一行的单元格。

A1-B3:表示由 Al、A2、A3、B1、B2、B3 六个单元格组成的矩形区域。

A1,B3:表示 Al、B3 两个单元格。

1:1:表示整个第一行。

E:E:表示整个第五列。

SUM(Al:A4):表示求 A1+A2+A3+A4 的值。

Average (1:1,2:2):表示求第一行与第二行的和的平均值。

(1)应用公式进行计算

通常情况下,当需要进行计算的数据量很大时,是需要使用专业处理软件 Excel 来处理的。但 Word 2010 也提供了对表格中数据进行一些简单运算的功能。

① 插入符置于要放置计算结果的单元格中,单击“表格工具布局”选项卡上“数据”组中的“公式”按钮,如图 3-60 所示。

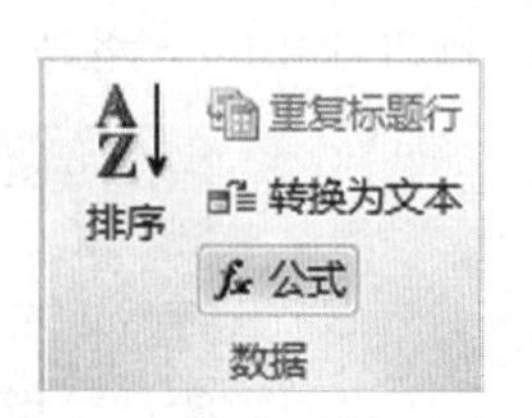

图 3-60 “数据”组中的“公式”按钮

② 打开"公式"对话框,此时在"公式"编辑框中已经显示出了所需的公式,该公式表示对插入符所在位置上方的所有单元格数据求和,单击"确定"按钮即可得出计算结果。

(2)计算结果的更新

由于表格中的运算结果是以域的形式插入到表格中的,所以当参与运算的单元格数据发生变化时,公式也可以快速更新计算结果,用户只需将插入符放置在运算结果的单元格中,并单击运算结果,然后按"F9"键即可。

在 Word 2010 公式中,提供的参数除了 ABOVE 外,还有 RIGHT 和 LEFT。RIGHT 表示计算插入符右侧所有单元格数值的和;LEFT 表示计算插入符左侧所有单元格数值的和。若要对数据进行其他运算,可删除"公式"编辑框中"="以外的内容,然后从"粘贴函数"下拉列表框中选择所需的函数,如"AVERAGE"(表示求平均值的函数),最后在函数右侧的括号内输入要运算的参数值。例如,输入"=AVERAGE(A1:A4)",表示计算 Al 至 A4 单元格区域数据的平均值;输入"=AVERAGE(RIGHT)",表示计算插入符右侧所有单元格数值的平均值。

在删除"公式"编辑框中"="以外的内容后,也可以直接输入要参与计算的单元格名称和运算符进行计算。例如,输入"= A1 * A4+B5",表示计算 A1 乘 A4 单元格,再加 B5 单元格的值。

11. 文本和表格之间的相互转换

(1)表格转换成文本

在 word 2010 中,用户可以将表格中的文本转换为由逗号、制表符或其他指定字符分隔的普通文字。要将表格转换成文本,只需在表格中的任意单元格中单击,然后单击"表格工具布局"选项卡上"数据"组中的"转换为文本"按钮,打开"表格转换成文本"对话框,在其中选择一种文字分隔符,单击"确定"按钮即可。

(2)文本转换为表格

在 Word 2010 中,可以将用段落标记、逗号、制表符或其他特定字符隔开的文本转换成表格。要将文本转换为表格,具体操作步骤如下:

① 选中要转换成表格的文本,单击"插入"选项卡上的"表格"按钮,在展开的列表中选择"文本转换成表格"项,如图 3-61 所示。

图 3-61　"文本转换成表格"项

② 在打开的"将文字转换成表格"对话框中选择分隔符,然后单击"确定"按钮,即可将所选文本转换成表格,如图 3-62 所示。

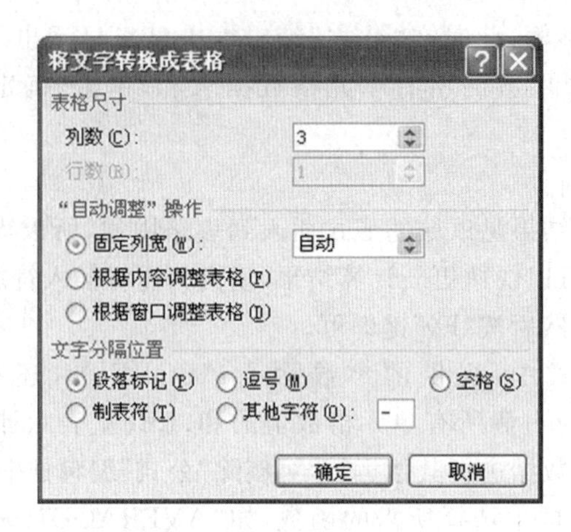

图 3－62　文字转换成表格对话框

3.6　Word 2010 文档高级编排

3.6.1　应用样式

样式是一系列格式的集合，是 Word 2010 中最强有力的工具之一，使用它可以快速统一或更新文档的格式。如一旦修改了某个样式，所有应用该样式的内容格式会自动更新。另外，利用样式还可辅助提取目录。

① 要创建样式，可将插入符置于要应用该样式的任一段落中，然后单击“开始”功能区的“样式”组右下角的对话框启动器按钮，如图 3－63 所示。打开“样式”任务窗格“样式”对话框如图3－64 所示。

图 3－63　“样式”对话框

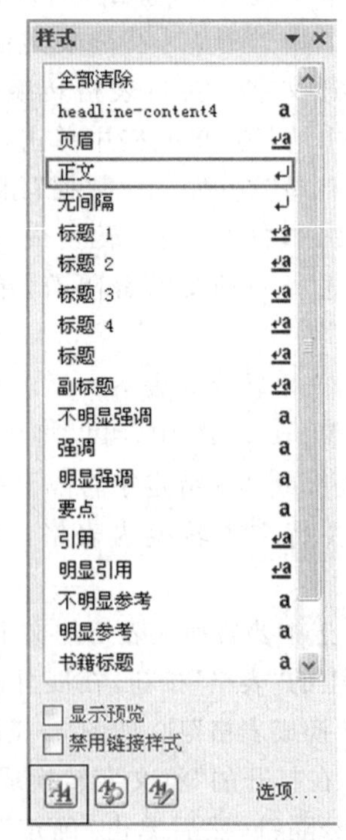

图 3－64　“样式”对话框

② 单击窗格左下角的“新建样式”按钮，打开“根据格式设置创建新样式”对话框，如图 3－65 所示，在“名称”编辑框中输入新样式名称，如“项目”；在“样式类型”下拉列表中选择样式类型，如“段落”；在“样式基准”下拉列表中选择一个作为创建基准的样式，表示新样式中未定义的段落格式与字符格式均与其相同；在“后续段落样式”下拉列表框中设置应用该样式的段落后面新建段落的缺省样式，如“正文”；在“格式”设置区中设置样式的字符格式，如将“字体”设置为“宋体”，字号设置为“小四”。

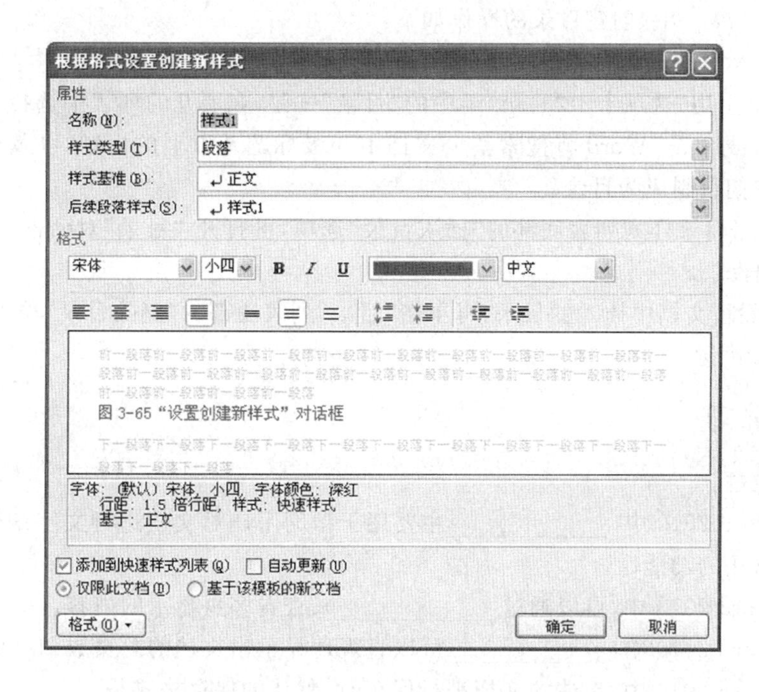

图 3-65　“设置创建新样式”对话框

③ 单击对话框左下角的“格式”按钮，在展开的列表中选择“段落”项，如图 3-66 所示，打开“段落”对话框。

④ 在“段落”对话框中设置样式的段落格式。例如，将段前和段后间距都设置为“0.5 行”。

⑤ 单击“确定”按钮，返回“根据格式设置创建新样式”对话框，在该对话框的预览框中可以看到新建样式的效果，其下方列出了该样式所包含的格式。

⑥ 单击“确定”按钮关闭“根据格式设置创建新样式”对话框，此时在“样式”任务窗格和“样式”组中都将显示新创建的样式“项目”。

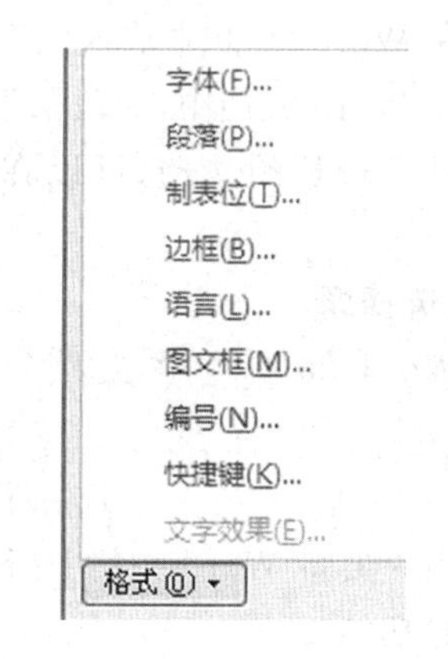

图 3-66　打开“样式”中段落对话框

3.6.2　编制目录

Word 具有自动创建目录的功能，但在创建目录之前，需要先为要提取为目录的标题设置标题级别(不能设置为正文级别)，并且为文档添加页码。在 Word 2010 中，主要有以下三种设置标题级别的方法：

1. 利用大纲视图设置

2. 应用系统内置的标题样式

3. 在“段落”对话框的“大纲级别”下拉列表中选择

在 Word 2010 中,创建目录的操作如下:

① 将插入符置于文档中要放置目录的位置。

② 单击“引用”选项卡上“目录”组中的“目录”按钮,在展开的列表中选择一种目录样式,如“自动目录 1”。Word 将搜索整个文档中 3 级标题及以上的标题,以及标题所在的页码,并把它们编制成为目录。

③ 若单击目录样式列表底部的“插入目录”选项,可打开“目录”对话框,在其中可自定义目录的样式。

若要删除在文档中插入的目录,可单击“目录”列表底部的“删除目录”项,或者选中目录后按“Delete”键。

思考与练习

一、填空题

1. 在 Word 2010 中,__________主要用于帮助用户对文档进行文字编辑和格式设置,是用户常用的功能区。

2. 在 Word 2010 中,可以通过__________来查看多页显示的内容。

3. 在 Word 2010 中,__________可以直观地显示出文档的总页数和字数。

4. 在 Word 2010 中,新建的文档进行保存时,默认的保存格式是__________。

5. 选定整个的 Word 文档最快捷的方法是按快捷键__________。

6. 在 Word 2010 中输入汉字时,段落标记是在输入__________键之后产生的。

7. 在 Word 文档中,为段落设置间距时,段前间距是指__________。

8. 对于较长的文档,可以在文档中插入__________,类似文章的纲要,方便用户查阅。

二、选择题

1. Word 2010 中在文档行首空白处(文本选定区)双击鼠标左键,结果会选择__________。

A. 一句话　　B. 一行　　C. 一段　　D. 文档的全文

2. 用户要将 Word 文档中所选定的文本进行复制时,可以使用快捷键__________来完成此功能。

A. Ctrl＋A　　B. Ctrl＋X　　C. Ctrl＋C　　D. Ctrl＋V

3. 只有以__________视图方式可以显示出页眉、页脚。

A. 普通　　B. 页面　　C. 大纲　　D. 全屏幕

4. 在 Word 2010 中,下列不属于字符格式化的操作是__________。

A. 设置字体为斜体　　B. 设置页边距　　C. 设置字体颜色　　D. 设置字体带下划线

5. “页面设置”对话框中,不能进行__________设置。

A. 页边距　　B. 纸张大小　　C. 自定义纸张大小　　D. 段前段后间距

6. 在 Word 文档中,文本框__________。

A. 不能与文字进行混排　　B. 可以进行旋转

C. 可以浮于文字上方表示　　D. 随着框内文本内容的增多而增大

7. 在 Word 2010 中，对图片不能__________。

A. 添加边框　　B. 裁剪　　C. 添加文字　　D. 添加底纹

8. 在 Word 2010 中，对表格可以进行的操作不包括__________。

A. 编辑表格　　B. 格式化表格　　C. 创建表格　　D. 表格转换成图片

9. 在 Word 2010 中，进行表格单元格合并之前，可以先__________单元格然后再进行操作。

A. 复制　　B. 选定　　C. 删除　　D. 剪切

10. 在 Word 2010 中，进行样式设置时，通常不包含__________。

A. 表格样式　　B. 段落样式　　C. 字符样式　　D. 图表样式

第4章　表格处理软件 Excel 2010

中文 Excel 2010 是美国 Microsoft 公司出品的办公自动化软件 Office 中的重要成员，主要功能是制作各种电子表格。它可用公式对数据进行复杂的运算，并将数据以各种统计图表的形式表现出来，直至可以进行数据分析，与前面介绍的中文 Word 2010 一样，已成为广大计算机用户普遍欢迎的软件。

4.1　Excel 2010 基本知识

4.1.1　中文 Excel 2010 的启动与退出

1. 启动

启动中文 Excel 2010 方法与启动中文 Word 2010 相似，有多种方法可选择：

(1)单击“开始”按钮，在“程序”选项的子菜单中单击“Microsoft Excel”选项

(2)双击桌面上的“Excel 2010”的快捷图标

(3)单击“开始”按钮，选择“运行”，在弹出的对话框中键入启动“Excel 2010”的命令行

(4)双击中文 Excel 2010 的编辑文件，系统会先启动 Excel 再打开该文件

启动后可得到如图 4－1 所示的窗口，与 Word 启动后得到的界面有所不同，Word 的编辑区是空白，而 Excel 的编辑区是一个很大的表格。还有一个本质的区别，Word 的编辑窗口就是一个文件的编辑界面，而 Excel 的编辑窗口是一个 Excel 文档中的其中一个工作表的编辑界面。

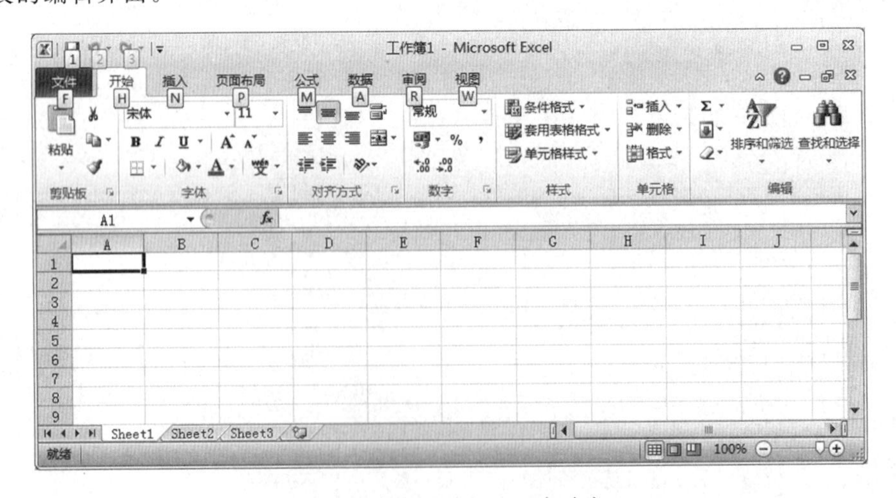

图 4－1　中文 Excel 2010 启动窗口

2. 退出

退出 Excel 2010 的方法也有几种：

(1)打开“文件”菜单，单击“退出”命令

(2)单击中文 Excel 2010 窗口左上角的控制菜单图标，在下拉菜单中单击“关闭”

(3)双击中文 Excel 2010 窗口左上角的控制菜单图标

(4)按“Alt+F4”键

退出 Excel 2010 时，如果文件还没保存，Excel 会显示一个对话框，提示是否保存文件，如图 4-2 所示。

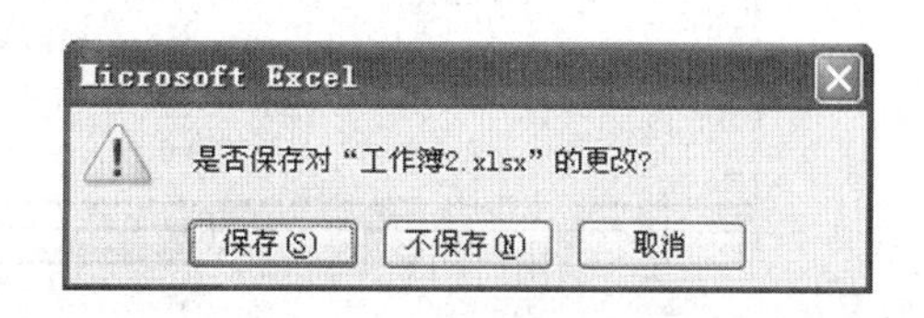

图 4-2　提示“保存”对话框

退出时，如果文件还没命名，还会出现“另存为”对话框，用户在此框中键入新名字后单击“保存”按钮即可。

4.1.2　中文 Excel 2010 的名词解释

工作簿：Excel 2010 中用于储存数据的文件就是工作簿，其扩展名为“. xlsx”，启动 Excel 2010 后系统会自动生成一个工作簿。

工作表：是显示在工作簿中由单元格、行号、列标以及工作表标签组成的表格。行号显示在工作表的左侧，依次用数字 1、2……1048576 表示；列标显示在工作表上方，依次用字母 A、B……XFD 表示。默认情况下，一个工作簿包括 3 个工作表，用户可根据实际需要添加或删除工作表。

编辑栏：主要用于显示、输入和修改活动单元格中的数据。在工作表的某个单元格输入数据时，编辑栏会同步显示输入的内容。

工作表标签：工作表是通过工作表标签来标识的，单击不同的工作表标签可在工作表之间进行切换。

名称框：主要是用于指定当前选定的单元格、图表项或绘图对象。

单元格与活动单元格：是电子表格中最小的组成单位。工作表编辑区中每一个长方形的小格就是一个单元格，每一个单元格都用其所在的单元格地址来标识，并显示在名称框中，如 C3 单元格表示位于第 C 列第 3 行的单元格。工作表中被黑色边框包围的单元格被称为当前单元格或活动单元格，用户只能对活动单元格进行操作。

4.1.3　Excel 2010 的窗口组成

启动 Excel 2010 后进入如图 4-3 所示的窗口，下面结合该窗口介绍其窗口组成。

标题栏：显示正在编辑的工作表的文件名以及所使用的软件名。

“文件”选项卡：使用基本命令(如“新建”“打开”“另存为”“打印”和“关闭”)时单击此按钮。

快速访问工具栏：常用命令，如“保存”和“撤消”位于此处。也可以添加自己的常用命令。

功能区：工作时需要用到的命令位于此处。它与其他软件中的“菜单”或“工具栏”相同。

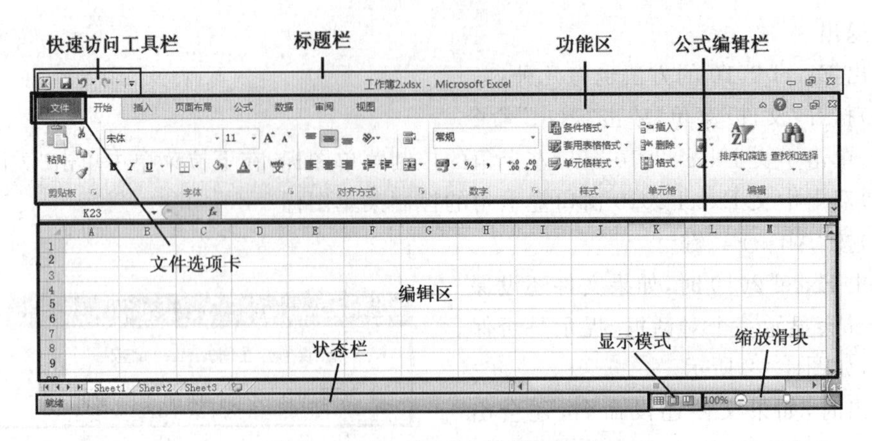

图 4-3 Excel 2010 的窗口组成

编辑窗口:显示正在编辑的工作表。工作表由行和列组成。可以输入或编辑数据。工作表中的方形称为"单元格"。

显示按钮:可以根据自己的要求更改正在编辑的工作表的显示模式。

滚动条:可以更改正在编辑的工作表的显示位置。

缩放滑块:可以更改正在编辑的工作表的缩放设置。

状态栏:显示正在编辑的工作表的相关信息。

4.2 中文 Excel 2010 的基本操作

4.2.1 新建一个工作簿文件

启动 Excel 2010,系统自动产生一个名为 Book 1 的新工作簿。如果需要再建立一个新的工作簿,可单击"文件"菜单中的"新建"命令,如图 4-4 所示。新建的工作簿将自动取名为 Book 2、Book 3 等。当文件第一次存盘时,系统会让用户为该文件自行命名。

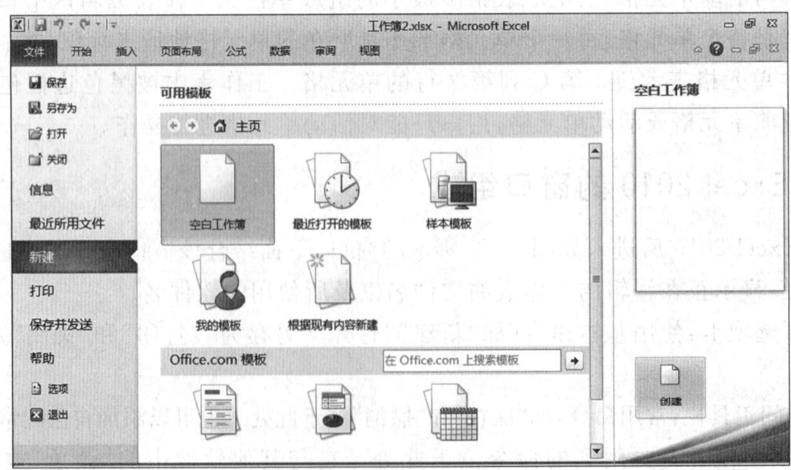

图 4-4 新建工作簿

4.2.2　输入数据

在 Excel 2010 中，数据分为文本型数据和数值型数据两大类。文本型数据主要用于描述事物，而数值型数据主要用于数学运算。它们的输入方法和格式各不相同。

1. 输入文本型数据

文本型数据是指由汉字、英文或数字组成的文本串，如“姓名”“szxy”等都属于文本型数据。单击要输入文本的单元格，然后直接输入文本内容，输入的内容会同时显示在编辑栏中，也可单击单元格后在编辑栏中输入数据。

① 单击要输入文本的单元格，然后直接输入文本内容，输入的内容会同时显示在编辑栏中，如图 4－5(a)所示，也可单击单元格后在编辑栏中输入数据。

② 输入完毕，按“Enter”键或单击编辑栏中的“输入”按钮确认输入，结果如图 4－5(b)所示。

③ 当输入的文本型数据的长度超出单元格的长度时，如果当前单元格右侧的单元格为空，则文本型数据会扩展显示到其右侧的单元格中。

④ 如果当前单元格右侧的单元格中有内容，则超出部分会被隐藏，如图 4－6 所示。此时单击该单元格，可在编辑栏中查看其全部内容。

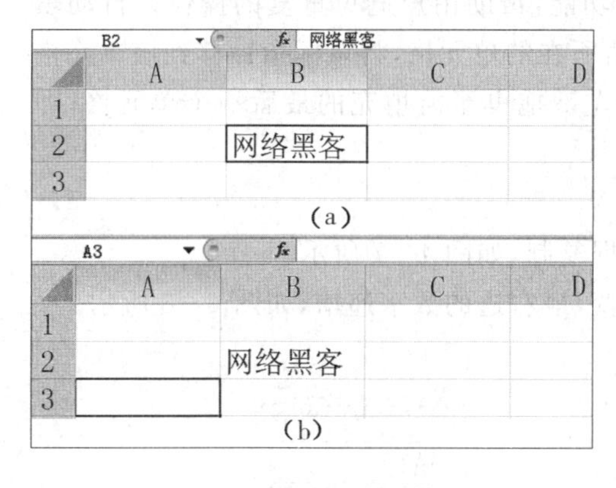

图 4－5　输入文本型数据

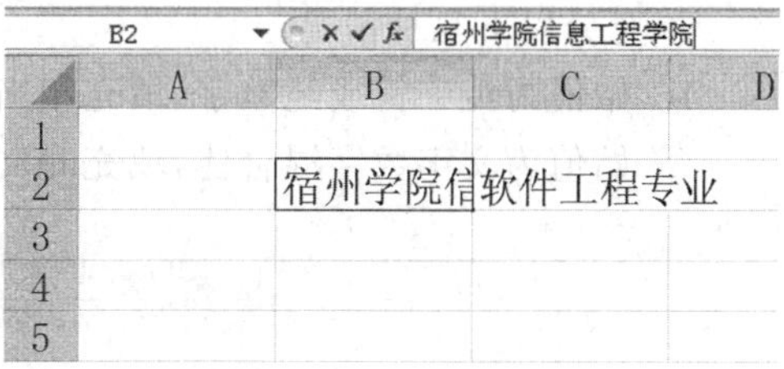

图 4－6　编辑栏查看隐藏文本

2. 输入数值型数据

在 Excel 2010 中，数值型数据包括数值、日期和时间，它是使用最多，也是最为复杂的数据类型，一般由数字 0～9、正号、负号、小数点、分数号“/”、百分号“%”、指数符号“E”或“e”、货币符号“$”或“¥”和千位分隔符“,”等组成。

在输入过程中，使用 Tab 键进入下一列；使用 Enter 键或单击公式编辑栏左侧的“输入”按钮，光标定位到下一行。取消输入使用 Esc 键或单击公式编辑栏左侧的“取消”按钮。在实际应用中，待输入的数据可能有多种类型。有效的数字输入为：数字 0～9、表示负号的“－”或括号“( )”、小数点“.”、表示千分位的逗号“,”、货币符号和百分号等。如果输入数字后，单元格中显示的是“＃＃＃＃＃＃”，或用科学计数法表示如：1.2+04，表示当前的单元格宽度不够，可以拖动列表头中该列的右边界到所需位置即可。同样，可以拖动行标头中该行的下边界到所需位置，来改变单元格高度。数值型数据输入后默认是右对齐，文本型数据默认是左对齐。需注意如果希望数字符号输入后做文本型数据，可用如下方法：先输入单引号，再输入数字符号。

无论数据在单元格中如何显示，单元格中存储的依旧是用户输入的数据，通过编辑栏便可以看到这一点。其他一些特殊数据类型的输入方法如下：

输入负数：如果要输入负数，必须在数字前加一个负号“－”，或在数字两端添加圆括号。例如输入“－10”或“(10)”，都可以在单元格中得到－10。

输入分数：分数的格式通常为“分子/分母”，如果要在单元格中输入分数，如 3/10，应先输入“0”和一个空格，然后再输入“3/10”，单击编辑栏上的“输入”按钮后单元格中显示“3/10”，编辑栏中则显示“0.3”；如果不输入“0”直接输入“3/10”，Excel 会将该数据作为日期格式处理，显示为“3 月 10 日”。

输入日期和时间：在 Excel 2010 中，可使用斜杠“/”或者“—”来分隔日期中的年、月、日部分。如输入“2014 年 1 月 8 日”，可在单元格中输入“2014/1/8”或者“2014—1—8”。如省略年份，则系统以当前的年份作为默认值，显示在编辑栏中。

3. 数据输入技巧

(1)填充序列

Excel 为方便用户，提供了许多自动填充的功能，帮助用户避免重复的操作。自动填充是根据初始值决定以后的填充项，选中初始值所在的单元格，将鼠标指针移到该单元格的右下角，指针变成十字形(填充柄)，按下鼠标左键拖曳至需填充的最后一个单元格，即可完成自动填充。

填充分以下几种情况：

① 始值为纯字符或纯数字，填充相当于数据复制，如图 4－7 所示。

② 始值为文字数字混合体，填充时文字不变，最右边的数字递增，如图 4－8 所示。

B7 ▾ fx 信息

	A	B
7	1	信息
8	1	信息
9	1	信息
10	1	信息
11	1	信息
12		

图 4－7 纯字符或纯数字填充

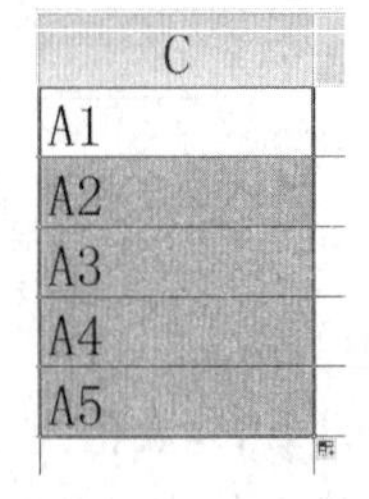

图 4－8 混合填充

③ 始值为 Excel 预设或用户自定义的自动填充序列中的一员，按预设序列填充，如图 4－9 所示。

对于一些常用的序列，用户可将其事先定义好，以后要输入这些序列时，只需要将序列中的任一项输入到单元格，然后选定此单元格，并拖动填充柄，就可以将序列的剩余部分自动填充到表中。欲自定义序列，在 Excel 2010 中，“编辑自定义列表”可以在菜单“文件→选项→高级→常规”中找到该按钮，如图 4－10 所示。

	A	B	C	D	E	F	G	H
15								
16	正月							
17	二月	星期一	星期二	星期三	星期四	星期五	星期六	星期日
18	三月							
19	四月	SUN	MON	TUE	WED	THU	FRI	SAT
20	五月							
21	六月	January	February	March	April	May	June	July
22	七月							
23	八月							
24	九月							
25	十月							
26	十一月							
27	腊月							

图 4－9　预设填充

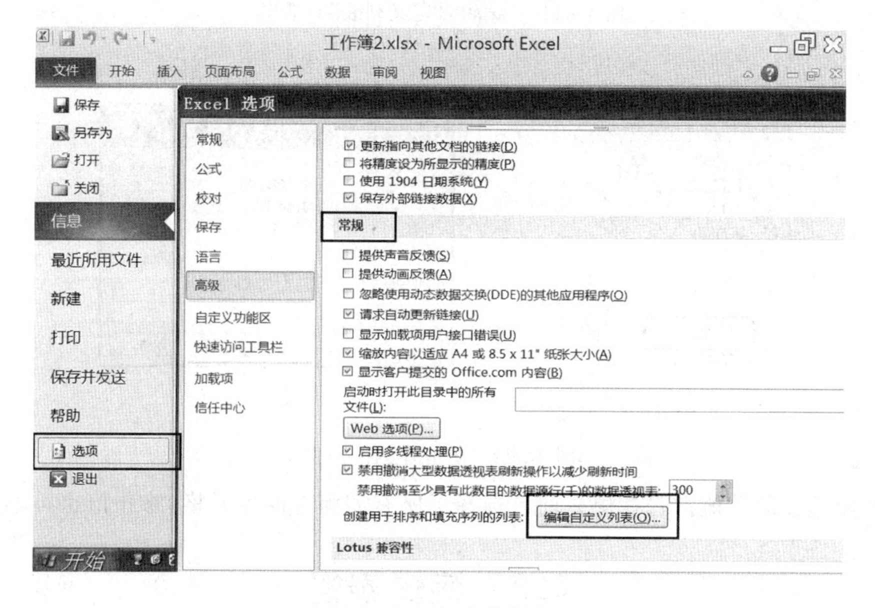

图 4－10　自定义序列

点击“编辑自定义列表”打开对话框，如图 4－11 所示，在对话框中输入自定义序列时，可输入一项再按回车键，也可在同一行上输入多个数据项，但中间一定用英文的逗号分隔。

(2)产生一个序列

用拖动填充柄的方式填充的序列往往是等差序列，用菜单命令可产生等比序列。方法：首先在单元格中输入初始值并回车；然后鼠标单击选中该单元格，选择“编辑”菜单中的“填充”命令，如图 4－12(a)所示，从级联菜单中选择“系列”命令，出现如图 4－12(b)所示的对话框。

① “序列产生在”指示按行或列方向填充。

② “类型”选择序列类型，如果选日期，还得选“日期单位”。

③ “步长值”可输入等差、等比序列递增、相乘的数值，“终止值”可输入一个序列终

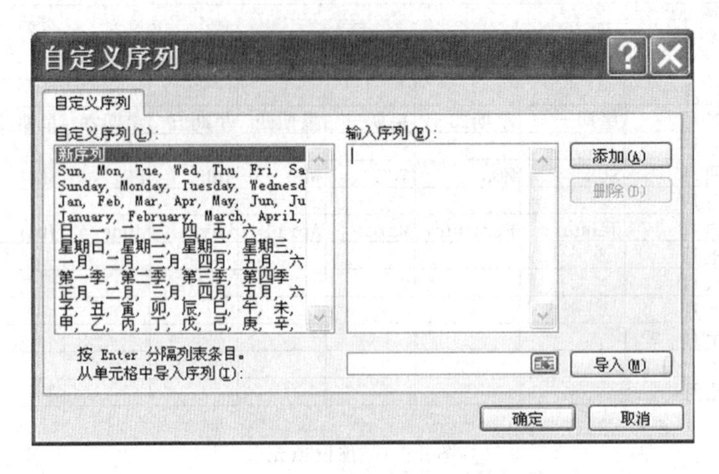

图 4-11 “编辑自定义列表”对话框

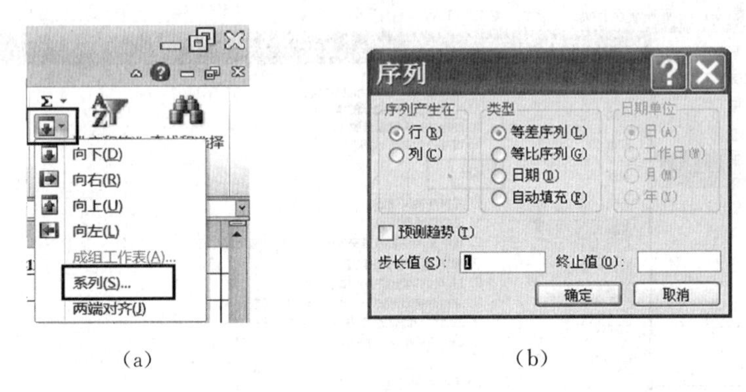

(a) (b)

图 4-12 填充序列的产生

值,即不能超过的数值。若在填充前已选择了所有需填充的单元格,终止值也可不输入。

4.3 编辑表格

在 Excel 2010 中,一个工作簿可以包含多张工作表,我们可以根据需要对工作表以及行、列、单元格等进行添加、删除、移动、复制和重命名等操作,还可将多个工作表设为工作表组,以及对大型工作表进行拆分和冻结,方便查看数据。

4.3.1 选定单元格、行、列或工作表

在进行编辑操作前,首先要将编辑内容选定。选定的方法有:

① 要选择单个单元格,可将鼠标指针移至要选择的单元格上后单击;或在工作表左上角的名称框中输入单元格地址,然后按下“Enter”键,可选中与该地址相对应的单元格。

② 要选择相邻的单元格区域,可按下鼠标左键拖过想要选择的单元格,然后释放鼠标;或单击要选择区域的第一个单元格,然后在按住“Shift”键的同时单击要选择区域的最后一个单元格,即可选择它们之间的多个单元格。

③ 要选择不相邻的多个单元格或单元格区域，应首先选择第一个单元格或单元格区域，然后在按住“Ctrl”键的同时选择其他单元格或单元格区域。

④ 要选择工作表中的一整行或一整列，可将鼠标指针移到该行左侧的行号或该列顶端的列标上方，当鼠标指针变成向右或向下的黑色箭头形状时单击即可，参考同时选择多个单元格的方法，可同时选择多行或多列。

⑤ 要选择当前工作表中的所有单元格，可按“Ctrl＋A”组合键或单击工作表左上角行号与列标交叉处的“全选”按钮。

⑥ 选定工作表。单击工作表标签可选定工作表，若选多个可分两种情况：连续和不连续的。其方法与在 Windows 下选定文件一样。如同时选中多个工作表时，在当前工作簿的标题栏中将出现“工作组”字样，表示选中的工作表已成为一个“工作组”，如图 4－13 所示。此时，用户可在所选多个工作表的相同位置一次性输入或编辑相同的内容。

图 4－13　同时选定多张工作表

4.3.2　插入、重命名和删除

1. 插入

要在已建好的工作表的指定位置添加新的内容，就需要插入行、列或单元格。

插入行：要在工作表某单元格上方插入一行，可选中该单元格，单击“开始”选项卡上“单元格”组中的“插入”按钮右侧的小三角按钮，在展开的列表中选择“插入工作表行”选项，即可在当前位置上方插入一个空行，原有的行自动下移。

插入列：要在工作表的某单元格左侧插入一列，只需选中该单元格，然后在“插入”列表中选择“插入工作表列”选项即可，此时原有的列自动右移。

插入单元格：可选中要插入单元格的位置，然后在“插入”列表中选择“插入单元格”项。在打开的“插入”对话框中选择原单元格的移动方向，例如选择“活动单元格下移”单选钮，单击“确定”按钮后即可。

默认情况下，新建的工作簿包含 3 张工作表，可根据实际需要在工作簿中插入工作表，或将不需要的工作表删除，还可重命名工作表等。

插入工作表的方法有以下两种：

(1)利用“插入”列表

单击要在其左侧插入工作表的工作表标签。

单击“开始”选项卡上“单元格”组中“插入”按钮右侧的三角按钮。

在展开的列表中选择“插入工作表”选项，即可在所选工作表的左侧插入一个新的工作表，如图 4－14所示。

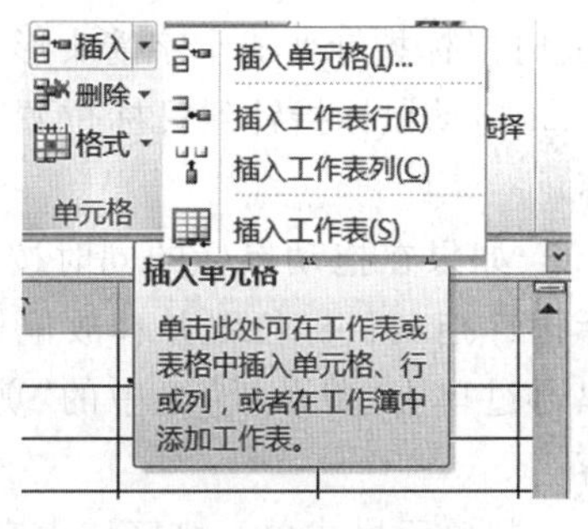

图 4－14　插入工作表

(2)利用按钮插入工作表

如在现有工作表的末尾插入工作表,可直接单击工作表标签右侧的“插入工作表”按钮,如图 4-15 所示。

2. 重命名

默认情况下,工作表名称是以“Sheetl”“Sheet2”“Sheet3”……的方式显示,为了使工作表的名称更明确,更能体现工作表中数据的内容,可以对工作表重新命名。重命名工作表方法如下:

① 用鼠标左键双击要命名的工作表标签,此时该工作表标签呈高亮显示,处于可编辑状态,输入工作表名称,然后单击除该标签以外工作表的任意处或按“Enter”键即可重命名工作表。

② 用鼠标右键单击工作表标签,从弹出的快捷菜单中选择“重命名”的选项,可对该工作表快速执行重命名的操作。

3. 删除

选中要删除的行、列、单元格或工作表标签,然后单击“开始”选项卡上“单元格”组中“删除”按钮右侧的小三角按钮,在展开的列表中选择相应的选项,打开提示对话框,单击“删除”按钮即可删除所选内容,如图 4-16 所示。

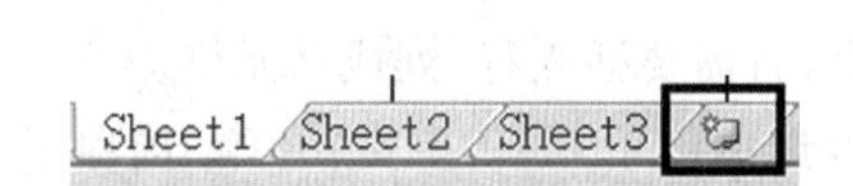

图 4-15 利用按钮插入工作表

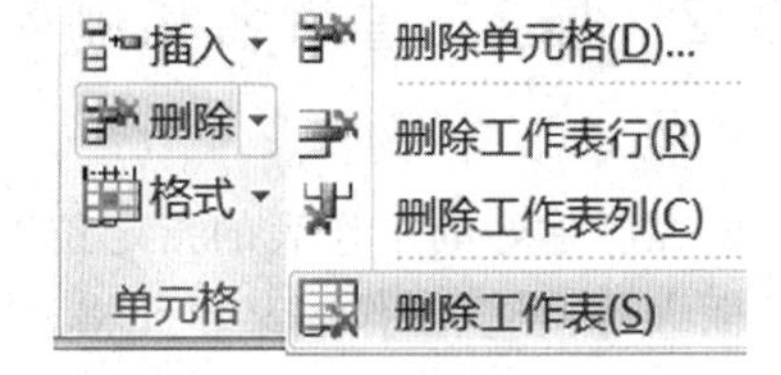

图 4-16 删除行、列、单元格或工作表

选定单元格、行或列,使用鼠标右键弹出的菜单,也可以实现插入和删除操作。

4.3.3 移动和复制

Excel 2010 提供了多种移动或复制单元格内容的方法,下面将分别介绍。

(1)使用拖动方式

要使用拖动方式来移动或复制单元格内容,具体操作如下:

① 选中要移动的单元格或单元格区域,然后将鼠标指针移至单元格或单元格区域边缘,此时鼠标指针变成十字箭头形状,按下鼠标左键,此时鼠标指针呈箭头形状。

② 拖动鼠标指针到目标位置后释放鼠标左键,即可移动单元格或单元格区域中的内容。

③ 如果在拖动鼠标的同时按下“Ctrl”键,鼠标指针会变为箭头和一个“+”形状,将鼠标指针拖到目标位置并释放鼠标后,可复制单元格或单元格区域中的内容。用户也可以通过单击“剪贴板”组中的“剪切”“复制”和“粘贴”按钮来移动和复制单元格中的内容。

复制单元格或单元格区域内容时,若目标单元格或单元格区域中有数据,这些数据将被替换。此外，如果移动或复制的单元格中包含公式，那么这些公式会自动调整，以适应新位置。

(2)使用插入方式

如果目标单元格区域中已存在数据，需要在复制数据的同时调整目标区域已存在数据的单元格位置，此时可以使用插入方式来复制数据。

选中要复制的单元格或单元格区域，然后按快捷键“Ctrl＋C”，将单元格中的数据复制到剪贴板中。

选中待复制的目标区域左上角的单元格，然后单击“开始”选项卡上“单元格”组中“插入”按钮右侧的小三角按钮，在弹出的下拉列表中选择“插入复制的单元格”选项，如图 4－17所示。在打开的“插入粘贴”对话框中，可根据需要选择原单元格中内容的移动方向，例如选择“活动单元格下移”单选钮，如图 4－18 所示。单击“确定”按钮，即可将原有单元格中的内容向下移动，并将“剪贴板”中的数据粘贴到目标单元格。

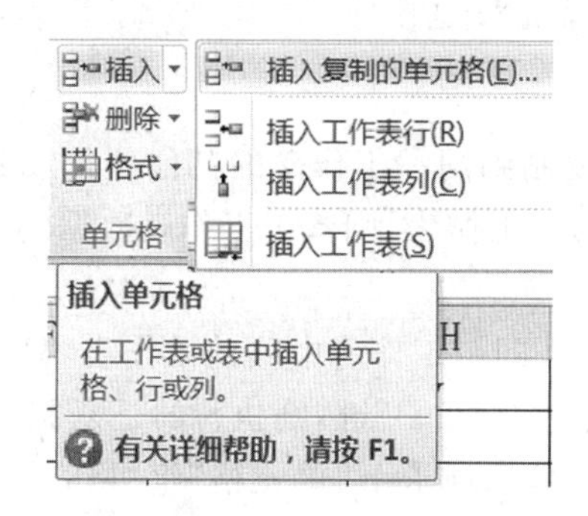

图 4－17　插入复制的单元格

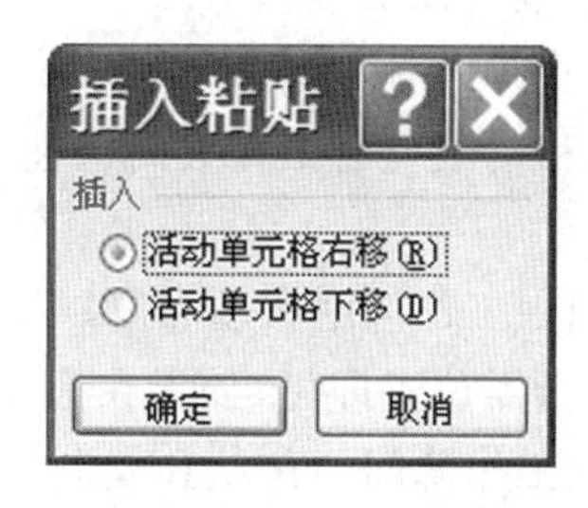

图 4－18　插入粘贴命令

(3)使用选择性粘贴

在复制单元格或单元格区域时，有时需要以特定方式粘贴内容或只粘贴其中的部分内容，此时可以使用 Excel 提供的选择性粘贴功能。

选中要复制或移动的单元格或单元格区域，然后按“Ctrl＋C”(或“Ctrl＋X”)组合键，将所选单元格中的数据复制(或剪切)到剪贴板中，然后选中目标区域左上角的单元格。

单击“剪贴板”组中“粘贴”按钮下方的小三角按钮，在展开的列表中选择一种粘贴方式，如选择“转置”选项，可粘贴单元格并将原单元格中的行列进行转置，如图 4－19 所示。

若在“粘贴”列表中选择“选择性粘贴”选项，可打开“选择性粘贴”对话框，如图 4－20 所示。在该对话框中除了可以指定粘贴的内容外，还可以进行加、减、乘、除的数学运算。

图 4－19　以特定方式粘贴单元格内容

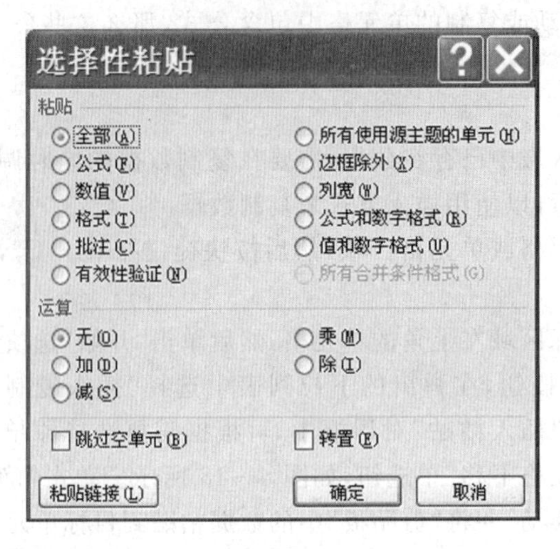

图 4－20 “选择性粘贴”对话框

(4)工作表移动和复制

在 Excel 2010 中，也可以将工作表移动或复制到同一工作簿的其他位置或其他工作簿中。但在移动或复制工作表时应注意，若移动了工作表，则基于工作表数据的计算可能出错。

① 在同一工作簿中移动和复制工作表。要在同一工作簿中移动工作表，只需将工作表标签拖至所需位置即可；如果在拖动的过程中按住“Ctrl”键，则执行的是复制操作。

② 不同工作簿间的移动和复制。选择“开始”选项卡上“单元格”组“格式”下拉列表中的“移动或复制工作表”，如图4－21所示。在打开的对话框中，在“将选定工作表移至工作簿”下拉列表中选择目标工作簿，在“下列选定工作表之前”列表中选择要将工作表复制或移动到的位置，单击“确定”按钮即可，如图 4－22 所示。

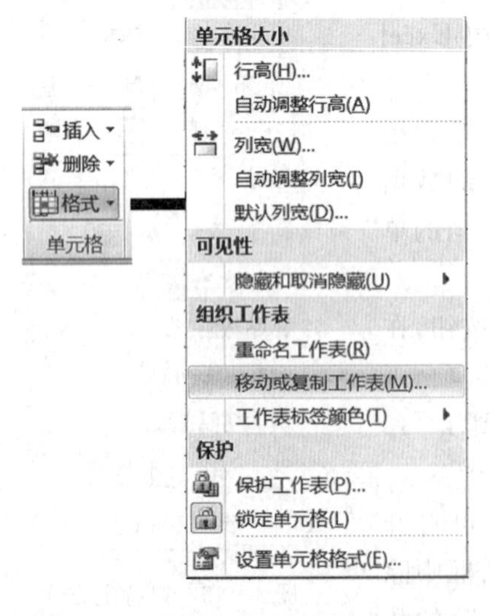

图 4－21 “移动或复制工作表”按钮

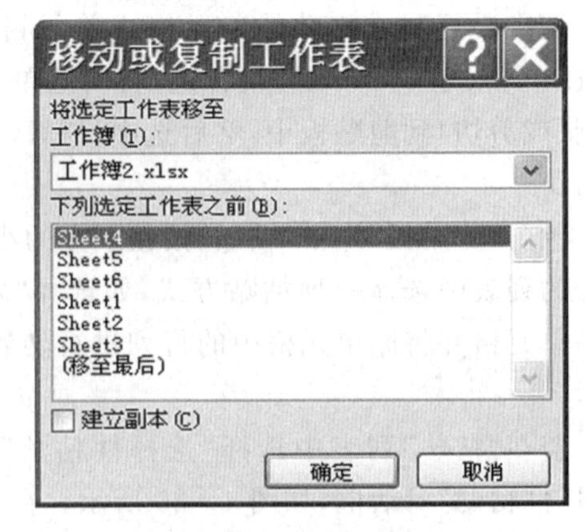

图 4－22 设置移动选项

4.3.4 调整工作表结构

1. 调整行高和列宽

默认情况下，Excel 2010 工作表中所有行的高度和所有列的宽度都是相等的。用户可以根据需要，利用鼠标拖动方式和“格式”列表中的命令来调整行高和列宽。

利用鼠标拖动：在对行高度和列宽度要求不十分精确时，可以利用鼠标拖动来调整。将鼠标指针指向要调整行高的行号下边线，或要调整列宽的列标右边线处，按住鼠标左键并上下或左右拖动，到合适位置后释放鼠标，即可调整行高或列宽。

利用“格式”列表精确调整：要精确调整行高和列宽，可选中要调整行高的行或列宽的列（或行列包含的单元格），然后单击“开始”选项卡上“单元格”组中的“格式”按钮，在展开的列表中选择“行高”或“列宽”项，如图 4－23 所示，打开“行高”或“列宽”对话框，输入行高或列宽值，然后单击“确定”按钮。

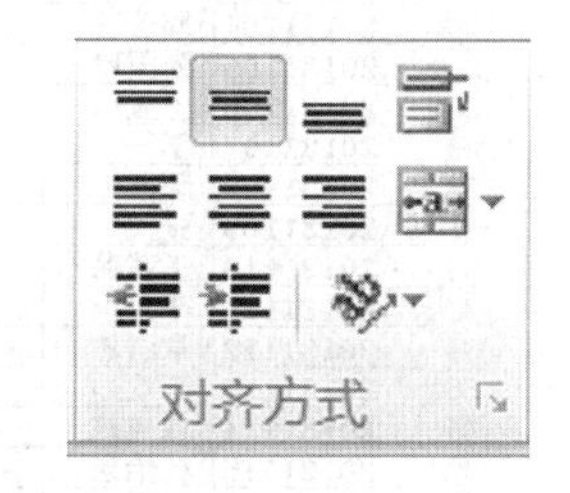

图 4－23　设置行高和列宽

2. 合并单元格

在制作表格时，有时候需要将相邻的多个单元格合并为一个单元格。

合并单元格：选中要进行合并操作的单元格区域，单击“开始”选项卡上“对齐方式”组中的“合并后居中”按钮或单击其右侧的倒三角按钮，在展开的列表中选择一种合并选项，如“合并后居中”，即可将所选单元格合并。

取消合并的单元格：选中合并的单元格，然后单击“对齐方式”组中的“合并及居中”按钮即可，此时合并单元格的内容将出现在拆分单元格区域左上角的单元格中。在 Excel 2010 中，不能拆分没合并的单元格。

3. 拆分和冻结工作表窗格

在对大型表格进行编辑时，由于屏幕所能查看的范围有限而无法做到数据的上下、左右对照，此时可利用 Excel 提供的拆分功能，对表格进行“横向”或“纵向”分割，以便同时观察或编辑表格的不同部分。

此外，在查看大型报表时，往往因为行、列数太多，而使得数据内容与行列标题无法对照。此时，虽可通过拆分窗格来查看，但还是会常常出错。而使用“冻结窗格”命令则可解决此问题，从而大大地提高工作效率。

（1）拆分工作表窗格

在 Excel 2010 中，通过拆分工作表窗格，可以同时查看分隔较远的工作表数据。要拆分工作表窗格，可以利用“视图”选项卡上“窗口”组中的“拆分”按钮。

其具体操作如下：

① 将鼠标指针移到窗口右上角的水平拆分框上，此时鼠标指针变为拆分形状。

② 按住鼠标左键向下拖动，至适当的位置松开鼠标左键，即可在该位置生成一条拆分条，将窗格一分为二，从而可同时上下查看工作表数据。

③ 将鼠标指针移至窗口右下角的垂直拆分框上，然后按住鼠标左键并向左拖动，至适当的位置松开鼠标左键，可将窗格左右拆分，如图 4－24 所示。

I33 fx

	A	B	C	D	E	F	G	H	I
1		成绩表							
2	学号	姓名	高数	大学英语	计算机	体育	总成绩	平均分	
23	20131101	王奥金							
24	20131102	马思语							
25	20131103	郭奕冉							
26	20131104	邱若言							
27	20131105	张玉玲							
28	20131106	王天琦							
29	20131107	李一							
30	20131108	郭鑫							
31	20131109	张天							
32	20131110	王茜茜							
33	20131111	李月							
34	20131112	章浩然							
35	20131113	李欢							
36	20131114	刘成成							
37	20131115	杜怡乐							
38	20131116	陈赛							
39	20131117	李超然							
40	20131118	张浩东							
41	20131119	马超							

图 4－24 拆分工作表

(2)冻结工作表窗格

利用冻结窗格功能，可以保持工作表的某一部分数据在其他部分滚动时始终可见。单击工作表中的任意单元格，然后单击“视图”选项卡上“窗口”组中的“冻结窗格”按钮，在展开的列表中选择“冻结首行”项即可。

4.3.5 编辑单元格

在单元格中输入数据后，我们可以对单元格数据进行各种编辑操作，如清除、复制与移动数据等。当需要对单元格或单元格中的内容进行操作时，都需要先选中相应的单元格。

1. 选择单元格和单元格区域

2. 移动或复制单元格内容

3. 清除单元格内容

清除单元格是指删除所选单元格的内容、格式或批注，但单元格仍然存在。选中单元格区域，然后单击“开始”选项卡上“编辑”组中的“清除”按钮，在展开的列表中选择“全部清除”选项，可清除单元格中的全部内容。

全部清除：选择该项，可将所选单元格的格式、内容和批注全部清除。

清除格式：选择该项，仅将所选单元格的格式清除。

清除内容：选择该项，仅将所选单元格的格式清除。

清除批注：选择该项，仅将所选单元格的批注清除。

清除超链接：选择该项，将所选单元格的超链接清除，其格式保留。

删除超链接：选择该项，将所选单元格的超链接删除，包括格式。

4.3.6　设置单元格格式

在单元格中输入数据后，可以根据需要对单元格数据的字体、字号、对齐方式等格式进行设置，还可以设置单元格的边框和底纹等。

1. 设置字符格式

默认情况下，在单元格中输入数据时，字体为宋体、字号为 11、颜色为黑色。重新设置单元格内容的字体、字号、字体颜色和字形等字符格式的操作方法如下：

① 选中要设置格式的单元格或单元格区域，单击“开始”选项卡上“字体”组中的相应按钮即可。

② 利用“设置单元格格式”对话框的“字体”选项卡，对单元格的字符格式进行更多设置。还可按快捷键“Ctrl＋1”快速打开该对话框，此处的“1”为输入键区的数字 1，如图 4－25所示。

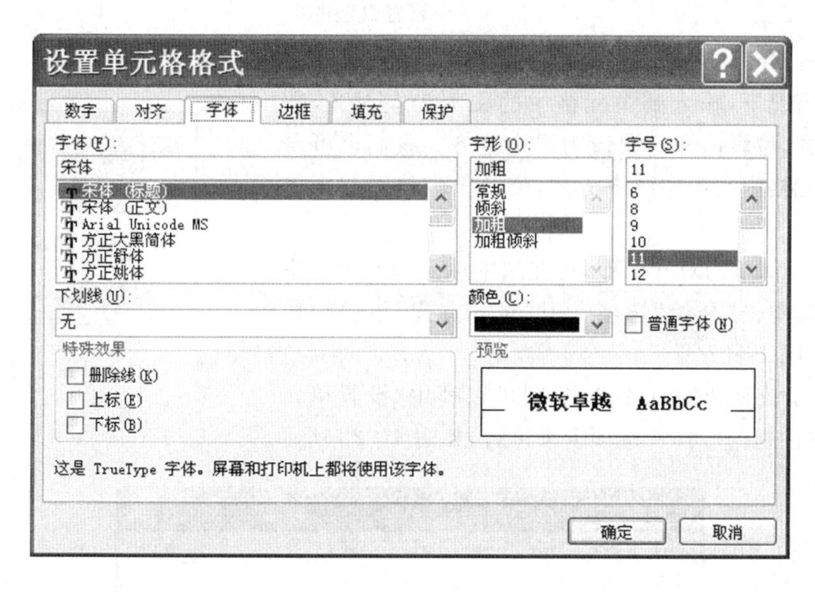

图 4－25　设置单元格格式对话框

2. 设置数字格式

在 Excel 2010 中，数据类型有常规、数字、货币、会计专用、日期、时间、百分比、分数和文本等。为单元格中的数据设置不同数字格式只是更改它的显示形式，不影响其实际值。若想为单元格中的数据快速设置会计数字格式、百分比样式、千位分隔或增加、减小小数位数等，可直接单击“开始”选项卡上“数字”组中的相应按钮。

① 若希望选择更多的数字格式，可单击“数字”组中“数字格式”下拉列表框右侧的三角按钮，在展开的下拉列表中进行选择，如图 4－26(a)所示。

② 若希望为数字格式设置更多选项，可单击“数字”组右下角的对话框启动器按钮，或在“数字格式”下拉列表中选择“其他数字格式”选项，打开“设置单元格格式”对话框的“数字”选项卡进行设置，如图 4－26(b)所示。

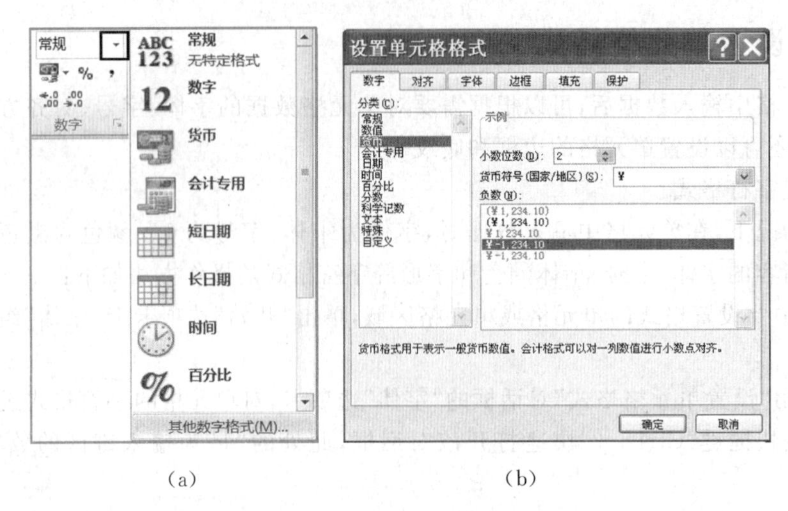

(a) (b)

图 4-26 设置数字格式

3. 设置对齐方式

通常情况下，输入到单元格中的文本为左对齐，数字为右对齐，逻辑值和错误值为居中对齐。我们也可自行设置单元格内文本的对齐方式，使整个表格看起来更加美观。

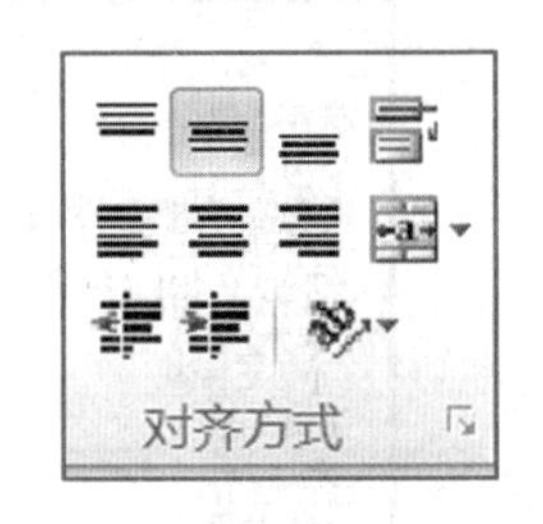

图 4-27 对齐方式按钮

① 对于简单的对齐操作，可在选中单元格或单元格区域后直接单击“开始”选项卡上“对齐方式”组中的相应按钮，如图 4-27 所示。

② 对于较复杂的对齐操作，则可以利用“设置单元格格式”对话框的“对齐”选项卡来进行，如图 4-28 所示。

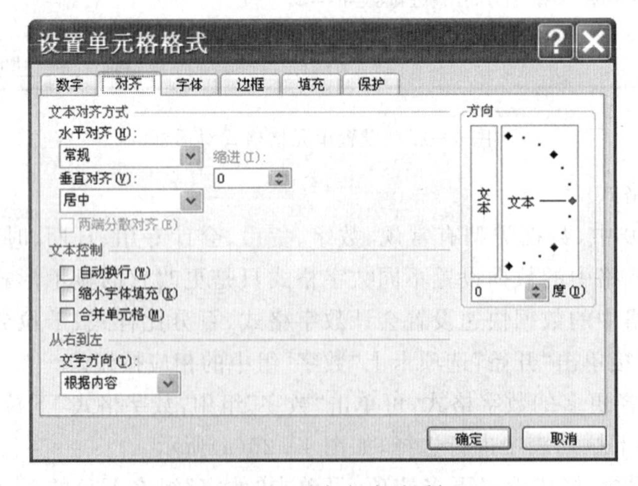

图 4-28 对齐方式对话框

4. 设置边框和底纹

① 对于简单边框和底纹，可在选定要设置的单元格或单元格区域后，利用“开始”选

项卡上“字体”组中的“边框”按钮和“填充颜色”按钮来设置，如图 4－29 所示。

图 4－29　使用“边框和填充颜色”列表设置单元格边框和底纹

② 若想改变边框线条的样式、颜色，以及设置渐变色、图案底纹等，可利用“设置单元格格式”对话框的“边框”和“填充”选项卡进行设置，如图 4－30(a)、图 4－30(b)所示。

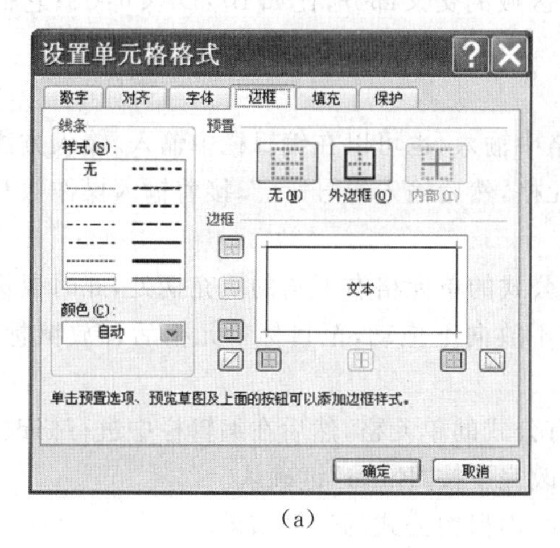

(a)

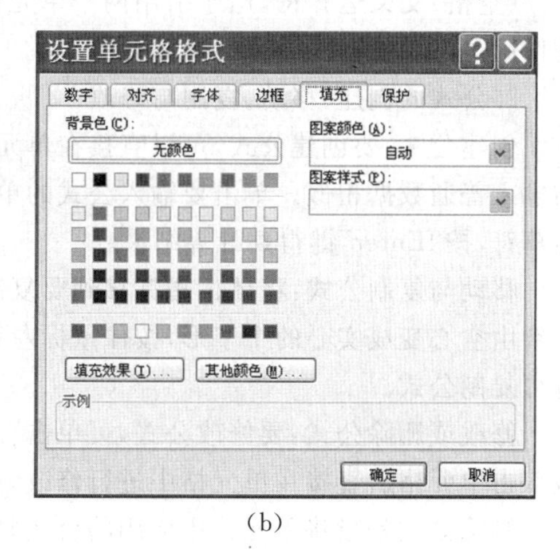

(b)

图 4－30　“边框”和“填充”选项卡

4.4　Excel 中的数据处理

Excel 2010 强大的计算功能主要依赖于其公式和函数，利用公式和函数可以对表格中的数据进行各种计算和处理，从而提高在制作复杂表格时的工作效率及计算准确率。

4.4.1 使用公式

公式是对工作表中的数据进行计算的表达式。要输入公式必须先在公式栏输入“＝”,然后再在其后输入表达式,否则 Excel 会将输入的内容作为文本型数据处理。表达式由运算符和参与运算的操作数组成。运算符可以是算术运算符、比较运算符、文本运算符和引用运算符;操作数可以是常量、单元格引用和函数等。

1.公式中的运算符

运算符是用来对公式中的元素进行运算而规定的特殊符号。Excel 包含 4 种类型的运算符:算术运算符、比较运算符、文本运算符和引用运算符。

算术运算符:算术运算符有 6 个,＋(加法)、－(减法或负数)、□(乘法)、/(除法)、%(百分号)、^乘方,其作用是完成基本的数学运算并产生数字结果。

比较运算符:比较运算符有 6 个,＞(大于)、＜(小于)、＝(等于)、＞＝(大于等于)、＜＝(小于等于)、＜＞(不等于)。它们的作用是比较两个值,并得出一个逻辑值,即“TRUE(真)”或“FALSE(假)”。

文本运算符:使用文本运算符“&”(与号)可将两个或多个文本值串起来产生一个连续的文本值。如输入“宿州”&“学院”会生成“宿州学院”。

引用运算符:引用运算符有 3 个:

:(冒号)区域运算符,用于引用单元格区域,比如 B5:D15。

,(逗号)联合运算符,用于引用多个单元格区域,比如 B5:D15,F5:I15。

(空格)交叉运算符,用于引用两个单元格区域的交叉部分,比如 B7:D7 C6:C8;它们的作用是将单元格区域进行合并计算。

2.公式的创建、移动、复制与修改

创建公式:要创建公式,可以直接在单元格中输入,也可以在编辑栏中输入,输入方法与输入普通数据相似。单击要输入公式的单元格,然后输入等号“＝”,接着输入操作数和运算符,按“Enter”键得到计算结果。

移动与复制公式:将鼠标指针移到要复制公式的单元格右下角的填充柄处,此时鼠标指针由空心变成实心的十字形,按住鼠标左键不放向下拖动,至目标单元格后释放鼠标,即可复制公式。

修改或删除公式:要修改公式,可单击含有公式的单元格,然后在编辑栏中进行修改,或双击单元格后直接在单元格中进行修改,修改完毕按“Enter”键确认。

删除公式是指将单元格中应用的公式删除,而保留公式的运算结果。

3.公式中的错误与审核

Excel 2010 中内置了一些命令、宏和错误值,它们可以帮助用户发现公式中的错误。

(1)公式错误代码

在使用公式时,经常会遇到公式的返回值为一段代码的情况,如“####”“#VALUE”等。了解这些代码的含义,用户就可以知道在公式使用过程中出现了什么样的错误。一些常见的错误代码产生的原因如下:

① ＃＃＃＃＃!

原因:如果单元格所含的数字、日期或时间比单元格宽,或者单元格的日期时间公式产生了一个负值,就会产生“＃＃＃＃＃!”错误。

解决方法:如果单元格所含的数字、日期或时间比单元格宽,可以通过拖动列表之间的宽度来修改列宽。如果使用的是1900年的日期系统,那么Excel中的日期和时间必须为正值,用较早的日期或者时间值减去较晚的日期或者时间值就会导致“＃＃＃＃＃!”错误。如果公式正确,也可以将单元格的格式改为非日期和时间型来显示该值。

② ＃VALUE!

当使用错误的参数或运算对象类型时,或者当公式自动更正功能不能更正公式时,将产生错误值“＃VALUE!”。

原因一:在需要数字或逻辑值时输入了文本,Excel不能将文本转换为正确的数据类型。

解决方法:确认公式或函数所需的运算符或参数正确,并且公式引用的单元格中包含有效的数值。例如:如果单元格A1包含一个数字,单元格A2包含文本“学籍”,则公式“＝A1＋A2”将返回错误值“＃VALUE!”。可以用SUM工作表函数将这两个值相加(SUM函数忽略文本):＝SUM(A1:A2)。

原因二:将单元格引用、公式或函数作为数组常量输入。

解决方法:确认数组常量不是单元格引用、公式或函数。

原因三:赋予需要单一数值的运算符或函数一个数值区域。

解决方法:将数值区域改为单一数值。修改数值区域,使其包含公式所在的数据行或列。

③ ＃DIV/O!

当公式被零除时,将会产生错误值“＃DIV/O!”。

原因一:在公式中,除数使用了指向空单元格或包含零值单元格的单元格引用(在Excel中如果运算对象是空白单元格,Excel将此空值当作零值)。

解决方法:修改单元格引用,或者在用作除数的单元格中输入不为零的值。

原因二:输入的公式中包含明显的除数零,例如:＝5/0。

解决方法:将零改为非零值。

④ ＃NAME?

在公式中使用了Excel不能识别的文本时,将产生错误值“＃NAME?”。

原因一:删除了公式中使用的名称,或者使用了不存在的名称。

解决方法:确认使用的名称确实存在。选择菜单“插入”&line;“名称”&line;“定义”命令,如果所需名称没有被列出,请使用“定义”命令添加相应的名称。

原因二:名称的拼写错误。

解决方法:修改拼写错误的名称。

原因三:在公式中使用标志。

解决方法:选择菜单中“工具”&line;“选项”命令,打开“选项”对话框,然后单击“重新计算”标签,在“工作簿选项”下,选中“接受公式标志”复选框。

原因四：在公式中输入文本时没有使用双引号。

解决方法：Excel将其解释为名称，而不理会用户准备将其用作文本的想法，将公式中的文本括在双引号中。例如：下面的公式将一段文本“总计：”和单元格B50中的数值合并在一起：=“总计：”&B50。

原因五：在区域的引用中缺少冒号。

解决方法：确认公式中，使用的所有区域引用都使用冒号。例如：SUM(A2:B34)。

⑤ #N/A

原因：当在函数或公式中没有可用数值时，将产生错误值“#N/A”。

解决方法：如果工作表中某些单元格暂时没有数值，请在这些单元格中输入“#N/A”，公式在引用这些单元格时，将不进行数值计算，而是返回“#N/A”。

⑥ #REF!

当单元格引用无效时，将产生错误值“#REF!”。

原因：删除了由其他公式引用的单元格，或将移动单元格粘贴到由其他公式引用的单元格中。

解决方法：更改公式或者在删除或粘贴单元格之后，立即单击“撤销”按钮，以恢复工作表中的单元格。

⑦ #NUM!

当公式或函数中某个数字有问题时，将产生错误值“#NUM!”。

原因一：在需要数字参数的函数中使用了不能接受的参数。

解决方法：确认函数中使用的参数类型正确无误。

原因二：使用了迭代计算的工作表函数，例如：IRR或RATE，并且函数不能产生有效的结果。

解决方法：为工作表函数使用不同的初始值。

原因三：由公式产生的数字太大或太小，Excel不能表示。

解决方法：修改公式，使其结果在有效数字范围之间。

⑧ #NULL!

当试图为两个并不相交的区域指定交叉点时，将产生错误值“#NULL!”。

原因：使用了不正确的区域运算符或不正确的单元格引用。

解决方法：如果要引用两个不相交的区域，请使用联合运算符逗号(,)。公式要对两个区域求和，请确认在引用这两个区域时，使用逗号，如：SUM(A1:A13,D12:D23)。如果没有使用逗号，Excel将试图对同时属于两个区域的单元格求和，但是由于A1:A13和D12:D23并不相交，所以它们没有共同的单元格。

小技巧：要想在显示单元格值或单元格公式之间来回切换，只需按下“CTRL+`(位于TAB键上方)”。

(2)“公式审核”组

在使用公式的过程中，有时可能会因人为疏忽，或是表达式的设置错误，导致计算结果发生错误。使用Excel提供的审核功能可以方便地检查公式、分析数据流向和来源、纠正错误、把握公式和值的关联关系等。

在“公式”选项卡上的“公式审核”组中可以看到如图 4－31 所示的按钮。

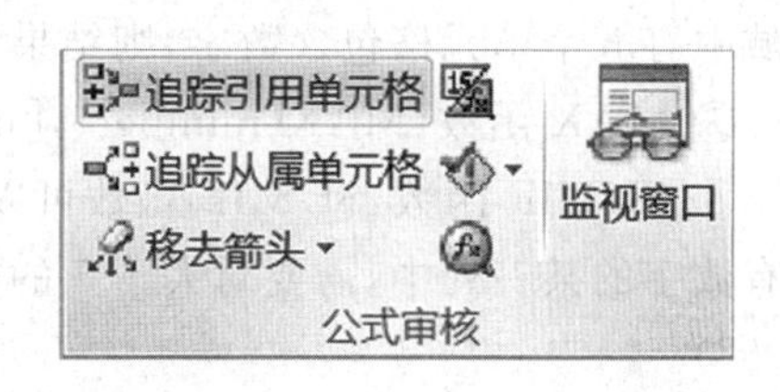

图 4－31　“公式审核”组中的按钮

(3)追踪导致公式错误的单元格

当单元格中的公式出现错误时，使用审核工具可以方便地查出错误是由哪些单元格引起的，具体操作如下：

选中显示错误值的单元格，单击“公式”选项卡上“公式审核”组中“错误检查”按钮右侧的小三角按钮。

在展开的列表中选择“追踪错误”选项，此时将显示蓝色追踪箭头指明包含错误数据的单元格。

(4)查找与公式相关的单元格

如果要查找公式中引用的单元格，可执行如下操作：

① 选中包含公式的单元格，单击“公式”选项卡上“公式审核”组中的“追踪引用单元格”按钮。

② 将显示蓝色追踪箭头穿过所有公式中引用的单元格，指向公式所在单元格，在追踪箭头上显示的蓝色圆点指示每一个引用单元格所在位置。

③ 如果想查找某单元格被哪些公式所引用，可执行如下操作：

选中要观察的单元格，单击“公式”选项卡上“公式审核”组中的“追踪从属单元格”按钮；将显示蓝色追踪箭头，从公式引用单元格指向公式所在的单元格。

4.4.2　使用函数

函数是预先定义好的表达式，它必须包含在公式中。每个函数都由函数名和参数组成，其中函数名表示将执行的操作(如求平均值函数 AVERAGE)，参数表示函数将作用的值的单元格地址。通常是一个单元格区域(如 A2：B7 单元格区域)，也可以是更为复杂的内容，在公式中合理地使用函数，可以完成诸如求和、逻辑判断和财务分析等众多数据处理功能。

1. 常用函数

Excel 2010 提供了大量的函数，下面对一些常用的函数进行说明：

① SUM 函数：SUM 函数用于将公式中输入的参数相加。例如，输入＝SUM(10，2)将返回 12。如果参数中使用了负号，则此函数会做减法。

② AVERAGE 函数：AVERAGE 函数用于返回参数的平均值(算术平均值)。例如，如果范围 A1：A20 包含数字，则公式＝AVERAGE(A1：A20)将返回这些数字的平均值。

③ IF 函数：IF 函数用于在条件为真时返回一个值，在条件为假时返回另一个值。可以在一个 IF 函数内最多嵌套 64 个 IF 函数。Excel 中还有其他一些函数可以用来根据条件分析数据，如 COUNTIF 或 COUNTIFS 工作表函数。

④ COUNT 函数：COUNT 函数计算包含数字的单元格以及参数列表中数字的个数。使用 COUNT 函数获取数字区域或数组中的数字字段中的项目数。例如，可以输入以下公式计算区域 A1：A20 中数字的个数：＝COUNT(A1：A20)。在此示例中，如果该

区域中有五个单元格包含数字，则结果为5。

⑤ MAX函数：MAX(number1,[number2],…)的作用是返回一组值中的最大值。

⑥ SUMIF函数：SUMIF函数可以对范围中符合指定条件的值求和。例如，假设在含有数字的某一列中，需要对大于5的数值求和。请使用以下公式：=SUMIF(B2:B25,“>5”)。

在本例中，条件应用于要求和的值。如果需要，可以将条件应用于某个单元格区域，但却对另一个单元格区域中的对应值求和。例如，使用公式 =SUMIF(B2:B5,“李戈”,C2:C5)时，该函数仅对单元格区域C2:C5中与单元格区域B2:B5中等于“李戈”的单元格对应的单元格中的值求和。

⑦ LEFT、LEFTB函数：LEFT、LEFTB函数的功能是根据所指定的字符数，LEFT返回文本字符串中第一个字符或前几个字符。LEFTB基于所指定的字节数返回文本字符串中的第一个或前几个字符。只有与双字节字符集DBCS一起使用时，函数LEFTB才会将每个字符按2个字节计数。否则，函数LEFTB的行为与LEFTB相同，即将每个字符按1个字节计数。

⑧ COUNTIF函数：COUNTIF函数用于统计符合指定的条件的单元格的数量。例如，=COUNTIF(A2:A5,“苹果”)将统计A2:A5中包含词语“苹果”的单元格的数量。

2.函数应用方法

使用函数时，应首先确认已在单元格中输入了“=”号，即已进入公式编辑状态。接下来可输入函数名称，再紧跟着一对括号，括号内为一个或多个参数，参数之间要用逗号来分隔。用户可以在单元格中手工输入函数，也可以使用函数向导输入函数。

(1)直接输入函数

手工输入一般用于参数比较单一、简单的函数，即用户能记住函数的名称、参数等，此时可直接在单元格中输入函数。

如图4-32建立“成绩表”工作表。总成绩为各门课成绩之和。单击F3单元格，在公式编辑栏输入=SUM(B2:E2)，输入完成后单击编辑栏左侧的✓，如图4-33所示。

F3 ▼ fx

	A	B	C	D	E	F	G
1							
2	姓名	高数	大学英语	计算机	体育	总成绩	平均分
3	王天琦	90	78	51	64		
4	李一	67	82	50	79		
5	郭鑫	95	86	72	92		
6	张天	85	91	73	80		
7	王茜茜	52	81	64	70		
8	[illegible]	78	67	94	51		

图4-32 “成绩表”工作表

向下拖动F3单元格右下角的填充柄到F6单元格后释放鼠标，计算出其他学生的总成绩，效果如图4-34所示。最后保存工作簿为“成绩表”。

图4-33 输入函数

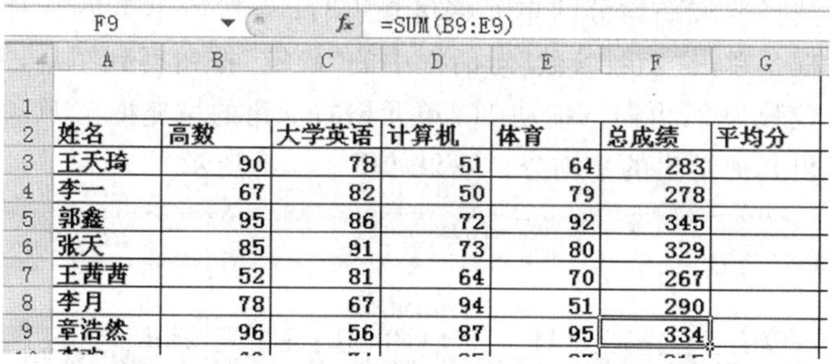

F9　=SUM(B9:E9)

	A	B	C	D	E	F	G
1							
2	姓名	高数	大学英语	计算机	体育	总成绩	平均分
3	王天琦	90	78	51	64	283	
4	李一	67	82	50	79	278	
5	郭鑫	95	86	72	92	345	
6	张天	85	91	73	80	329	
7	王茜茜	52	81	64	70	267	
8	李月	78	67	94	51	290	
9	章浩然	96	56	87	95	334	

图 4-34　计算出所有学生成绩

(2)使用向导输入函数

如果不能确定函数的拼写或参数,可以使用函数向导输入函数。

打开"成绩表"工作表,如图 4-32 所示。单击要输入函数的单元格 G3,然后单击编辑栏中的"插入函数"按钮,打开"插入函数"对话框;在"或选择类别"下拉列表中选择"常用函数"类,然后在"选择函数"列表中选择"AVERAGE"函数,如图 4-35 所示。

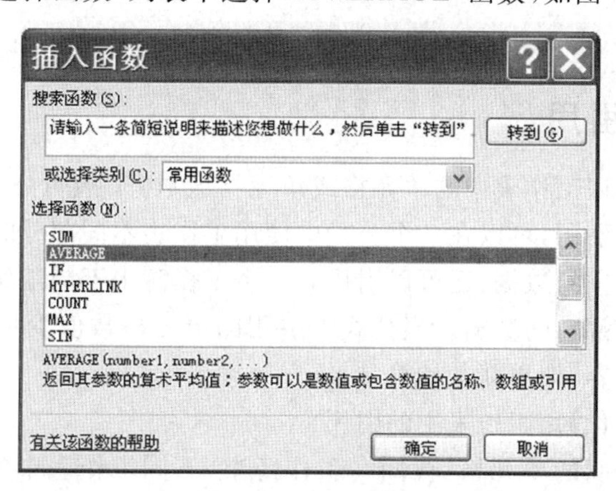

图 4-35　插入函数

单击"确定"按钮,打开"函数参数"对话框,单击 Number 1 编辑框右侧的压缩对话框按钮,如图 4-36 所示。

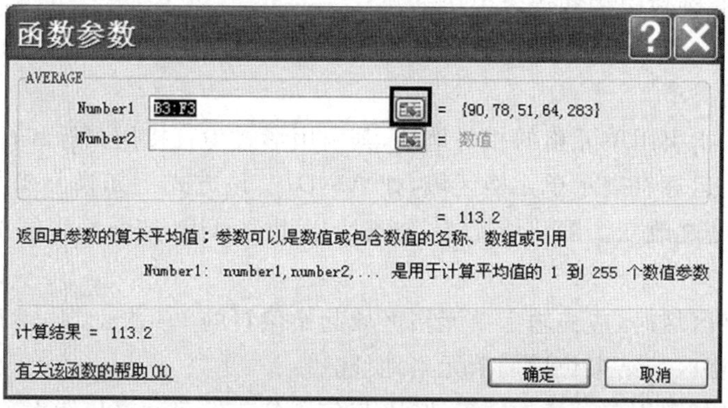

函数参数
AVERAGE
Number1　B3:F3　= {90,78,51,64,283}
Number2　= 数值
= 113.2
返回其参数的算术平均值;参数可以是数值或包含数值的名称、数组或引用
Number1: number1,number2,... 是用于计算平均值的 1 到 255 个数值参数
计算结果 = 113.2
有关该函数的帮助(H)　确定　取消

图 4-36　函数参数编辑框

在工作表中选择要求平均分的单元格区域C3:F3,然后单击展开对话框按钮,返回“函数参数”对话框。单击“函数参数”对话框中的“确定”按钮得到结果,并根据需要设置该列数据的小数位数为2,再向下拖动H3单元格右下角的填充柄至H16单元格,利用复制函数功能计算出其他学生的平均分。效果如图4-37所示。

H3 =AVERAGE(C3:F3)

成绩表

学号	姓名	高数	大学英语	计算机	体育	总成绩	平均分
20131101	王金亮	90	78	51	64	283	70.75
20131102	李一	67	82	50	79	278	69.50
20131103	郭冉	95	86	72	92	345	86.25
20131104	张天	85	91	73	80	329	82.25
20131105	马语	52	81	64	70	267	66.75
20131106	李月	78	67	94	51	290	72.50
20131107	章浩然	96	56	87	95	334	83.50
20131108	李欢	69	74	85	87	315	78.75
20131109	刘成成	71	95	68	53	287	71.75
20131110	杜怡乐	58	83	70	98	309	77.25
20131111	陈赛	63	72	88	96	319	79.75
20131112	李超然	96	92	86	94	368	92.00
20131113	张浩东	82	57	65	53	257	64.25
20131114	马超	75	96	52	68	291	72.75

图4-37 计算平均分

4.4.3 单元格引用

引用就是通过标识工作表中的单元格或单元格区域,来指明公式中所使用的数据的位置。通过单元格的引用,可以在一个公式中使用工作表不同部分的数据,或者在多个公式中使用一个单元格中的数据,还可以引用同一个工作簿中不同工作表中的单元格,甚至还可以引用不同工作簿中的数据。当公式中引用的单元格数值发生变化时,公式会自动更新其所在单元格内容,即更新其计算结果。

1.相同或不同工作簿、工作表中的引用

引用不同工作表间的单元格:在同一工作簿中,不同工作表中的单元格可以相互引用,它的表示方法为:“工作表名称!单元格或单元格区域地址”。

引用不同工作簿中的单元格:在当前工作表中引用不同工作簿中的单元格的表示方法为:“[工作簿名称;xlsx]工作表名称!单元格(或单元格区域)地址”。

2.相对引用、绝对引用和混合引用

Excel 2010提供了相对引用、绝对引用和混合引用三种引用类型,用户可以根据实际情况选择引用的类型。

相对引用是指引用单元格的相对地址,其引用形式为直接用列标和行号表示单元格,例如A5;或引用运算符表示单元格区域,如A3:D7。该方式下如果公式所在单元格的位置改变,引用也随之改变。默认情况下,公式使用相对引用,如前面讲解的复制公式就是如此。

引用单元格区域时,应先输入单元格区域起始位置的单元格地址,然后输入引用运算符,再输入单元格区域结束位置的单元格地址。

绝对引用是指引用单元格的精确地址,与包含公式的单元格位置无关,其引用形式为在列标和行号的前面都加上“$”符号。例如,若在公式中引用$D$3单元格,则不论将公式复制或移动到什么位置,引用的单元格地址的行和列都不会改变。

混合引用既包含绝对引用,又包含相对引用,如 A $1 或 $ A1 等,用于表示列变行不变或列不变行变的引用。

如果公式所在单元格的位置改变,则相对引用改变,而绝对引用不变。编辑公式时,输入单元格地址后,按 F4 键可在绝对引用、相对引用和混合引用之间切换。

4.4.4　数据排序

排序是对工作表中的数据进行重新组织安排的一种方式。在 Excel 2010 中,可以对一列或多列中的数据按文本、数字以及日期和时间进行排序,还可以按自定义序列(如大、中、小)进行排序。

1. 简单排序

简单排序是指对数据表中的单列数据按照 Excel 2010 默认的升序或降序的方式排列。单击要进行排序的列中的任一单元格,再单击"数据"选项卡上"排序和筛选"组中"升序"按钮或"降序"按钮,会弹出排序提醒对话框,在"给出排序依据"中选择"扩展选定区域",单击"排序",所选列即按升序或降序方式进行排序。对"成绩表"表中的"大学英语"按升序排序后的结果如图 4 - 38 所示。

D3　fx　56

	A	B	C	D	E	F	G	H
1	成绩表							
2	学号	姓名	高数	大学英语	计算机	体育	总成绩	平均分
3	20131107	章浩然	96	56	87	95	334	83.50
4	20131113	张浩东	82	57	65	53	257	64.25
5	20131106	李月	78	67	94	51	290	72.50
6	20131111	陈赛	63	72	88	96	319	79.75
7	20131108	李欢	69	74	85	87	315	78.75
8	20131101	王金亮	90	78	51	64	283	70.75
9	20131105	马语	52	81	64	70	267	66.75
10	20131102	李一	67	82	50	79	278	69.50
11	20131110	杜怡乐	58	83	70	98	309	77.25
12	20131103	郭冉	95	86	72	92	345	86.25
13	20131104	张天	85	91	73	80	329	82.25
14	20131112	李超然	96	92	86	94	368	92.00
15	20131109	刘成成	71	95	68	53	287	71.75
16	20131114	马超	75	96	52	68	291	72.75

图 4 - 38　按"大学英语"升序排序

在 Excel 2010 中,不同数据类型的升序排序方式如下:

数字:按从最小的负数到最大的正数进行排序。

日期:按从最早的日期到最晚的日期进行排序。

文本:按照特殊字符、数字(0…9)、小写英文字母(a...z)、大写英文字母(A...Z)、汉字(以拼音排序)排序。

逻辑值:FALSE 排在 TRUE 之前。

错误值:所有错误值(如＃NUM! 和＃REF!)的优先级相同。

空白单元格:总是放在最后。

2. 多关键字排序

多关键字排序就是对工作表中的数据按两个或两个以上的关键字进行排序。在此排序方式下，为了获得最佳结果，要排序的单元格区域应包含列标题。

对多个关键字进行排序时，在主要关键字完全相同的情况下，会根据指定的次要关键字进行排序；在次要关键字完全相同的情况下，会根据指定的下一个次要关键字进行排序，依次类推。

① 单击要进行排序操作工作表中的任意非空单元格，然后单击“数据”选项卡上“排序和筛选”组中的“排序”按钮，如图 4-39 所示。

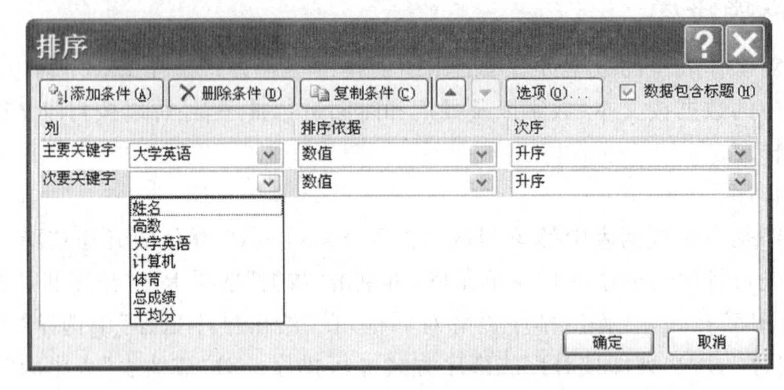

图 4-39 多条件排序

② 在打开的“排序”对话框中设置“主要关键字”条件，然后单击“添加条件”按钮，添加一个次要条件，再设置“次要关键字”条件，用户可添加多个次要关键字，设置完毕，单击“确定”按钮即可。

4.4.5 数据筛选

在对工作表数据进行处理时，有时需要从工作表中找出满足一定条件的数据，这时可以用 Excel 的数据筛选功能显示符合条件的数据，而将不符合条件的数据隐藏起来。Excel 提供了自动筛选、按条件筛选和高级筛选三种筛选方式，无论使用哪种方式，要进行筛选操作，数据表中必须有列标签。

1. 按条件筛选

在 Excel 2010 中，可按用户自定的筛选条件筛选出符合需要的数据。如要将成绩表中“平均分”大于 80 小于 90 的记录筛选出来，具体操作如下：

① 打开如图 4-32 所示的“成绩表”，选中“平均分”列，单击“数据”选项卡上“排序和筛选”组中的“筛选”按钮。

② 单击“平均分”列标题右侧的筛选箭头，在打开的筛选列表选择“数字筛选”，然后在展开的子列表中选择一种筛选条件，如选择“介于”选项，如图 4-40 所示。

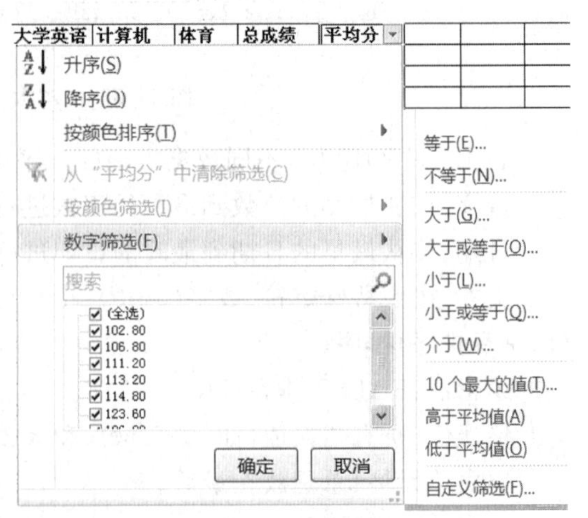

图 4-40 选择筛选条件

③ 在打开的“自定义自动筛选方式”对话框中设置具体的筛选项，设置如图 4－41 所示。单击“确定”按钮，效果如图 4－42 所示。

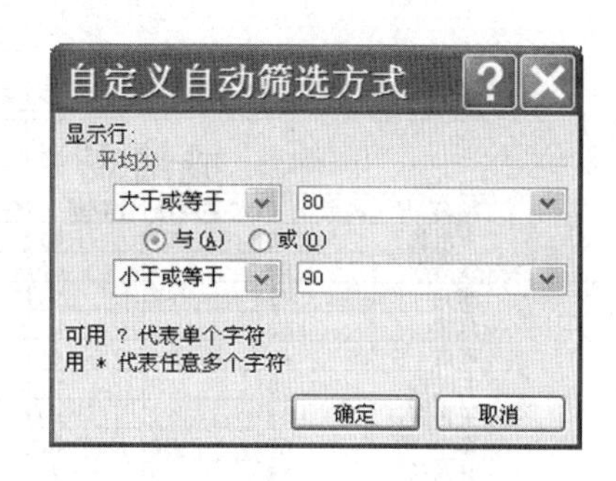

图 4－41　自定义筛选条件

2. 自动筛选

自动筛选一般用于简单的条件筛选，筛选时将不需要显示的记录暂时隐藏起来，只显示符合条件的记录。

① 单击要进行筛选操作的工作表中的任意非空单元格，然后单击“数据”选项卡上“排序和筛选”组中的“筛选”按钮。

文件　开始　插入　页面布局　公式　数据　审阅　视图

获取外部数据　全部刷新　连接　属性　编辑链接　连接　排序　筛选　清除　重新应用　高级　排序和筛选　分列

G3　=AVERAGE(B3:E3)

	A	B	C	D	E	F	G
1							
2	姓名	高数	大学英语	计算机	体育	总成绩	平均分
3	章浩然	96	56	87	95	334	83.50
12	郭鑫	95	86	72	92	345	86.25
13	张天	85	91	73	80	329	82.25
17							

图 4－42　筛选效果

② 此时，工作表标题行中的每个单元格右侧显示筛选箭头，单击要进行筛选操作列标题右侧的筛选箭头。

③ 在展开的列表中取消不需要显示的记录左侧的复选框，只勾选需要显示的记录，单击“确定”按钮即可。

3. 高级筛选

高级筛选用于条件较复杂的筛选操作，其筛选结果可显示在原数据表格中，不符合条件的记录被隐藏起来；也可以在新的位置显示筛选结果，不符合条件的记录同时保留在数据表中，从而便于进行数据的对比。在高级筛选中，多条件筛选是最常用的一种。如要将成绩表中“高数”和“大学英语”成绩分别大于 80、90 的记录筛选出来，操作步骤如下：

① 在工作表中显示全部数据，并单击“筛选”按钮取消筛选箭头，然后在空白处输入筛选条件，如图 4－43 所示，再单击要进行筛选操作工作表中的任意非空单元格，最后单击“数据”选项卡“排序和筛选”组中的“高级”按钮。

② 打开“高级筛选”对话框，确认“列表区域”(参与高级筛选的数据区域)的单元格引用是否正确，如果不正确，重新在工作表中进行选择。

③ 单击“条件区域”右侧的折叠对话框按钮，然后在工作表中选择步骤 1 输入的筛选

C10 f_x 82

	A	B	C	D	E	F	G	H	I	J
1	成绩表									
2	姓名	高数	大学英语	计算机	体育	总成绩	平均分			
3	章浩然	96	56	87	95	334	83.50			
4	张浩东	82	57	65	53	257	64.25			
5	李月	78	67	94	51	290	72.50			
6	陈赛	63	72	88	96	319	79.75			
7	李欢	69	74	85	87	315	78.75			
8	王天琦	90	78	51	64	283	70.75		高数	大学英语
9	王茜茜	52	81	64	70	267	66.75		>80	>90
10	李一	67	82	50	79	278	69.50			
11	杜怡乐	58	83	70	98	309	77.25			
12	郭鑫	95	86	72	92	345	86.25			
13	张天	85	91	73	80	329	82.25			
14	李超然	96	92	86	94	368	92.00			
15	刘成成	71	95	68	53	287	71.75			
16	马超	75	96	52	68	291	72.75			

筛选条件

图 4-43 输入筛选条件

条件区域,再在对话框中选择筛选结果的放置位置(在原有位置还是复制到其他位置),如图 4-44 所示。

④ 设置完毕单击“确定”按钮,即可得到筛选结果,如图 4-45 所示。

4.取消筛选

对于不再需要的筛选可以将其取消。若要取消在数据表中对某一列进行的筛选,可以单击该列列标签单元格右侧的筛选按钮,在展开的列表中选择“全选”复选框,然后单击“确定”按钮。此时筛选按钮上的筛选标记消失,该列所有数据显示出来。

图 4-44 “高级筛选”对话框

A1 f_x 成绩表

	A	B	C	D	E	F	G
1	成绩表						
2	姓名	高数	大学英语	计算机	体育	总成绩	平均分
13	张天	85	91	73	80	329	82.25
14	李超然	96	92	86	94	368	92.00
17							

图 4-45 “高级筛选”效果

若要取消在工作表中对所有列进行的筛选,可单击“数据”选项卡上“排序和筛选”组中的“清除”按钮,此时筛选标记消失,所有列数据显示出来;若要删除工作表中的三角筛选箭头,可单击“数据”选项卡上“排序和筛选”组中的“筛选”按钮。

4.4.6 分类汇总

分类汇总是指把数据表中的数据分门别类地进行统计处理,无须建立公式。Excel 2010 将会自动对各类别的数据进行求和、求平均值、统计个数、求最大值(最小值)和总体方差等多种计算,并且分级显示汇总的结果,从而增加了工作表的可读性,使用户能更快捷地获得需要的数据并做出判断。

分类汇总分为简单分类汇总、多重分类汇总和嵌套分类汇总三种方式。无论是哪种方式，要进行分类汇总的数据表的第一行必须有列标签，而且在分类汇总之前必须先对数据进行排序，以使得数据中拥有同一类关键字的记录集中在一起，然后再对记录进行分类汇总操作。本节只介绍简单分类汇总。

图 4-46　“分类汇总”按钮

1. 简单分类汇总

简单分类汇总指对数据表中的某一列以一种汇总方式进行分类汇总，其操作步骤如下：

① 单击“数据”选项卡上“分级显示”组中的“分类汇总”按钮，如图 4-46 所示，打开“分类汇总”对话框。

② 在“分类字段”下拉列表选择要进行分类汇总的列标题“姓名”；在“汇总方式”下拉列表选择汇总方式“最大值”；在“选定汇总项”列表中选择需要进行汇总的列标题“高数”和“计算机”，如图 4-47 所示。

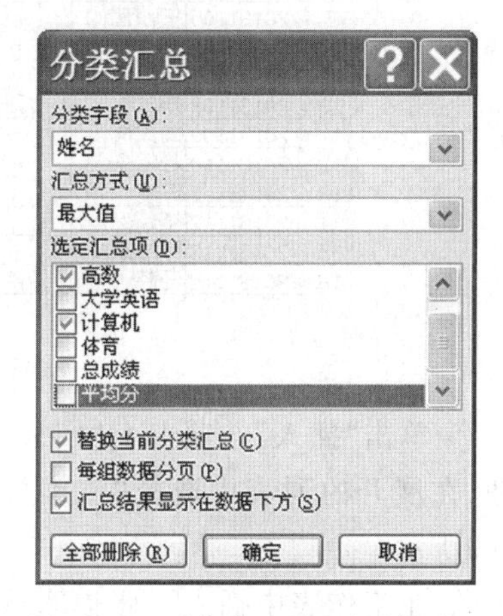

图 4-47　“分类汇总”对话框设置

③ 单击“确定”按钮。

2. 取消分类汇总

要取消分类汇总，可打开“分类汇总”对话框，单击“全部删除”按钮。删除分类汇总的同时，Excel 2010 会删除与分类汇总一起插入到列表中的分级显示。

4.5　创建与编辑图表

Excel 可以根据表格中的数据生成各种形式的图表，从而直观、形象地表示和反映数据的意义和变化，使数据易于阅读、评价、比较和分析。图表由许多部分组成，每一部分就是一个图表项，如图表区、绘图区、标题、坐标轴、数据系列等。

Excel 2010 支持各种类型的图表，如柱形图、折线图、饼图、条形图、面积图、散点图等，从而帮助我们以多种方式表示工作表中的数据。一般来说，我们用柱形图比较数据间的多少关系；用折线图反映数据的变化趋势；用饼图表现数据间的比例分配关系。

对于大多数图表，如柱形图和条形图，可以将工作表的行或列中排列的数据绘制在图表中；而有些图表类型，如饼图，则需要特定的数据排列方式。

4.5.1　创建图表

Excel 2010 中的图表分为嵌入式图表和独立图表两种类型，下面分别介绍其创建方法。

1.嵌入式图表

嵌入式图表是指与源数据位于同一个工作表中的图表。当要在一个工作表中查看或打印图表及其源数据或其他信息时,嵌入图表非常有用。下面以在“成绩表”创建一个嵌入式图表为例,学习嵌入式图表的创建方法。

① 选择要创建图表的“姓名”“高数”和“计算机”列中的部分数据,如图 4-48 所示。

E2 fx 计算机

	A	B	C	D	E	F	G	H
1	成绩表							
2	学号	姓名	高数	大学英语	计算机	体育	总成绩	平均分
3	20131101	王天琦	90	78	51	64	283	70.75
4	20131102	李一	67	82	50	79	278	69.5
5	20131103	郭鑫	95	86	72	92	345	86.25
6	20131104	张天	85	91	73	80	329	82.25
7	20131105	王茜茜	52	81	64	70	267	66.75
8	20131106	李月	78	67	94	51	290	72.5
9	20131107	童浩然	96	56	87	95	334	83.5
10	20131108	李欢	69	74	85	87	315	78.75
11	20131109	刘成成	71	95	68	53	287	71.75
12	20131110	杜怡乐	58	83	70	98	309	77.25
13	20131111	陈赛	63	72	88	96	319	79.75
14	20131112	李超然	96	92	86	94	368	92
15	20131113	张浩东	82	57	65	53	257	64.25
16	20131114	马超	75	96	52	68	291	72.75

图 4-48 选择多列数据

② 单击“插入”选项卡上“图表”组中的“柱形图”按钮,在展开的列表中选择“三维柱形图”选项,如图 4-49所示。

③ 在工作表中插入一张嵌入式图表,并显示“图表工具”选项卡,其包括“设计”“布局”和“格式”三个子选项卡,如图 4-50 所示。

2.独立图表

独立图表是指单独占用一个工作表的图表。要创建独立图表,可先创建嵌入式图表;单击“图表工具设计”选项卡上“位置”组中的“移动图表”按钮,打开“移动图表”对话框,如图 4-51 所示,选中“新工作表”单选钮;单击“确定”按钮,即可在原工作表的前面插入一个“Chart1”工作表以放置创建的图表。

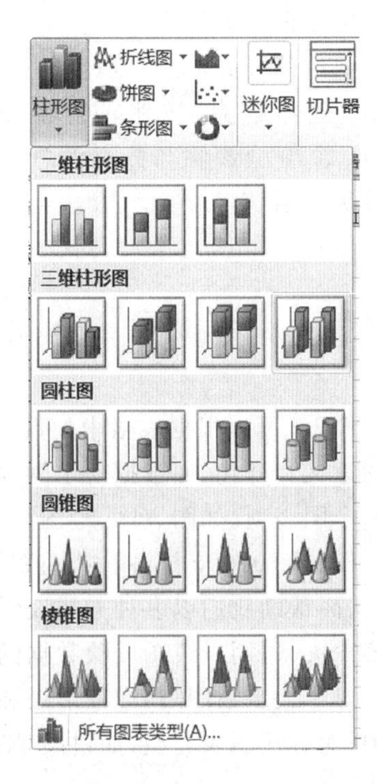

图 4-49 “三维柱形图”

4.5.2 编辑图表

在图表区单击任意位置可选中图表。选中图表后,“图表工具”选项卡变为可用,可使用其中的“设计”子选项卡编辑图表,如更改图表类型,向图表中添加或删除数据,将图表行、列数据对换,快速更改图表布局和应用图表样式等。

图 4－50　“图表工具”选项卡

图 4－51　“移动图表”对话框

① 要更改图表类型，可单击“类型”组中的“更改图表类型”按钮，打开“更改图表类型”对话框，从中选择需要的图表类型，单击“确定”按钮，如图 4－52 所示。

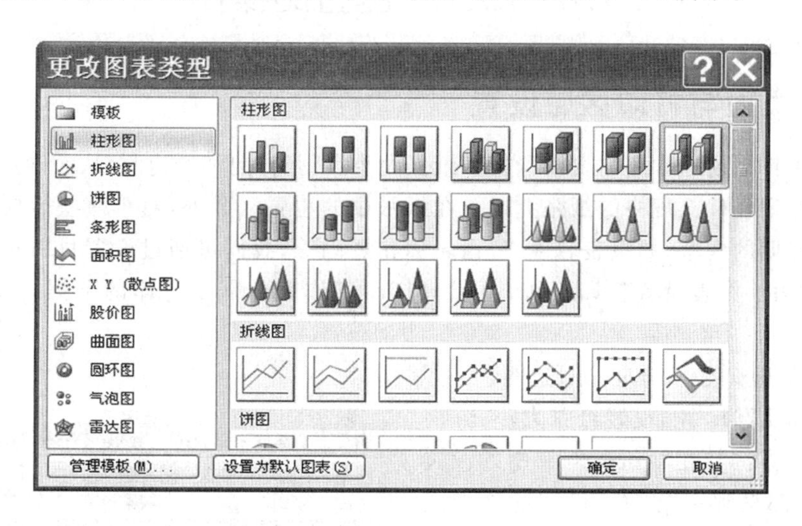

图 4－52　“更改图表类型”对话框

② 要快速更改图表布局（图表包含的组成元素及位置），只需在“图表布局”组中的布局列表中选择一种系统内置的布局样式即可，如此时可在显示的“图表标题”文本框中输入图表标题“学生成绩表”，如图 4－53 所示。

③ 要快速为图表应用系统内置的样式以美化图表，可单击“图表样式”组中的“其他”按钮，在展开的列表中选择一种样式即可。

图 4 - 53 更改图表布局

4.6 Excel 的打印操作

4.6.1 页面与打印区域设置

打印工作表前通常还需要设置打印纸张大小、纸张方向和页边距，从而确定将工作表中的内容打印在什么规格的纸张上以及在纸张中的位置。此外，对于一些需要在每张打印纸上都标明的内容，如报表名称、公司名称和页码等，我们可通过设置页眉和页脚来实现；而通过为工作表设置打印区域，可以只打印工作表中需要打印的数据，避免资源的浪费。

1. 设置纸张大小、方向和页边距

在 Excel 2010 中，设置纸张大小、方向和页边距的方法与在 Word 2010 中的设置是相同的，都是利用“页面布局”选项卡上“页面设置”组中的相关按钮进行设置，如图 4 - 54 所示；或单击“页面设置”组右下角的对话框启动器按钮，在打开的“页面设置”对话框中进行设置。

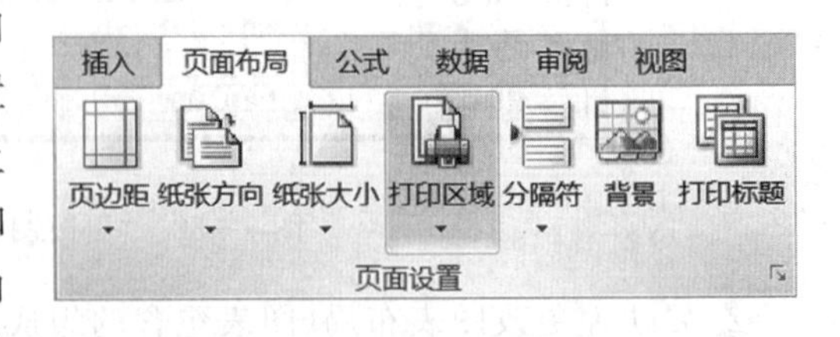

图 4 - 54 “页面布局”选项卡

如在对话框的“页面”选项卡中将纸张大小设为“A4”，方向设为“纵向”；在“页边距”选项卡中将上、下、左、右页边距均设为 2，居中方式设为“水平”和“垂直”，如图 4 - 55 所示。

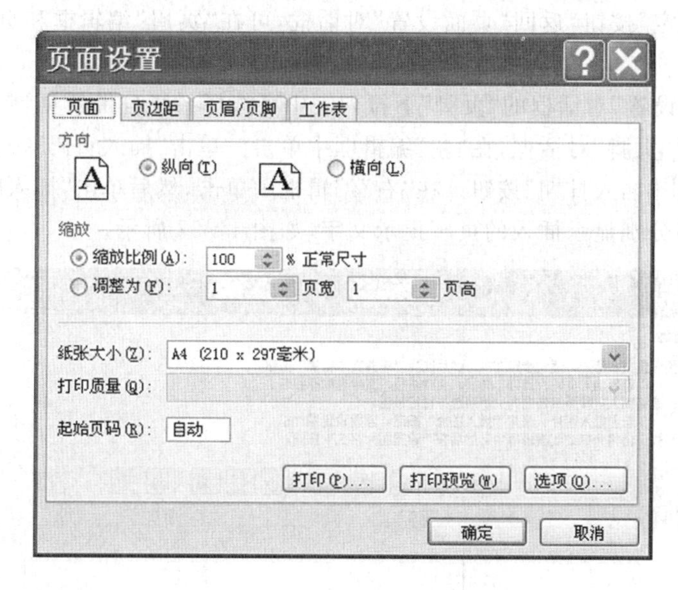

图 4－55　“页面设置”对话框

2.设置页眉或页脚

页眉和页脚分别位于打印页的顶端和底端，通常用来打印表格名称、页号、作者名称或时间等。如果工作表有多页，为其设置页眉和页脚可方便用户查看。

用户可为工作表添加系统预定义的页眉或页脚，也可以添加自定义的页眉或页脚。要为工作表设置页眉和页脚，操作步骤如下：

① 单击“页面布局”选项卡上“页面设置”右下角的对话框启动器按钮，打开“页面设置”对话框，单击“页眉/页脚”选项卡标签，切换到该选项卡，在“页眉”下拉列表中可选择系统自带的页眉。

② 若要自定义页眉，可单击“自定义页眉”按钮，如图 4－56 所示，打开“页眉”对话框，分别在“左”“中”“右”(表示插入页眉的位置)编辑框中输入页眉文本。

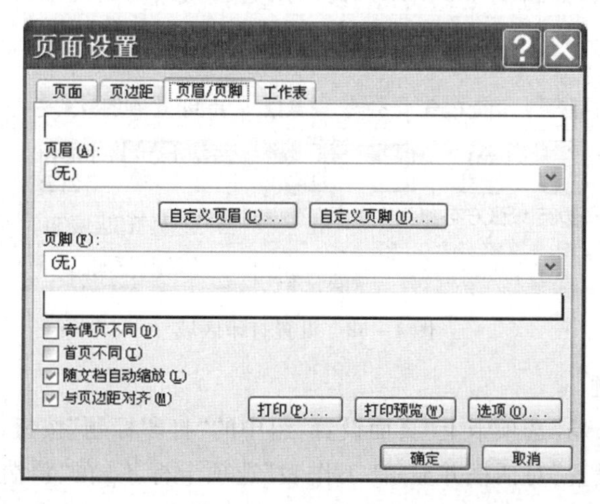

图 4－56　自定义页眉

③ 单击“确定”按钮，返回“页面设置”对话框，可在“页眉”编辑框和页眉列表中看到设置的页眉。

④ 在“页面设置”对话框的“页脚”下拉列表中可选择系统自带的页脚。单击“自定义页脚”按钮，打开“页脚”对话框，在“左”编辑框中单击。单击“插入页码”按钮，在“中”编辑框中单击，再单击“插入日期”按钮。在“右”编辑框中单击，然后单击“插入时间”按钮。结果在各编辑框中分别显示插入的页脚提示文字，如图 4-57 所示。

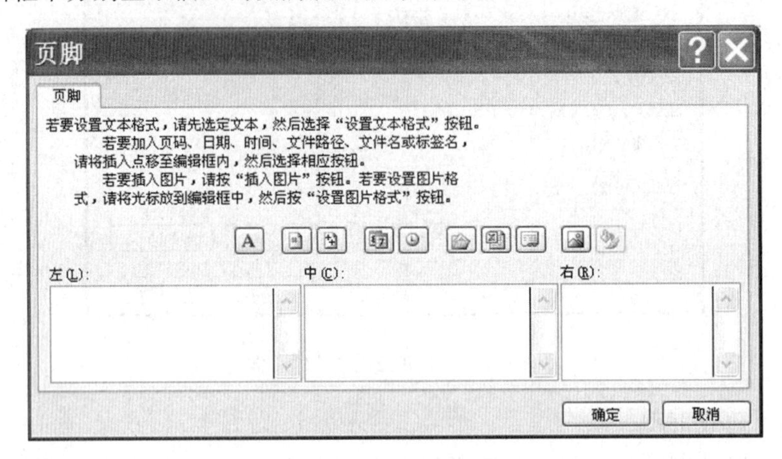

图 4-57 设置页脚

3. 设置打印区域

默认情况下，Excel 2010 会自动选择有文字的最大行和列作为打印区域。如果只需要打印工作表的部分数据，可以为工作表设置打印区域，仅将需要的部分打印。如果工作表有多页，正常情况下，只有第一页能打印出标题行或标题列，为方便查看后面的打印稿件，通常需要为工作表的每页都加上标题行或标题列。

① 选中要打印的单元格区域，此处选择 A1:H17 单元格区域。

② 单击“页面布局”选项卡上“页面设置”组中的“打印区域”按钮，在展开的列表中选择“设置打印区域”项，如图 4-58 所示。此时所选区域四周出现虚线框，未被框选的部分不会被打印。

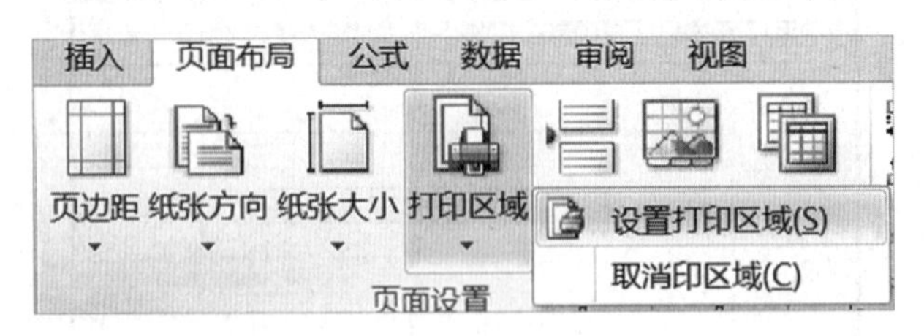

图 4-58 设置打印区域

4. 设置打印标题

① 单击“页面布局”选项卡上“页面设置”组中的“打印标题”按钮，如图 4-59 所示。

② 打开“页面设置”对话框并显示“工作表”选项卡标签，在“顶端标题行”或“左侧标题列”编辑框中单击，然后在工作表中选中要作为标题的行或列。此处在“顶端标题行”单

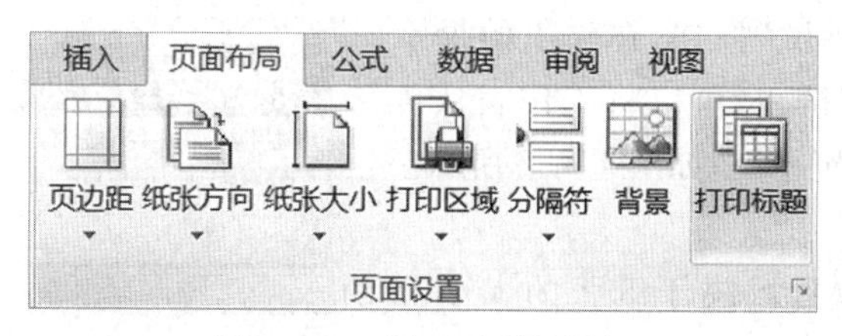

图 4－59　“打印标题”按钮

击，然后在工作表中选中要作为标题的行，如图 4－60 所示，松开鼠标左键返回“页面设置”对话框，此时将显示打印的标题行单元格地址，然后单击“确定”按钮即可。

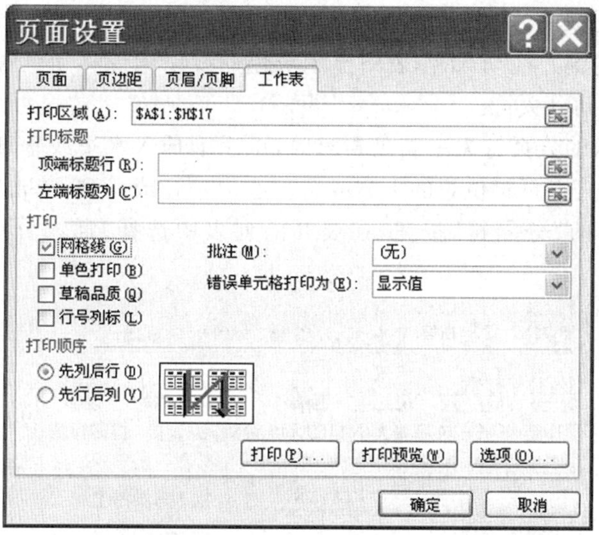

图 4－60　设置“工作表”选项卡

4.6.2　分页预览与分页符调整

如果需要打印的工作表内容不止一页，Excel 2010 会自动在工作表中插入分页符将工作表分成多页打印，但是这种自动分页有时不是用户所需要的。因此，用户最好在打印前查看分页情况，并对分页符进行调整，或重新插入分页符，从而使分页打印符合要求。

1. 分页预览

单击“视图”选项卡上“工作簿视图”组中的“分页预览”按钮，如图 4－61 所示；或单击

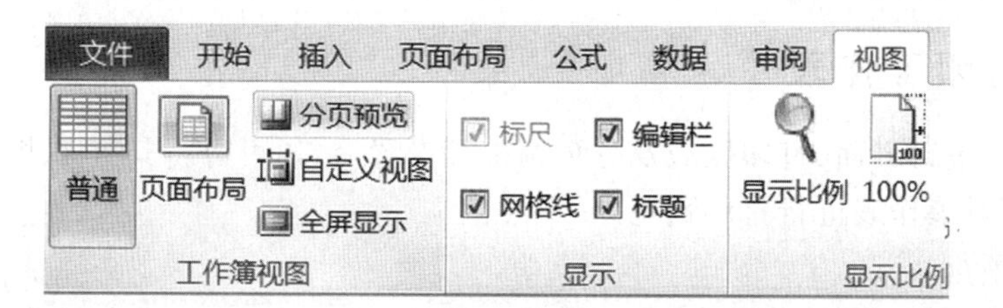

图 4－61　“分页预览”按钮

“状态栏”上的“分页预览”按钮，在弹出的提示对话框中单击“确定”按钮，可以将工作表从普通视图切换到分页预览视图，如图 4－62 所示。

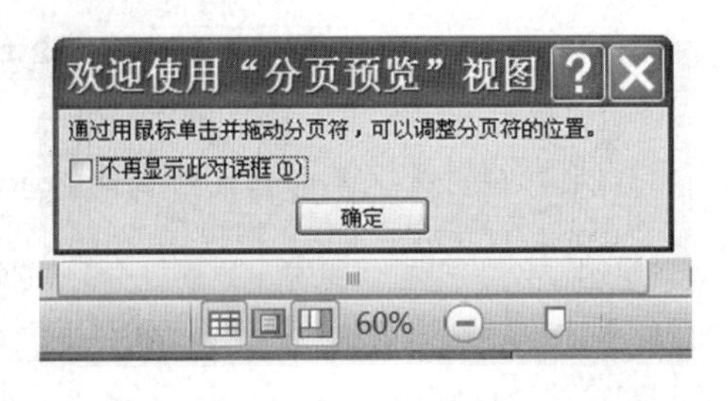

图 4－62 “状态栏”的“分页预览”按钮

2. 调整分页符

默认分页符的位置取决于纸张的大小和页边距设置等。我们也可在分页预览视图中改变默认分页符的位置，或插入、删除分页符，从而使表格的分页情况符合打印要求。

① 要调整分页符的位置，可将鼠标指针移到需要调整的分页符上，此时鼠标指针变成左右(针对垂直分页符)或上下(针对水平分页符)双向箭头。

② 按住鼠标左键并拖动，工作表中显示灰色的线以标识移动位置，至所需位置后释放鼠标左键即可移动分页符。

③ 当系统默认的分页符无法满足要求时，可手动插入水平或垂直分页符。方法是：在要插入水平或垂直分页符位置的下方或右侧选中一行或一列，单击“页面布局”选项卡上“页面设置”组中的“分隔符”按钮，在展开的列表中选择“插入分页符”项即可，如图 4－63所示。

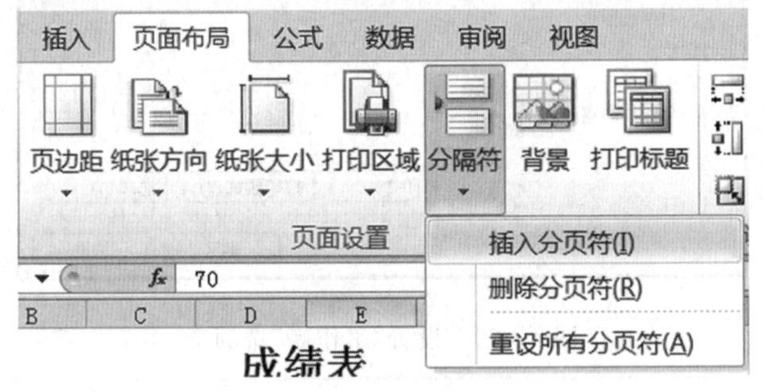

图 4－63 插入分页符

如果单击工作表的任意单元格，然后在“分隔符”列表中选择“插入分页符”项，Excel 2010 将同时插入水平分页符和垂直分页符，将 1 页分成 4 页。

④ 还可以将手动插入的分页符删除。方法是：单击垂直分页符右侧或水平分页符下方的单元格，或单击垂直分页符和水平分页符交叉处右下角的单元格，然后单击“分隔符”列表中的“删除分页符”项即可。

⑤ 最后单击“视图”选项卡上“工作簿视图”组中的“普通”按钮，返回普通视图。

4.6.3 打印工作表

对工作表进行页面、打印区域及分页调整等设置后，便可以将其打印出来了。在打印前，我们还可对工作表进行打印预览。

1. 打印预览

单击“文件”选项卡，在展开的界面中单击“打印”项，可以在其右侧的窗格中查看打印前的实际打印效果。

单击右侧窗格左下角的“上一页”按钮和“下一页”按钮，可查看前一页或下一页的预览效果。在这两个按钮之间的编辑框中输入页码数字，然后按“Enter”键，可快速查看该页的预览效果。

2. 打印工作表

确认工作表的内容和格式正确无误，以及各项设置都满意，就可以开始打印工作表了。

在窗格的“份数”编辑框中输入要打印的份数；在“打印机”下拉列表中选择要使用的打印机；在“设置”下拉列表框中选择要打印的内容；在“页数”编辑框中输入打印范围，然后单击“打印”按钮进行打印。“设置”下拉列表中各选项的意义如下：

打印活动工作表：打印当前工作表或选择的多个工作表。

打印整个工作簿：打印当前工作簿中的所有工作表。

打印选定区域：打印当前选择的单元格区域。

忽略打印区域：本次打印中会忽略在工作表设置的打印区域。

思考与练习

一、填空题

1. 在 Excel 2010 中，一个工作簿最多包括________个工作表；在新建的工作簿中，默认包含________个工作表。

2. 一个工作表最多有________行和________列，最小行号是________，最大行号是________，最小列号是________，最大列号是________。

3. 文本数据在单元格内自动________对齐，数值数据、日期数据和时间数据在单元格内自动对齐。

4. 在单元格内输入系统时钟的当前日期应按________键，输入系统时钟的当前时间应按________键。

5. 如果活动单元格内的数值数据显示 9876.57，单击________按钮，则数值数据显示为________；单击________按钮，则数值数据显示为________；单击________按钮，则数值数据显示为________；单击________按钮，则数值数据显示为________。

6. 图表由________、________、________、________和________等 5 部分组成。

二、选择题

1. Excel 2010 默认的工作簿文件的扩展名是________。

A. XLSX　　B. XLS　　C. DOC　　D. WPS

2. 在 Excel 2010 的工作簿的单元格中可输入________。

A. 字符　　B. 数字　　C. 中文　　D. 以上都可以

3. 将 B2 单元格的公式“＝A1＋A2”复制到单元格 C3 中，C3 的公式为________。

A. ＝B1＋B2　　B. ＝A1＋A2　　C. ＝B2＋B3　　D. C1＋C2

4. 在使用拖动方式进行单元格的复制时，配合鼠标使用的热键是________。

A. Ctrl　　B. Alt　　C. Shift　　D. 全不是

5. 在进行自动分类汇总之前，必须对数据清单进行________。

A. 筛选　　B. 排序　　C. 建立数据库　　D. 有效计算

6. 在 Excel 2010 中，要对某些数字求和，则采用下列哪个函数________。

A. SUM　　B. MAX　　C. IP　　D. AVERAGE

7. 将单元格 El 的公式 SUM (Al:Dl)复制到单元格 E2，则 E2 的公式为________。

A. SUM (B1:E1)　　B. SUM (A1:D1)

C. SUM (A2:E1)　　D. SUM (A2:D2)

8. 在不做格式设置的情况下，向 Excel 2010 单元格中输入后，下列说法正确的是________。

A. 所有数据居左对齐　　B. 所有数据居中对齐

C. 所有数据居右对齐　　D. 数字、日期数据右对齐

9. Excel 2010 的主要功能是________。

A. 制作图片　　B. 制作各类文字性文档

C. 制作电子表格数据库操作　　D. 制作电子幻灯片

10. 从 Excel 2010 工作表产生 Excel 图表是________。

A. 图表不能嵌入在当前工作表中，只能作为新工作表保存

B. 图表既可以嵌入在当前工作表中，也能作为新工作表保存

C. 图表只能嵌入在当前工作表中，不能作为新工作表保存

D. 无法从工作表产生图表

第5章　电子演示文稿制作软件

PowerPoint 2010是美国微软公司推出的幻灯片制作与播放软件，是Office 2010套装办公软件中的重要组件。它帮助用户以简单的可视化操作快速创建具有精美外观和极富感染力的演示文稿，帮助用户图文并茂地向公众表达自己的观点、传递信息、进行学术交流和展示新产品等，可以达到复杂的多媒体演示效果。PowerPoint 2010用户可参照Word 2010及Excel 2010的实操习惯进行操作，如软件的启动和退出，文件(演示文稿)的保存和打开，随意缩放版面或文字，使用密码、权限和其他限制保护演示文稿，SmartArt图形、图片或剪贴画、形状、艺术字、图表等对象的插入，实时翻译、格式及兼容性等功能，用户工作窗口也完全符合Windows风格。

通过本章的学习，可以掌握PowerPoint 2010的一些基本操作，如创建演示文稿、编辑幻灯片、演示文稿主题的选用、幻灯片版式的选用、幻灯片基本制作(文本、图片、艺术字、表格等插入及其格式化)、幻灯片的复制、移动、插入和删除、自定义幻灯片的动画效果、幻灯片切换的设置方法以及演示文稿的放映。

5.1　PowerPoint 2010概述

5.1.1　PowerPoint 2010术语

在介绍演示文稿的基本操作之前，需要先了解PowerPoint的几个术语。

1. 演示文稿

演示文稿是为某一演示目的而制作的所有幻灯片、发言者备注、录音等内容组成一个PowerPoint文档。这类文件的扩展名是pptx。

2. 幻灯片

PowerPoint演示文稿中的每个页面称为一张幻灯片。整个演示文稿是由若干张幻灯片组成。制作演示文稿的过程就是制作一张张幻灯片的过程。

3. 对象

对象是指幻灯片中所添加的文字、图表、形状、声音、视频等。对象是组成幻灯片的重要元素。用户可以选定对象，修改对象的位置、大小和属性，可以移动和复制对象。实际上制作一张幻灯片的过程就是不断地增加、删除、修改幻灯片上的对象。

4. 版式

幻灯片版式是PowerPoint软件中的一种常规排版的格式，通过应用幻灯片版式可以对文字、图形、图片等更加合理、简洁地完成布局。PowerPoint提供了多种版式供用户选择，其中包括标题、文本、剪贴画、图表、组织结构图等对象在幻灯片上的位置，并包含提示文字。

5. 占位符

占位符就是在幻灯片上预定一个位置，等待用户输入待呈现的内容。占位符在幻灯片上表现为一种虚线框，框内往往有“单击此处添加标题”或“单击此处添加文本”之类的提示语。一旦用鼠标单击虚线框内部之后，这些提示语就会自动消失而等待用户输入实际内容。

6. 模板

模板是指演示文稿的一个整体设计方案，它包含了预定义的文字格式、颜色以及幻灯片的背景图案等。PowerPoint 模板都具备一定的风格，不同风格适合不同的演讲场合。PowerPoint 模板以文件的形式被保存在指定的文件夹中。

7. 母版

母版是一张具有特殊用途的幻灯片，其中已经设置了幻灯片的标题和文本的格式与位置，其作用是统一文稿中包含的幻灯片的版式和背景。因此，对母版的修改会影响到基于该母版的所有幻灯片。例如商家在展示公司产品或学生做毕业答辩演示文稿时，可将公司 LOGO 或校徽放置在母版中，制作演示文稿时这些标志将会出现在所有幻灯片上。PowerPoint 母版包括幻灯片母版、备注母版和讲义母版。

5.1.2 PowerPoint 2010 的主界面简介

图 5-1 为 PowerPoint 2010 的窗口界面，与其他 Office 2010 组件的窗口组成基本相同，包含标题栏、快速访问工具栏、选项卡和功能区、工作区域、状态栏等。此外，窗口中还包括了 PowerPoint 专用操作功能，如幻灯片/大纲浏览窗格、幻灯片窗格、备注窗格、视图切换按钮等部分。

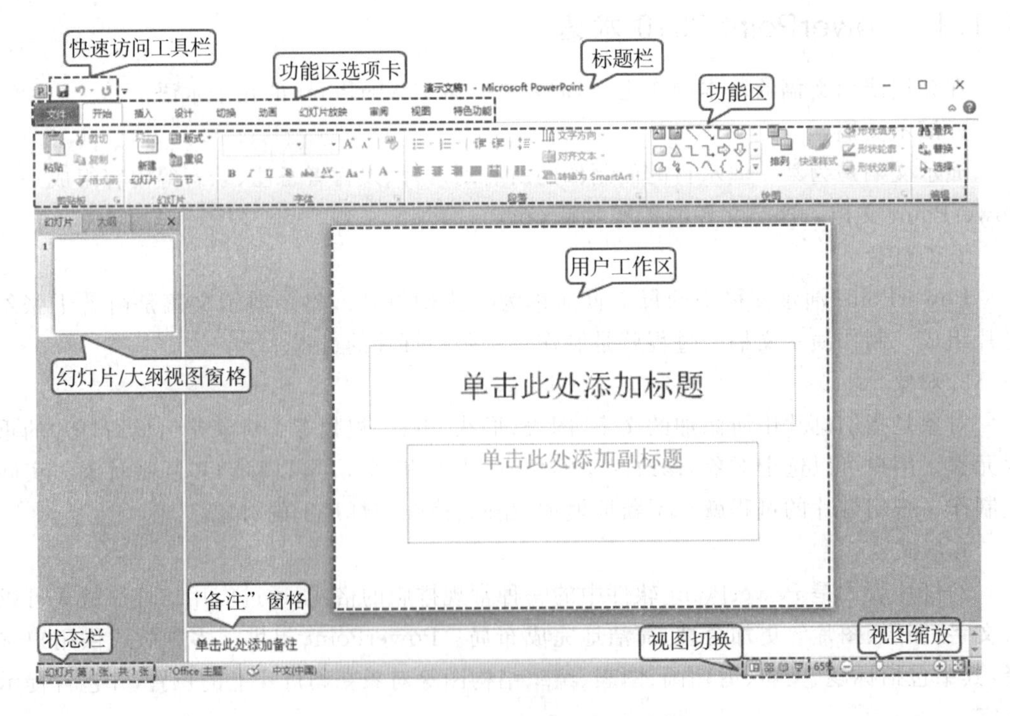

图 5-1 PowerPoint 2010 主界面窗口

(1)标题栏:显示正在编辑的演示文稿的文件名以及软件名称。

(2)快速访问工具栏:一般包含保存、撤销和恢复三个按钮,用户可根据操作习惯动态添加或删除其他命令按钮。

(3)选项卡:相当于早期版本的主菜单,通常有“文件”“开始”“插入”等9个不同类别的选项卡,不同选项卡包含不同类别的命令组。单击某选项卡,将在功能区出现与该选项卡类别相对应的命令组以供选择。例如,单击“文件”选项卡,可以在出现的菜单中选择“新建”“保存”“打印”“打开”演示文稿等操作命令。

提示:有的选项卡平时不出现,只有在某种操作顺利完成的情况下才会自动显示,这种选项卡称为“上下文选项卡”。例如,只有在幻灯片插入某一图片,然后选中该图片的情况下才会显示“图片工具－格式”选项卡。

(4)功能区:用功能区代替了早期的菜单项和工具栏,用于显示与选项卡相对应的命令按钮组,例如单击“开始”选项卡,其功能区将按“剪贴板”组、“幻灯片”组、“字体”组、“段落”组、“绘图”组、“编辑”组分别显示各组操作命令。

(5)工作区:即演示文稿编辑区,用户可以在此制作和编辑幻灯片的内容。

(6)幻灯片/大纲视图窗格:位于工作区的左侧,包括大纲和幻灯片视图两个选项卡。幻灯片视图的主要任务是负责整张幻灯片的插入、复制、删除和移动操作;大纲视图的主要任务是显示幻灯片的文本,并可以很方便地对幻灯片的标题和段落文本进行编辑。

(7)备注窗格:位于工作区的下方,主要用于给每张幻灯片添加解释、说明等备注信息。

(8)视图切换:PowerPoint 2010中提供了普通视图、幻灯片浏览视图、幻灯片放映视图、阅读视图等4个视图按钮,用于各种视图之间的切换。

① 普通视图可同时显示幻灯片、大纲和注释,这是PowerPoint的默认视图。

② 幻灯片浏览视图以缩略图形式显示幻灯片的视图,用户可以轻松地重新排列幻灯片并添加幻灯片切换和其他特殊效果。

③ 阅读视图只显示标题栏、阅读区和状态栏,方便用户审阅演示文稿。

④ 幻灯片放映视图以全屏模式显示幻灯片,这是用户实际进行演示时使用的视图。在此视图中,我们将看到设置的幻灯片切换效果、添加的动画效果和插入的声音、视频效果。

(9)状态栏:状态栏位于窗口底端,主要用来显示当前演示文稿的操作信息,如当前选定的是第几张幻灯片、幻灯片的总数、采用的幻灯片主题等信息,状态栏上还有视图的切换按钮和显示缩放按钮。

5.1.3 演示文稿的创建

创建演示文稿主要有如下几种方式:创建空白演示文稿、利用模板创建演示文稿、根据现有演示文稿创建新文稿等。

1.创建空白演示文稿

启动PowerPoint程序时,将自动创建一个新的空白演示文稿,然后用户根据自己的喜好编辑演示文稿,如图5-2所示。另一种方法是在PowerPoint 2010已经启动的情况下，单击“文件”选项卡“新建”命令，在右侧“可用的模板和主题”中选择“空白演示文稿”，单击“创建”按钮即可，如图 5－3 所示。也可以双击“可用的模板和主题”中的“空白演示文稿”。

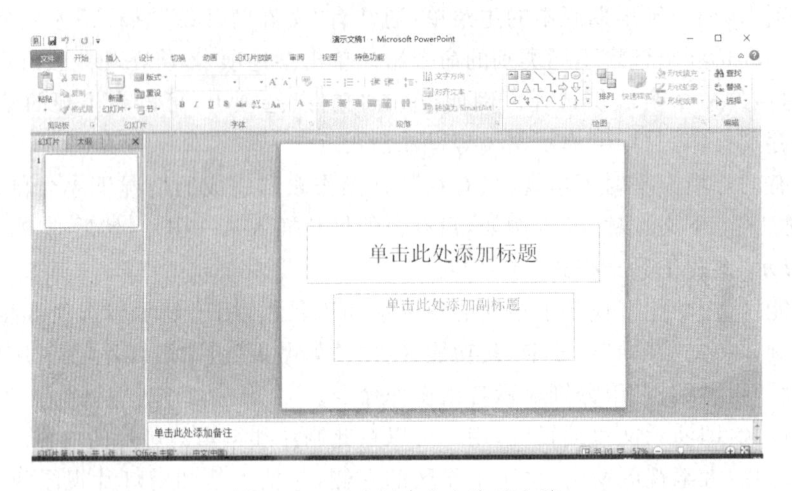

图 5－2　自动创建空白演示文稿

图 5－3　“新建”空白演示文稿

2. 利用模板创建演示文稿

(1)利用已有模板创建演示文稿

在图 5－3 中的“可用的模板和主题”界面下选择“样本模板”“主题”“我的模板”可以应用已有模板。此时，开始编辑的演示文稿就会按照模板里设定好的背景、字体等规则进行显示。

例如，在“可用的模板和主题”界面中选择“样本模板”，弹出“样本模板”界面，选择合适的模板后，利用模板中设置好的背景、字体、图片等设置演示文稿。

(2)从 Office Online 下载模板

如果没有合适的模板可以使用，可以单击“开始”选项卡，在下拉菜单中选择“新建”命令，可以看到“可用的模板和主题”界面，选择“Office. com 模板”下的模板类型，进行下载。

(3)保存“我的模板”

当遇到喜欢的演示文稿时，希望将其模板保存下来以备下次使用，可以利用“另存为”命令，弹出“另存为”对话框，在“保存类型”中选择“PowerPoint 模板”类型(后缀名为 potx)，保存在默认路径下，以后可以在“可用的模板和主题”界面中的“我的模板”里找到该模板。

3. 根据现有演示文稿创建新文稿

“根据现有演示文稿”是指已经存在的演示文稿，并在此基础上进一步加工和编辑。在图 5-3 中的“可用的模板和主题”界面下选择“根据现有内容新建”，即可打开“根据现有演示文稿新建”对话框，打开已有文稿所在路径，即可将该演示文稿调入当前的编辑环境中。我们便可在此基础上编辑修改。值得注意的是，这种创建演示文稿的方式，并不会改变原文件的内容，只是创建了原文件的一个副本。

4. 演示文稿的保存和关闭

制作好的演示文稿需要保存到本地磁盘，操作方法是选择“文件”选项卡的“保存”命令。若是第一次保存演示文稿，系统会弹出“另存为”对话框。默认的保存类型是“*.pptx”，也可以根据需要选择早期类型“PowerPoint 97－2003 演示文稿(*.ppt)”。

如果需要对演示文稿更换保存位置或把已经修改过的演示文稿以换名保存，则选择“文件”选项卡的“另存为”命令，系统也会弹出“另存为”对话框。在打开的对话框中选择另一个新的文件夹作为指定位置保存当前文件或对当前文件重命名后保存，如图 5-4 所示。

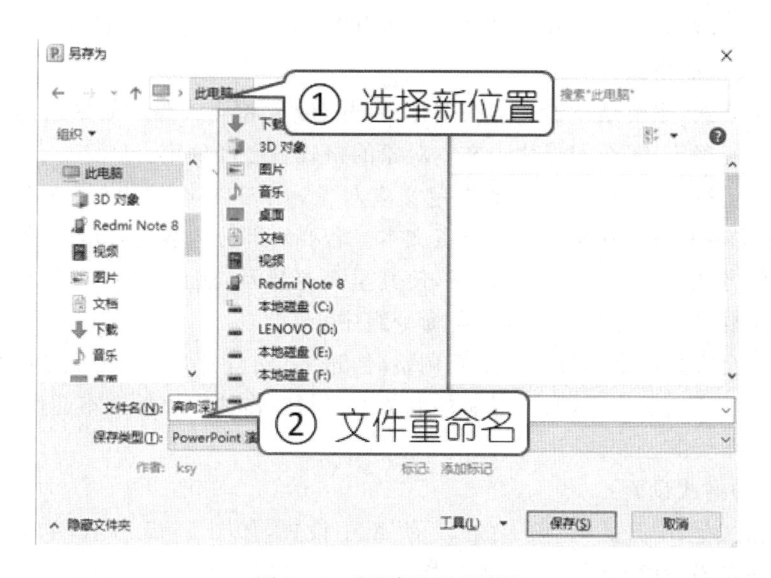

图 5-4　“另存为”对话框

演示文稿保存好以后，即可关闭。若在未保存的情况下直接关闭，则会弹出提示保存的对话框。关闭演示文稿的操作方法可参考其他 Office 2010 组件操作习惯。

5.2 演示文稿的编辑与格式设置

5.2.1 幻灯片的基本操作

1. 文本编辑

制作演示文稿，既要确定幻灯片的模板、主题和版式，也要向幻灯片中输入文本。大部分演示文稿都包含文本信息，输入文本之后，还需要设置文本和段落的格式。

(1)文本的输入

大多数幻灯片包含两个文本对象：一个用于幻灯片标题，另一个用于正文文本。如果需要，可以添加更多文本对象，并且可以删除正文文本或标题文本对象，甚至可以删除两者以创建不包含文本的幻灯片。

① 文本占位符：在演示文稿模板中有一个含有项目符号的虚线框（内写“单击此处添加文本”）供我们输入文本，在此可以将正文文本内容按照标题级别输入进去。这个虚线框称为占位符。输入文本时只需单击占位符框内即可，输入过程中 PowerPoint 会自动文本换行，这样您就不必在每行的末尾按回车键，仅当开始新段落时才按回车键。除了文本外，在 PowerPoint 2010 中，占位符还可以是图片、图表、表格、SmartArt、媒体和图画等。

② 除了利用占位符输入文本以外，还可以选择“插入”选项卡“文本”组中的“文本框”按钮或者上下文选项卡“格式”中的“插入形状”组中的“文本框”按钮，在需要输入文本的位置创建一个文本框，然后在此文本框中输入文本信息。

在填写正文内容的时候，所有输入的文本都是默认为 1 级标题的，需要使用 2、3 级标题，请选中对应的标题，使用“开始”选项卡“段落”组中的按钮进行提高或降低标题级别。

(2)设置文本的格式

设置文本格式，主要是设置文本的字体、字号、颜色和样式等。如果当前演示文稿的模板和主题已经确定，那么幻灯片中文本对象的格式就已经确定。

要对文本进行格式设置，首先要选定文本对象。单击文本的边框（虚框线变成实框线）选择整个文本对象及其所包含的所有文本。若要对部分内容进行格式设置，可以用鼠标指针拖动的方式选择需要修改的文本，使其呈高亮显示，然后执行所需的格式化命令。格式化命令主要是在“格式”选项卡的各命令组中。

当需要对全文档的字体等进行重新调整时，进入“幻灯片母版”视图对母版进行调整是最简便的方法。需要注意的是，母版的调整只对写在占位符里的文本起作用，插入到文本框里的文本不受其控制。

(3)段落的格式设置

段落的格式是在“开始”选项卡的“段落”组中设置，如图 5-5 所示，单击右下角的按钮可以打开段落设置的对话框。段落的格式化主要包括以下三个方面。

① 段落的对齐设置。演示文稿的段落格式主要是指文本在幻灯片的文本框中的排列方式。主要有：首行缩进、左对齐、右对齐、居中、两端对齐、分散对齐等。

② 行距和段落间距的设置。行距的设置可以通过在“段落”组中命令完成。单击“段

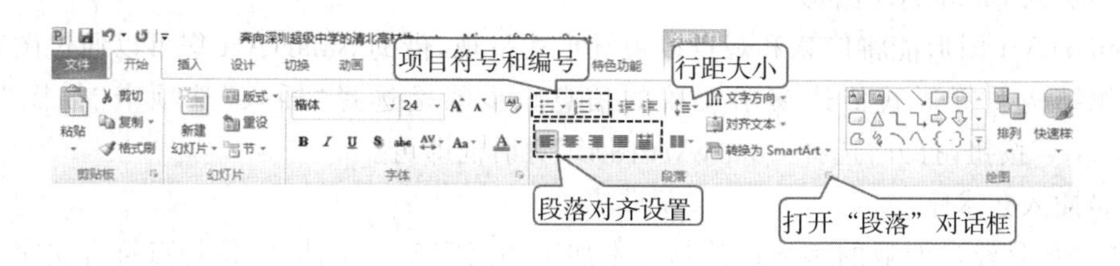

图 5-5　段落格式设置

落”功能区右下角的按钮即可打开“段落”对话框,在这里可以设置段落的间距和行距。

③ 项目符号和编号。项目符号和编号的设置是通过选择“段落”组中的“项目符号”和“编号”命令实现。

2. 插入对象操作

在制作演示文稿的过程中,除了学会文本信息的编辑和格式化外,还应该学会插入对象的操作。在演示文稿的合适位置插入剪贴画、图片、组织结构图、图表、艺术字、表格、批注、SmartArt 图形、音频和视频等对象内容,一张内容丰富、美轮美奂的演示文稿就制作出来了。

(1)插入剪贴画

在演示文稿中插入一些与文稿主题相关的剪贴画,可以使演示文稿更加生动。选择“插入”选项卡“图像”组的“剪贴画”,也可以打开“剪贴画”任务窗格。在任务窗格中双击选中的剪贴画或单击剪贴画右侧的按钮,在打开的菜单中选择“插入”即可将剪贴画插入到内容占位符中。插入的剪贴画可以对其进行编辑,比如改变大小、位置和复制等。

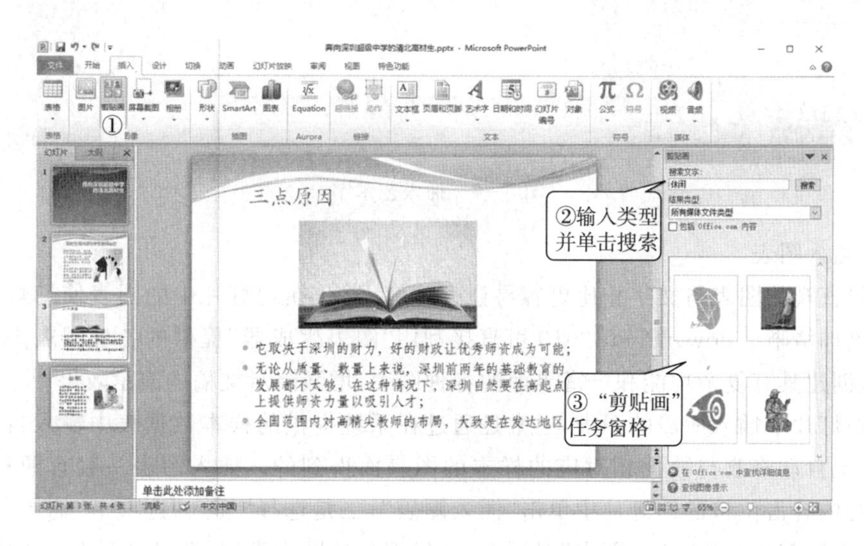

图 5-6　插入“剪贴画”

(2)插入图形

选择“插入”选项卡“插图”功能区中的“形状”,即可打开可选择的图形。单击要插入的形状,鼠标指针即变成十字形状,在幻灯片的合适位置拖动鼠标左键绘制图形。

(3)插入 SmartArt 图形

SmartArt 图形能将信息和观点以视觉形式呈现,借助 SmartArt 您可以通过图表、列表、组织结构图等形式传达演示文稿的信息。步骤是选择“插入”选项卡“插图”组的“SmartArt”按钮,打开“选择 SmartArt 图形”对话框即可。

(4)插入艺术字

艺术字是经过专业的字体设计师艺术加工的汉字变形字体,字体特点符合文字含义,具有美观有趣、易认易识、醒目张扬等特性,是一种有图案意味或装饰意味的字体变形。插入艺术字的方法是:选择“插入”选项卡“文本”功能区的“艺术字”,单击选中的艺术字。此时,在幻灯片编辑区中出现“请在此放置您的文字”艺术字编辑框,如图 5-7 所示。更改输入要编辑的艺术字文本内容,可以在幻灯片上看到文本的艺术效果。选中艺术字后,在“格式”选项卡可以进一步编辑艺术字。右击艺术字,可以选择设置艺术字的形状格式。

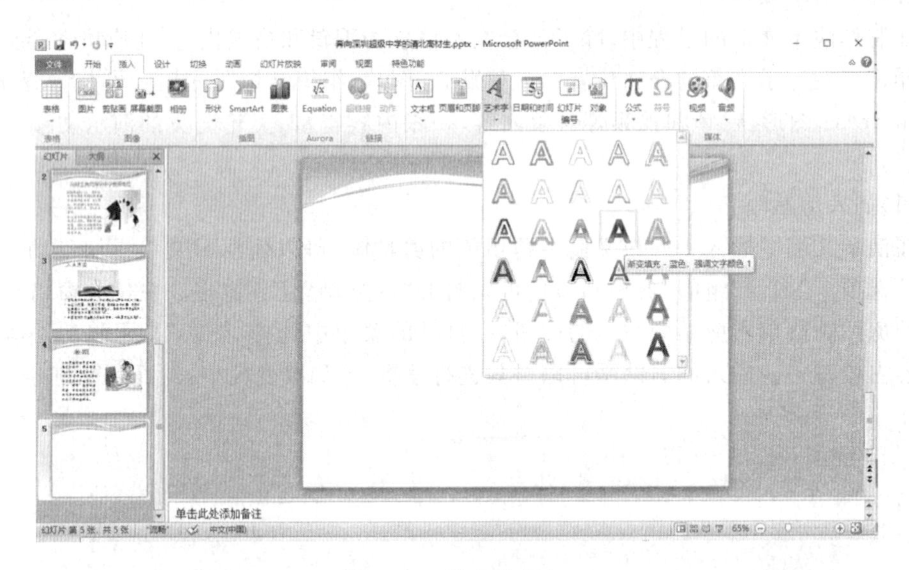

图 5-7 插入艺术字

(5)插入图表

形象直观的图表与文字相比更容易让人理解,插入在幻灯片中的图表使幻灯片的显示效果更加清晰。PowerPoint 2010 可直接利用“图表生成器”提供的各种图表类型和图表向导,创建具有复杂功能和丰富界面的各种图表,增强演示文稿的演示效果。

在幻灯片中插入所需的图表,通常是通过在系统提供的样本数据表中输入自己的数据,由系统自动修改与数据相对应的样本的图表而得到的。插入图表一般有两种情况。一是在有内容占位符的幻灯片中单击“插入图表”,二是选择“插入”选项卡“插图”功能区中的“图表”,都可打开“插入图表”对话框,选择需要的图表类型,即可打开 Excel 2010,如图 5-8 所示,可以在其中修改相应的系列数据,完成图表的插入。

(6)插入表格

在幻灯片的内容占位符中单击“插入表格”即可打开“插入表格”对话框,在其中输入行数和列数,或选择“插入”选项卡“表格”组的“表格”按钮,在其中选择行数和列数也可插

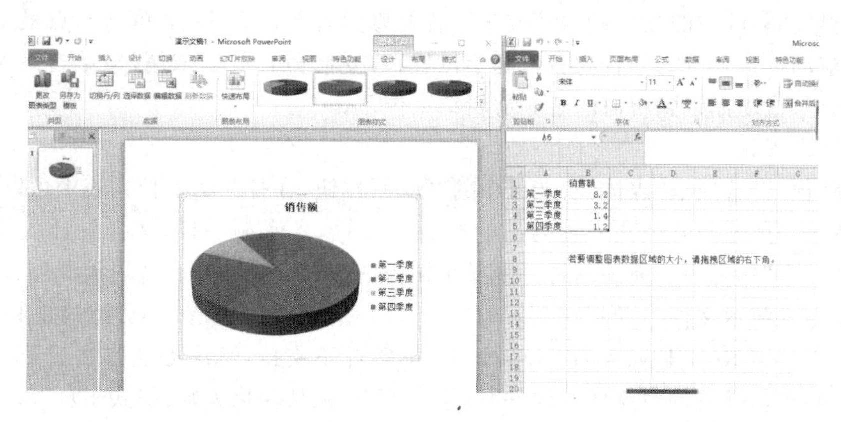

图 5 - 8　插入图表

入表格。

(7)插入图片

在幻灯片的内容占位符中单击“插入来自文件的图片”即可打开“插入图片”对话框，打开图片所在的路径插入图片，或选择“插入”选项卡“图像”功能区中的“图片”按钮也可打开“插入图片”对话框。另外，PowerPoint 2010 新增的制作电子相册功能，单击“图像”组中的“相册”按钮，可以将来自文件的一组图片制作成多张幻灯片的相册。

(8)插入声音

选择“插入”选项卡“媒体”组中的“音频”按钮，在打开的下拉列表中可以选择“文件中的音频”“剪贴画音频”“录制音频”。也就是说，在演示文稿中插入的音频，可以是来自本地磁盘的文件音频，也可以是剪贴画音频或者自己录制的音频。选择好要插入的音频，单击“插入”即可在当前幻灯片上显示一个表示音频文件的图标。单击该图标，选择“播放”选项卡。在该选项卡可以设置音频开始播放的方式和播放的起止时间，比如单击播放或者显示幻灯片时播放，甚至是循环播放，直到停止。

主要的设置操作如下：

① 若要在放映该幻灯片时自动开始播放音频剪辑，可在“音频选项”功能区的“开始”列表中单击“自动”按钮。

② 若要通过在幻灯片上单击音频剪辑来手动播放，可在“音频选项”功能区的“开始”列表中单击“单击时”按钮。

③ 若要在演示文稿中单击切换到下一张幻灯片时播放音频剪辑，可在“音频选项”功能区的“开始”列表中单击“跨幻灯片播放”按钮。

④ 要连续播放音频剪辑直至停止播放，可选中“音频选项”功能区的“循环播放，直到停止”复选框。

⑤ 在播放声音文件的时候，屏幕中会出现一个小喇叭图标，如在播放时要求不显示，可以选中该图标，在“音频工具”中的“播放”选项卡上，在“音频选项”功能区中，选中“放映时隐藏”复选框。

另外，还可以利用 PowerPoint 提供的工具对音频进行修剪。可以在每个音频剪辑的开头和末尾处对音频进行修剪。操作方法是：先选定插入的音频喇叭图标，选择“播放”选项卡“编辑”功能区中的“剪裁音频”按钮。若要修剪音频的开头，请单击起点最左侧的绿色标记，拖动标记到所需的音频剪辑起始位置；若要修剪音频的末尾，请单击终点最右侧的红色标记，拖动标记到所需的音频剪辑结束位置。

(9)插入视频

选择“插入”选项卡“媒体”功能区中的“视频”按钮，在打开的下拉列表中可以选择“文件中的音频”“剪贴画音频”“来自网站的视频”。同插入音频一样，选择好插入的视频以后，单击“插入”即可在当前的幻灯片上显示插入的视频。视频在一些培训课件、产品介绍和课题汇报等演示文稿中经常使用，avi、wmv、mpeg 是 PowerPoint 支持的视频格式，对常用的文件类型 Real、Flv、Apple Quick Time 等并不支持，解决办法是通过第三方软件进行格式转换。常见的视频转化软件有：绘声绘影、视频转化大师、格式工厂等。

(10)插入其他演示文稿中的幻灯片

单击某张幻灯片作为当前幻灯片，选择“开始”选项卡“幻灯片”组中的“新建幻灯片”下拉列表中的“重用幻灯片”，即可打开“重用幻灯片”任务窗格，如图 5－9 所示。单击“浏览”按钮，在打开的“浏览”对话框中选择要插入的幻灯片所在的演示文稿，即可在任务窗格中打开演示文稿中的所有幻灯片，单击幻灯片即可实现插入。

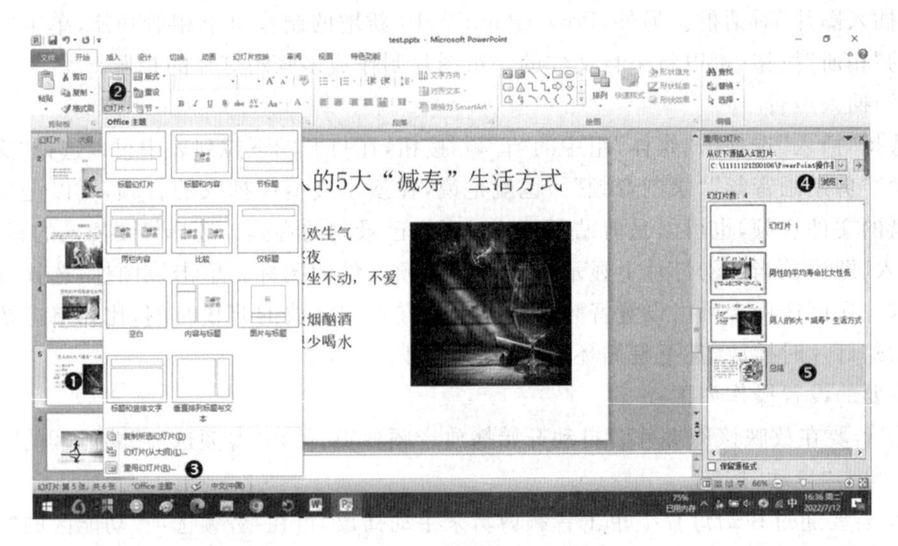

图 5－9　重用幻灯片

3. 幻灯片的操作

(1)选择幻灯片

要对幻灯片进行新建、复制、删除等操作，第一步就是要选择某张幻灯片。在幻灯片/大纲视图窗格中，单击某张幻灯片即可实现选定某张幻灯片的操作。如果想选择连续的多张幻灯片，首先选择第一张幻灯片，然后按下“Shift”键，再选择最后一张幻灯片。如果想选择不连续的多张幻灯片，首先选择第一张幻灯片，在选择第二张、第三张幻灯片的同时确定“Ctrl”键是按下状态即可。

(2)新建幻灯片

创建一个空白的演示文稿，即可新建一张空白的幻灯片。当需要在这张幻灯片后再新建一张幻灯片，方法主要有以下两种。

① 在幻灯片/大纲视图窗格中单击第一张幻灯片，再按“Enter”键或者单击右键在弹出的菜单中选择“新建幻灯片”，即可在当前选定的幻灯片的后面新建一张幻灯片。

② 单击“开始”选项卡“幻灯片”组中的“新建幻灯片”按钮。按以上方式新建的幻灯片都是“标题和内容”版式，如果想建立其他版式的幻灯片，可以在“新建幻灯片”按钮的下拉窗口中进行选择，如图5-10所示。

图5-10　新建幻灯片

(3)删除幻灯片

在幻灯片/大纲视图窗格中选择要删除的幻灯片，按下“Del”键或单击右键在弹出的菜单中选择“删除幻灯片”命令，也可以通过“开始”选项卡“剪贴板”功能区中的“剪切”按钮删除幻灯片。如果想删除多张幻灯片，只要先选定要删除的多张幻灯片，然后按上述方法即可。删除幻灯片以后，后面的幻灯片会自动向前排列。

(4)复制幻灯片

复制幻灯片的方法主要有以下两种。

① 在幻灯片/大纲视图窗格中选择要复制的幻灯片，右击在弹出的菜单中选择“复制”或者“复制幻灯片”命令。如果选择的是“复制幻灯片”命令，则会在当前幻灯片后面复制一张幻灯片，如果选择的是“复制”命令，还需要选择复制到的位置，再次选择某张幻灯片，右击选择“粘贴”命令，即可在再次选择的这张幻灯片后面复制幻灯片。上述的“复制”和“粘贴”命令，也可以通过“开始”选项卡“剪贴板”组中的“复制”和“粘贴”按钮实现。

② 使用上一小节中的“插入其他演示文稿中的幻灯片”的方式也可以复制幻灯片。

(5)重新排列幻灯片的次序

要重新排列幻灯片的次序，可以使用“剪切”和“粘贴”命令来实现。也可以在幻灯片/大纲视图窗格中或者幻灯片浏览视图中，使用鼠标拖放的方式来改变幻灯片的次序。

(6)在演示文稿中浏览幻灯片

在演示文稿的编辑过程中，需要在各个幻灯片之间进行切换。切换的方法是：单击幻灯片普通视图右侧的滚动条或者使用“PgUp”和“PgDn”键。

4. 外观设计

演示文稿的一大特点是所有的幻灯片可以具有一致的外观。幻灯片的外观设计主要包括幻灯片的背景、幻灯片的主题样式、幻灯片的版式、母版和设计模板的应用等。

(1)更改幻灯片的背景

利用 PowerPoint 2010 的“背景”功能,可以自己设计幻灯片背景颜色或填充效果,并将其应用于演示文稿中的部分和所有幻灯片。在演示文稿中更改背景颜色的具体操作步骤如下:

① 首先,在幻灯片/大纲视图窗格中,选择需要设置背景颜色的一张或者多张幻灯片。

② 单击“设计”选项卡“背景”组的按钮,即可打开“设置背景格式”对话框。若只对当前的幻灯片设置背景颜色,可在幻灯片工作区域中右击下拉菜单中选择“设置背景格式”命令。

③ 在“设置背景格式”对话框中,选择“填充”选项卡和“纯色填充”,在“颜色”下拉菜单中选择需要的背景颜色进行填充。

④ 完成上述操作以后,单击“关闭”按钮,即可应用到选择的幻灯片,若单击“全部应用”则将背景颜色应用于当前文档中的所有幻灯片。

除了上述设置幻灯片的背景颜色外,还可对背景增加渐变效果、纹理、图案的填充效果等。同样在“设置背景格式”对话框中,选择相应的命令即可。比如,如果要应用本地磁盘的某一张图片作为背景,则选择“图片或纹理填充”命令,单击“文件”按钮即可打开“插入图片”对话框。选择某张图片作为背景,单击“关闭”即可将图片应用到选定幻灯片的背景,如图 5-11 所示。

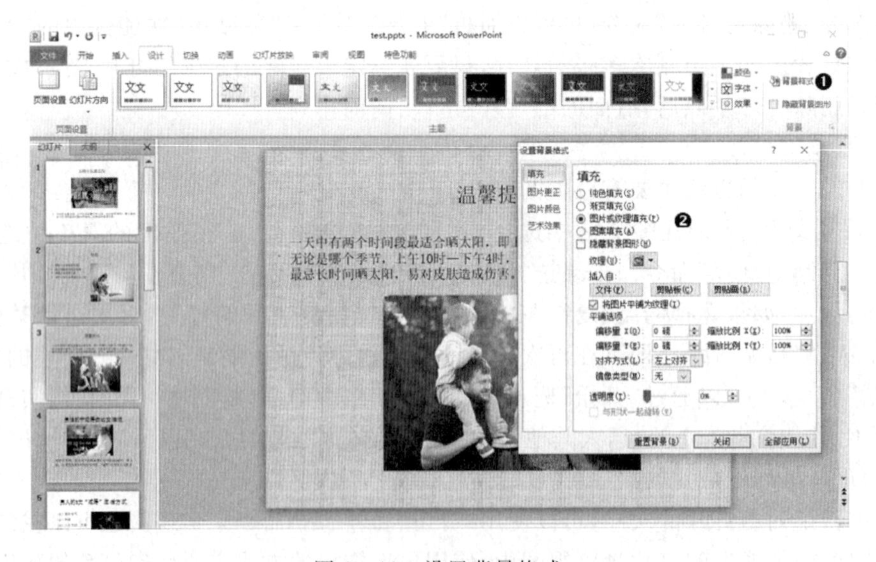

图 5-11 设置背景格式

也可以利用“设计”选项卡“主题”组中的主题模式功能,快速对现有演示文稿的背景、字体、效果等进行整体化设置。

(2)更改幻灯片的主题样式

① 快速应用主题。在“设计”选项卡的“主题”组中，单击预览图右侧的下三角按钮调出主题库，如图 5 - 12 所示，在所有预览图中选择想要的主题，单击选中将其应用到幻灯片中。

图 5 - 12　主题样式

② 自定义并保存主题样式。如对内置的主题样式库中的样式不满意，可利用“设计”选项卡“主题”组中的主题样式设置工具设置主题的颜色、字体和效果，也可以在“颜色”下选择“新建主题颜色”，在打开的对话框中进行调整。

(3)更改幻灯片的版式

上述提到新建幻灯片默认都是“标题和内容”版式，如果对该版式不满意，可以更改幻灯片的版式。方法是：右击幻灯片工作区域的空白处，在弹出的快捷菜单中选择版式即可，也可在“开始”选项卡“幻灯片”组“版式”命令下选择相应的版式，如图 5 - 13 所示。

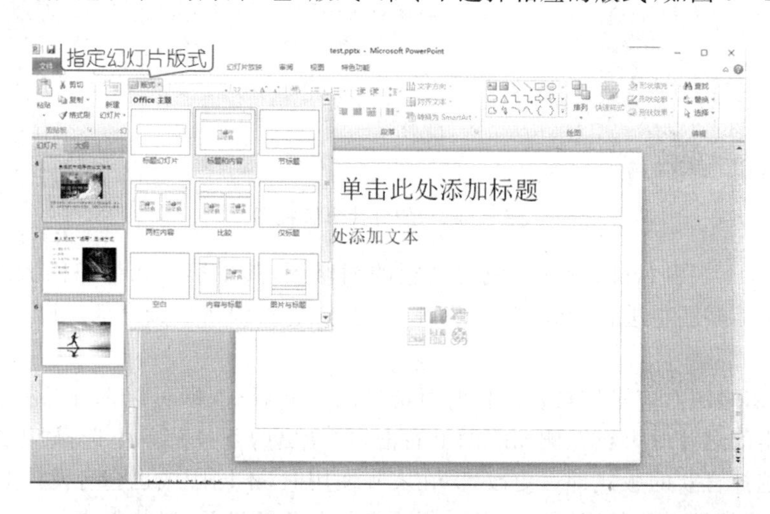

图 5 - 13　更改幻灯片版式

5.2.2　母版的设置

1. 母版

上述内容都是针对某些幻灯片的设置和操作，当需要对演示文稿中的所有幻灯片统一样式和风格时，可以使用母版设置。另外，当需要对已有模板或主题进行调整或设计新的模板时，也会使用到母版设置。

母版包括幻灯片母版、备注母版和讲义母版。各母版之间的切换方法是单击“视图”选项卡“母版视图”组中的相应按钮。演讲者在演示文稿的放映过程中，不可能将所有的演讲内容全部放在幻灯片上，衔接词语和扩展讨论可以写到备注内容中，这时就需要设置备注母版。关闭备注母版回到普通视图，在备注窗格中输入文字，这些文字会按照刚才设置好的格式显示。讲义母版主要是设置演示文稿打印出来时的页面所显示的内容和格式，可以设置每张打印页显示的幻灯片的个数、页眉和页脚的内容、是否显示日期和页码、背景样式和主题等。

单击“视图”选项卡“母版视图”组中的“幻灯片母版”按钮，进入幻灯片母版界面，如图 5－14 所示。

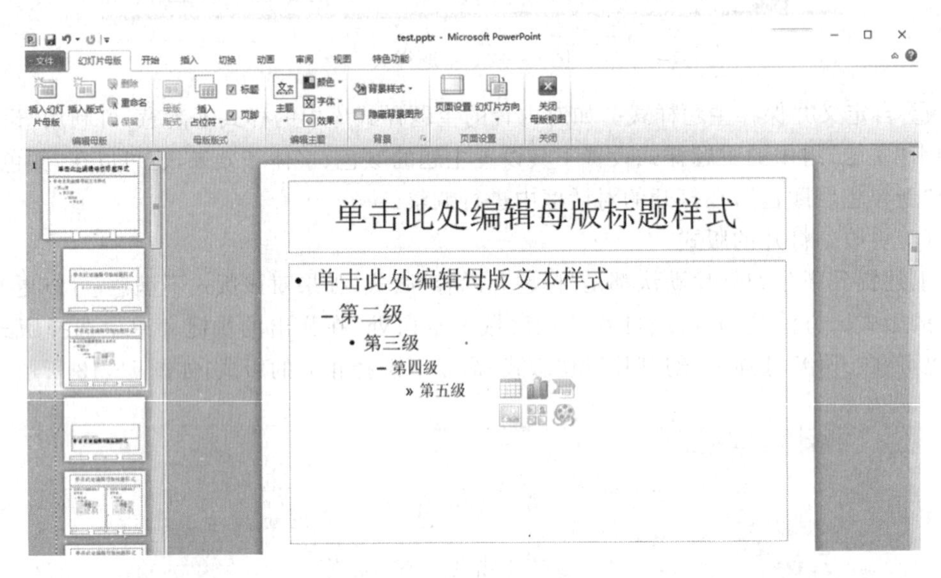

图 5－14　幻灯片母版视图

在该界面下，我们可以看到左侧有模板的缩略图，其中第一张缩略图大于其他缩略图，在第一张缩略图中进行背景图片、字体、字号、颜色等设置后会全部应用在下面所有的缩略图中。

不同的缩略图对应着幻灯片制作时可选择的不同版式（即可以选择单栏、双栏、仅标题等，在编辑幻灯片时可在左侧缩略图上右击，在弹出的下拉菜单中选择“版式”，弹出版式库，再次选择喜欢的版式即可更改）。在实际使用时，不同版式也会有设计上的差异，所以也可以在此处针对母版视图下的各个版式进行单独的设置，以使版式各有不同，从而满足使用的具体需求。

2. 设计模板

当需要自己设计一个模板时，从“视图”选项卡进入“幻灯片母版”界面，在想要改变的母版上右击，选择下拉列表中的“设置背景格式”命令，如图 5－15 所示，接着在弹出的“设置背景格式”对话框中设置背景图片及其效果。

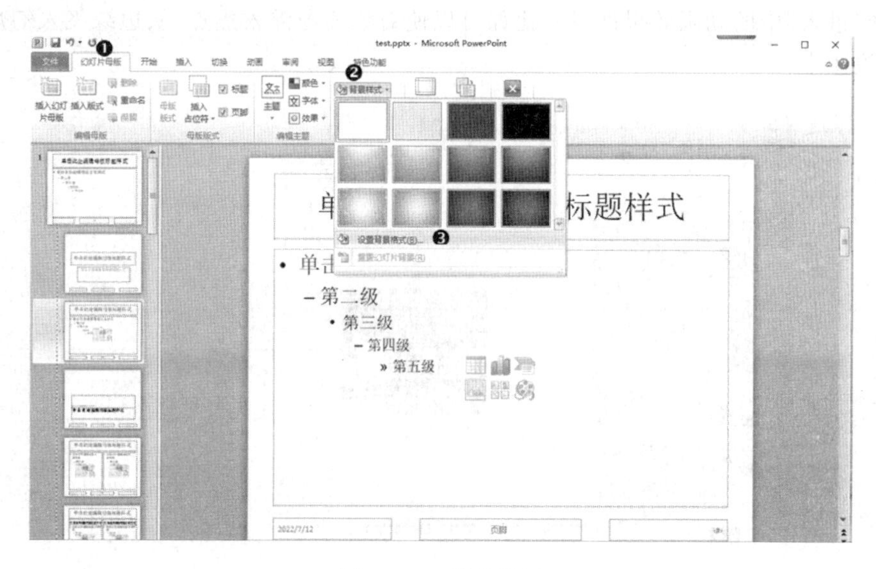

图 5－15 设计模板

设置好背景以后，在虚线占位符中选中字体，对不同级别的文字进行字体、字号、字体颜色等内容的设置，并对标题进行同样的设置。

若需要为演示文稿添加公司标志，则需要利用“插入”选项卡内的“插入图片”命令，将图片插入到母版视图的不同版式中，也可利用插入母版第一张幻灯片的方式对所有版式进行统一的图片插入。

设置完所有的内容后，在“幻灯片母版”选项卡内单击“关闭母版视图”，回到普通的幻灯片编辑界面，这时会发现有的幻灯片已经按照刚才母版设置的样式进行了更改。

5.3 幻灯片动画的设置

在制作演示文稿过程中，我们常对幻灯片中的各种对象适当地设置动画效果和声音效果，并根据需要设计各对象动画出现的顺序。这样既能突出重点，又能吸引观众的注意力。不使用动画，会使观众感觉枯燥无味，然而过多使用动画也会分散观众的注意力，不利于传达信息。动画通常与幻灯片切换配合使用，以创建既有趣又信息丰富的演示文稿。

5.3.1 动画的基本要义

幻灯片动画的制作原理与 Flash、GIF、电影动画不同，后者主要通过一帧帧画面连续播放实现，而幻灯片动画主要通过自带的一些动画效果在一个固定的页面实现。PowerPoint 2010 的动画主要分为两大类：自定义动画效果和幻灯片切换效果，具体包括

“进入”动画、“强调”动画、“退出”动画、“动作路径”动画和幻灯片切换。

1.“进入”动画

幻灯片的对象(文本、图形、图片、表格、组合、媒体素材等)从无到有、陆续出现的动画效果。设置方法是:选择“动画”选项卡“高级动画”组的“添加动画”按钮,如图 5-16 所示,选择“进入”中的动画效果即可。比如可以使对象逐渐浮入焦点、从边缘飞入幻灯片或者跳入视图中。

图 5-16 “进入”动画

2.“强调”动画

“强调”动画为在放映过程中引起观众注意的一类动画,通常在进入动画完成时或与进入、退出、路径动画同时使用。“强调”动画包括形状、颜色的变化,经常使用的效果有:放大、缩小、闪烁、陀螺旋等。设置方法与上述一致,只要在“强调”中选择动画效果即可。若选择“更多强调效果”命令,将打开“添加强调效果”对话框,如图 5-17 所示,有“基本型”“细微型”“温和型”以及“华丽型”四种特色动画效果,这些效果的示例包括使对象缩小或放大、更改颜色或沿其中心旋转。

图 5-17 “强调”动画

3.“退出”动画

“退出”动画是进入动画的逆过程，即对象从有到无、陆续消失的一个动画过程。“退出”动画与“进入”动画完全对应。对图形、图片对象来说，有些“进入”动画不能做，相应的“退出动画”也做不了，反之亦然。操作方法同上，只要在“退出”中选择动画效果即可。如让对象飞出幻灯片、从视图中消失或者从幻灯片旋出等。

另外，制作“退出”动画需要考虑以下两个因素：第一，注意与该对象的“进入”动画保持呼应，一般怎样进入的，就会按照相反的顺序退出。第二，注意与下一页或下一个动画的过渡，能够与接下来的动画保持连贯。

4.“动作路径”动画

“动作路径”动画为让对象按照绘制的路径运动的动画效果。比如对象按照某个形状、直线或曲线的路径来展示对象游走的路径，这些效果可以使对象上下移动、左右移动或沿着星形或圆形图案移动等。此为较高级的幻灯片动画效果，能够实现幻灯片画面的千变万化。操作方法同上，只要在“动作路径”中选择动画效果，或选择“其他动作路径”命令打开“添加动作路径”对话框，如图 5 - 18 所示，可见 PowerPoint 2010 提供了较为丰富的路径动画效果，如果使用不慎会导致整个画面让人眼花缭乱。另外，“动作路径”动画的起始符号含义如下：绿色三角形的底边中点作为动作的起始点，红色三角形的顶点作为动作结束点。

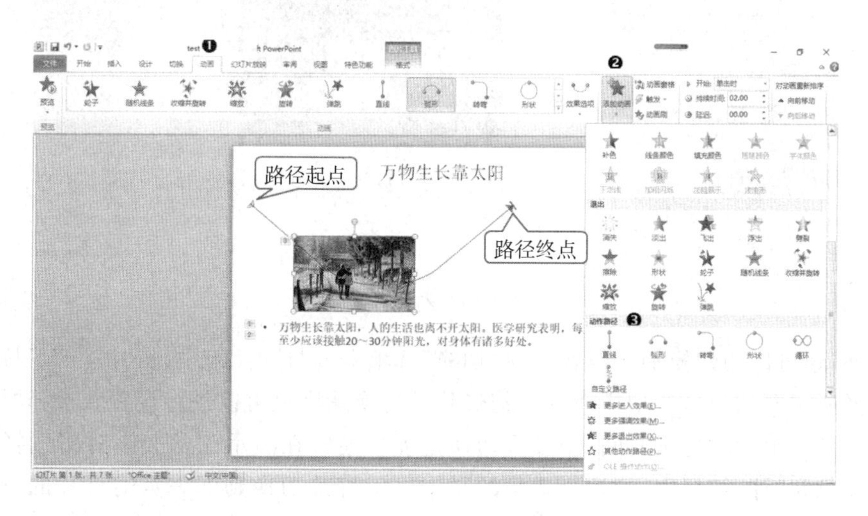

图 5 - 18　“路径”动画

5.动画的创新组合

以上四种自定义动画，可以单独使用任何一种动画，但单一的动画都不够自然，这也是很多幻灯片动画比不了 Flash 动画的原因。其实，真正的动画效果是需要组合进行的。比如，可以对一行文本应用“飞入”进入效果及“陀螺旋”强调效果，使它旋转起来，也可以对自定义动画设置出现的顺序以及开始时间、延时或者持续动画时间等。一般来说，当对象由近向远作路径运动时，该对象也应该由大变小，所以需要加上缩放的强调效果；当一片树叶落下时，同时也会进行翻转效果，所以需要加上“陀螺旋”强调效果等。

组合动画的组合方式通常有两种：一是路径动画配合另外三种动画同时使用，二是强调动画配合进入或退出同时使用。组合动画的设计关键是创意以及时间和速度的设置。

另外，幻灯片自定义动画可以使用"动画刷"复制一个对象的动画，并应用到其他对象。操作方法是：单击有设置动画的对象，双击"动画"选项卡"高级动画"组中的"动画刷"按钮，当鼠标变成刷子形状的时候，点击你需要设置相同自定义动画的对象即可。还可以通过在"动画"选项卡的"计时"组中的相关命令设置动画时间和动画激活方式。

6. 幻灯片切换效果

幻灯片切换效果主要是为了缓解幻灯片之间切换时的单调感而设计的，即给幻灯片添加切换动画。操作方法是：在"切换"选项卡"切换到此幻灯片"组中对幻灯片的切换效果进行设置，如图5-19所示。在"切换"选项卡单击幻灯片切换效果缩略图右侧的下拉按钮，可在切换效果库中选择想要的效果，在该切换效果库中包含"细微型""华丽型"和"动态内容"不同类型。

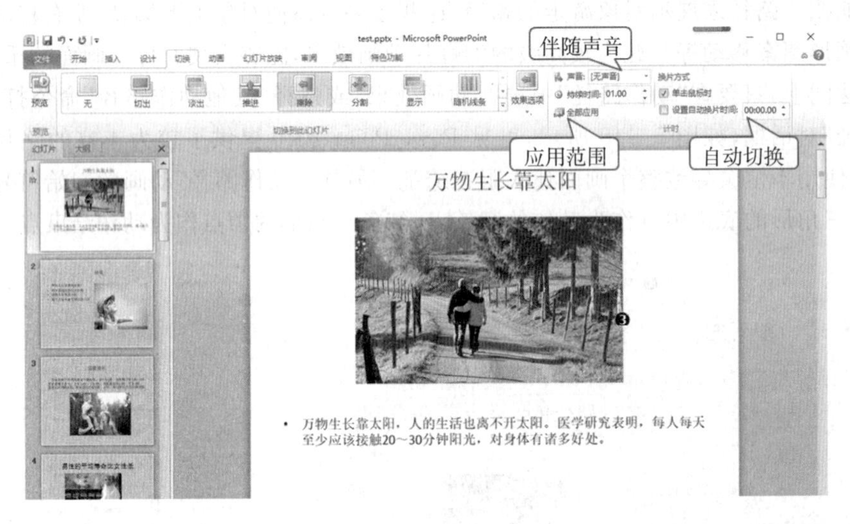

图5-19　幻灯片切换

另外，还可以为切换加上声音。在"切换"选项卡的"计时"组中，从"声音"下拉菜单中可以选择所需要的幻灯片切换声音。幻灯片的切换速度也可以进行设置。选择"切换"选项卡的"计时"组，在"持续时间"中设置切换速度。通常在演示正常文字时可选择较快的速度。注意在"计时"组中，换片方式指的是本页幻灯片切换到下一页幻灯片的方式。选择单击鼠标时要注意，只有单击鼠标、滚动滑轮、上下方向键、PgDn、PgUp键时，幻灯片才会切换。设置自动换片时间指画面在本页幻灯片停留时间，单位为"秒"。如果设置为00:05，则本页从打开到切换到下一页只停留5秒，如果本页幻灯片中自定义动画播放时间短于5秒，则等到了5秒时切换，如果本页幻灯片自定义动画超过5秒，则此限制失效，自定义播放完毕后立即切换到下一页。若同时选中"单击鼠标时"和"设置自动换片时间"复选框，可使幻灯片按指定的时间间隔进行切换，在此间隔内单击鼠标则可直接进行切换，从而达到手工切换和自动切换相结合的目的。

5.3.2 创建交互式演示文稿

创建交互式演示文稿主要用于改变幻灯片的放映顺序，让用户来控制幻灯片的放映。

方法有两种:使用“超链接”命令和使用“动作按钮”。使用超链接功能不仅可以在不同的幻灯片之间自由切换,还可以在幻灯片与其他 Office 文档或 HTML 文档之间切换,超链接还可以指向 Internet 上的站点。

1. 动作按钮

例如,在演示文稿的最后一张幻灯片上添加一个“结束”动作按钮。当单击此按钮时结束放映。具体操作步骤:选中最后一张幻灯片,单击“插入”选项卡“插图”命令组中“形状”下拉列表,在弹出的下拉菜单中选择“结束”动作按钮,如图 5-20 所示。在幻灯片上合适的位置,按住鼠标左键不放,拖动鼠标,直到动作按钮的大小符合要求,松开鼠标左键。PowerPoint 2010 自动打开“动作设置”对话框。在“单击鼠标”选项卡中,选择“超链接到”单选按钮,并从下拉列表框中选择“结束放映”选项,单击“确定”按钮,如图 5-21 所示。

图 5-20　使用动作按钮(一)

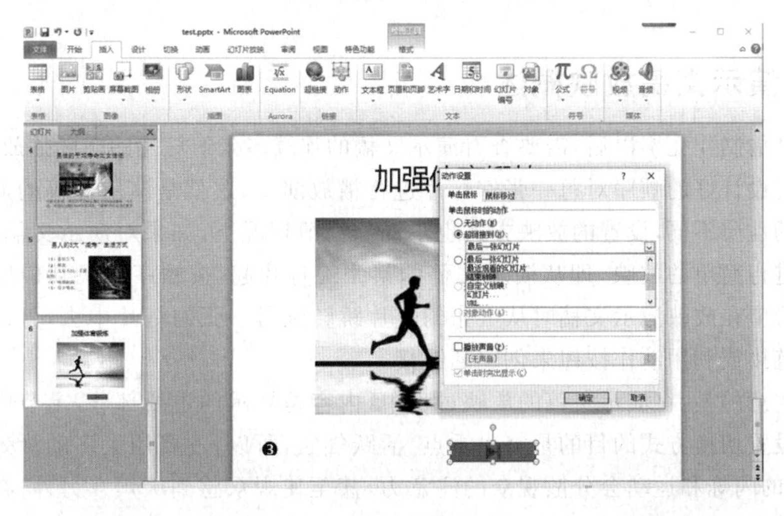

图 5-21　使用动作按钮(二)

2. 超链接

具体操作步骤:切换到需要插入超链接的幻灯片,选中要建立超链接的文本或对象,单击“插入”选项卡“链接”组中“超链接”按钮,打开“插入超链接”对话框,选择链接的目标,超级链接的目标可以是演示文稿中的某一张有主题的幻灯片,也可以是其他类型的文件或网络地址等,如图 5-22 所示。

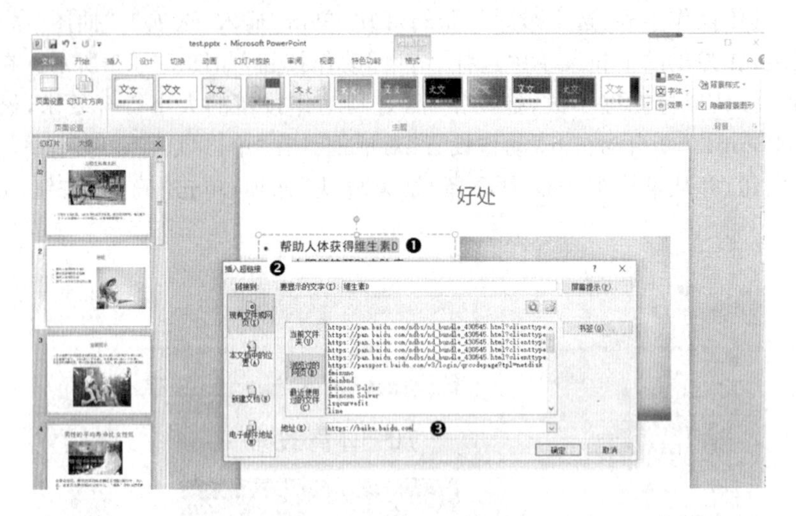

图 5-22 建立超级链接

3. 编辑和删除超链接

具体操作步骤:选择超链接的文本或对象,单击“插入”选项卡“链接”组中“超链接”按钮,打开“插入超链接”对话框,重新选择超级链接的位置,或者右击超链接的文本或对象,在弹出的快捷菜单中选择“取消超链接”命令。

5.4 演示文稿的放映、打包与打印

5.4.1 演示文稿放映概述

演示文稿制作完毕以后,需要查看演示文稿的连续多张幻灯片的实际播放效果,播放时按照预先设计好的顺序对每一张幻灯片进行播放演示,这就是演示文稿的放映。根据演示文稿的性质不同,设置的放映方式也不同。一般情况下,如果对演示文稿要求不高,可以直接进行简单的放映,即从演示文稿的某张幻灯片起,按顺序放映到最后一张幻灯片。如果希望在放映演示文稿时从一张幻灯片跳转到另一张幻灯片中去,可以在某对象上创建超链接或利用动作按钮来创建超链接。

需要注意的是,在演示文稿的放映过程中,内容是展示的主要部分,上节中介绍的添加动画和设置切换方式的目的是突出重点、活跃气氛,所以,不要用太多动画效果和切换效果,太多的闪烁和运动会分散观众的注意力,甚至使观众感到厌烦。另外,在演示文稿的放映过程中添加的超链接功能,能增加放映的灵活性和内容的丰富性。

5.4.2　演示文稿的放映和打包

制作好的演示文稿必须经过放映才能体现它的演示功能，实现动画和链接效果。在演示文稿放映之前，需要先设置好放映的方式和放映的时间等。

1. 设置放映方式

单击“幻灯片放映”选项卡“设置”组中的“设置幻灯片放映”按钮，打开“设置放映方式”对话框，如图 5－23 所示。其中有三种放映方式：

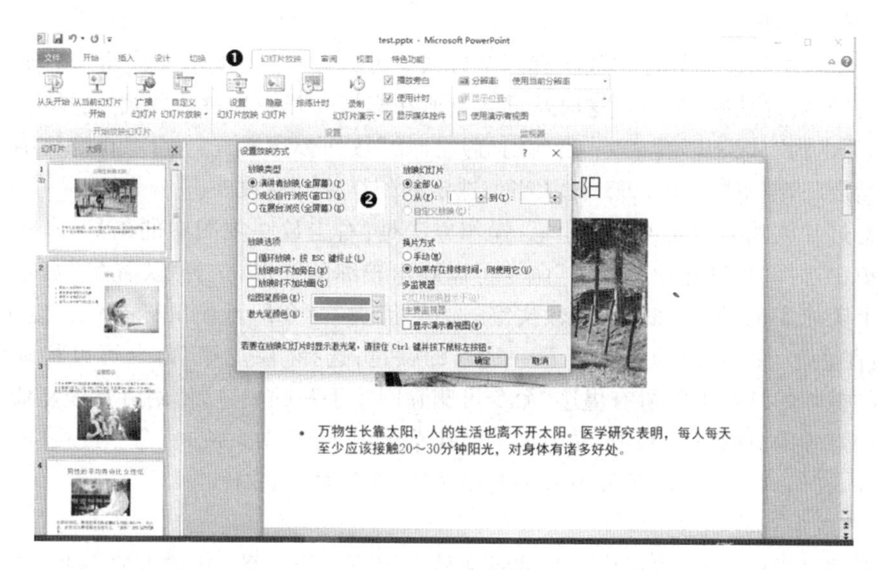

图 5－23　设置放映方式

① 演讲者放映(全屏幕)：以全屏幕形式显示，可以通过快捷菜单或“PageDown”键、“PageUp”键显示不同的幻灯片；提供了绘图笔进行勾画。

② 观众自行浏览(窗口)：以窗口形式显示，可以利用滚动条或放映时右下角的“浏览”菜单显示所需的幻灯片和“复制幻灯片”命令，将当前幻灯片复制到 Windows 的剪贴板上。

③ 在展台浏览(全屏幕)：以全屏形式在展台上做演示，在放映的过程中，除了保留鼠标指针用于选择屏幕对象外，其余功能全部失效(连终止也要按“Esc”键)，因为此时不需要现场修改，也不需要提供额外功能，以免破坏演示画面。

在“设置放映方式”对话框的“放映选项”选项组中，也提供了三种放映选项：

· 循环放映，按“Esc”键终止：在放映过程中，当最后一张幻灯片放映结束后，会自动跳转到第一张幻灯片继续播放，按“Esc”键则终止放映。

· 放映时不加旁白：在放映幻灯片的过程中不播放任何旁白。

· 放映时不加动画：在放映幻灯片的过程中，先前设定的动画效果将不起作用。

2. 设置放映时间

幻灯片的放映时间包括每张幻灯片的放映时间和所有幻灯片总的放映时间。若要设置每张幻灯片的放映时间可以在“切换”选项卡“计时”组中设置自动换片时间，也可以选择“幻灯片放映”选项卡“设置”组中的“排练计时”按钮，系统自动切换到幻灯片放映视图，同时打开“录制”工具栏。此时，用户按照自己总体的放映规划和需求，依次放映演示文稿中的幻灯片，在放映过程中，“录制”工具栏对每一个幻灯片的放映时间和总放映时间进行自动计时。当放映结束后，弹出录制时间的提示框，并提示是否保留幻灯片的排练时间，单击“是”按钮。此时，PowerPoint 2010 自动切换到幻灯片浏览视图中，并在每个幻灯片图标的左下角给出幻灯片的放映时间。演示文稿的放映时间设置完成，以后再放映该演示文稿时，将按照这次的设置自动放映。

3.幻灯片的放映

添加手写笔功能幻灯片的放映有三个方式。方式一：单击演示文稿窗口右下角视图按钮中的“幻灯片放映”按钮。这时从插入点所在幻灯片开始放映。方式二：单击“幻灯片放映”选项卡的“从头开始”或“从当前幻灯片开始”按钮。方式三：按下 F5 键从第一张幻灯片开始放映，按下“Shift＋F5”键从当前选定的幻灯片开始放映。

在幻灯片放映期间还可以使用笔，操作方法是：右击放映视图中的幻灯片，在弹出的快捷菜单中选择“指针选项”的“笔”命令可以画出较细的线形，选择“荧光笔”命令可以为文字涂上荧光底色，加强和突出该段文字；选择“箭头”命令即可使鼠标指针恢复正常；选择“墨迹颜色”命令，可以为画笔设置一种新的颜色；选择“橡皮擦”命令可以将画线擦除掉，选择“擦除幻灯片上的所有墨迹”命令可删除刚才手写的墨迹，使幻灯片恢复清洁。若要结束幻灯片的放映可以右击，在弹出的快捷菜单中选择“结束放映”命令或按“Esc”键。

另外，在幻灯片放映的过程中有一些小技巧，介绍如下：

(1)放映中查看提示

在讲演过程中，由于演讲内容与演示文稿内容不一定一致，常常需要一些文字提示。此时会使用到“演示者视图”功能。在使用该功能的状态下，演讲者可以在演示状态下同时看到缩略图、当前视图和备注等几个区域，而观众看到投影显示的画面只有全屏显示的当前视图。

想要激活该模式，可以在“幻灯片放映”选项卡的“监视器”组中，选择“使用演示者视图”。系统会自动寻找多个监视器，并打开“显示属性”对话框。在该对话框的“显示”下拉列表中选择第 2 号监视器，选中“将 Windows 桌面扩展到该监视器上”复选框，然后单击“确定”按钮即可。

该模式需要有投影设备的配合才能实现；在切换到演示者视图后，进入演示文稿播放后投影仪显示幻灯片视图，其他时候则显示演示者电脑的桌面背景，不显示桌面图标以及任务栏信息。

(2)放映时的快捷键

在幻灯片播放过程中，有多组快捷键可以使演示过程更轻松、方便。

· 在编辑状态下按 F5 键，可以从幻灯片的第一页开始播放；“Shift＋F5”组合键可以从当前缩略图所选页开始播放，适用于演示半途中退出后重新进入播放状态。

· 播放状态下按“Ctrl＋P”组合键，可以将鼠标切换到荧光笔状态，在演示视图中进行标记。

· 在演示界面中按“Ctrl＋A”组合键，可以从荧光笔状态切换回鼠标指针状态。

- 在演示界面中按“Ctrl＋E”组合键，可以切换到笔画橡皮擦工具，每次擦掉一个笔画的荧光笔标记。
- 在演示界面中按 E 键，可以一次清除所有荧光笔标记。
- 在演示界面中按 B 键，可以切换到黑屏状态。
- 在演示界面中按“Ctrl＋T”组合键，可以切换出 Windows 任务栏。
- 可以在演示界面中按 F1 键打开帮助菜单查询。

4. 录制旁白

录制旁白是在排练计时的基础上加上录制演示者声音的功能，可以供排练者事后观摩自己的讲演，以便进行改进。要录制语音旁白，需要声卡、话筒和扬声器。在“幻灯片”选项卡“设置”组中单击“录制幻灯片演示”按钮，弹出“录制幻灯片演示”对话框，选择“旁白和激光笔”复选框，在保证话筒正常工作的状态下，单击“开始录制”按钮，进入幻灯片放映视图。此时一边控制幻灯片的放映，一边通过话筒语音输入旁白，直到浏览完所有幻灯片，旁白是自动保存的。

注意在演示文稿中，每次只能播放一种声音，因此如果已经插入了自动播放的声音，语音旁白会将其覆盖。

5. 隐藏幻灯片

制作好的演示文稿应当包括主题所涉及的各个方面的内容，但是对于不同类型的观众和不同的演讲场合来说，演示文稿中的某张或几张幻灯片可能不需要放映。这时，在播放演示文稿时应当将不需要放映的幻灯片隐藏起来。

隐藏幻灯片的方法有两种。方式一：在普通视图下的大纲/幻灯片视图窗格中，选择要隐藏的一张或多张幻灯片，右击在弹出的快捷菜单中选择“隐藏幻灯片”命令或者在“幻灯片放映”选项卡“设置”组中的“隐藏幻灯片”命令，这时在幻灯片的左上角会出现图标，表示在播放的时候不会放映该张幻灯片。方式二：与方式一类似，只是选择隐藏的幻灯片是在幻灯片浏览视图下完成。

6. 演示文稿的打包

制作好的演示文稿可以复制到需要演示的计算机中进行放映，但是要保证演示的计算机安装有 PowerPoint 2010 环境。若要在没有安装 PowerPoint 2010 的计算机上放映幻灯片，可使用打包工具，将演示文稿及其相关文件制作成一个可在其他计算机中放映的文件。操作步骤如下：

① 打开需要打包的演示文稿。如果正在处理以前未保存的新的演示文稿，建议先进行保存。

② 选择“文件”选项卡“保存并发送”中的“将演示文稿打包成 CD”命令，再单击“打包成 CD”按钮，即可打开“打包成 CD”对话框。

③ 若想添加其他演示文稿或其他不能自动包括的文件(比如视频和音频文件)，单击“添加”按钮，在弹出的“添加文件”对话框中选择要添加的文件，然后单击“添加”按钮。默认情况下，演示文稿被设置为按照“要复制的文件”列表中排列的顺序进行自动播放。若要更改播放顺序，可选择一个演示文稿，然后单击向上键或向下键，将其移动到列表中的新位置。若要删除演示文稿，先选择它，然后单击“删除”按钮。

④ 若要更改默认设置,可单击“选项”按钮,弹出“选项”对话框,再根据需要进行设置。在“包含这些文件”选项组中根据需要选中相应的复选框。如果选中“链接的文件”复选框,则在打包的演示文稿中含有链接关系的文件。如果选中“嵌入的 TrueType 字体”复选框,则在打包演示文稿时,可以确保在其他计算机上看到正确的字体。如果需要对打包的演示文稿进行密码保护,可以在“打开每个演示文件时所用密码”文本框中输入密码,用来保护文件。设置完毕单击“确定”按钮即可关闭“选项”对话框,返回“打包成 CD”对话框。

⑤ 单击“复制到文件夹”按钮。若你的计算机上没有安装刻录机,那么可使用以上方法将一个或多个演示文稿打包到计算机或某个网络位置上的文件夹中,而不是在 CD 上。在打开的“复制到文件夹”对话框中输入文件夹的名称和保存的位置,单击“确定”按钮。

⑥ 播放:打开保存的打包文件,双击演示文稿名文件进行自动播放。

5.4.3 演示文稿的打印

在将演示文稿进行打印的时候,可以选择不同的打印方式。在“文件”选项卡选择“打印”,可以设置打印的范围以及打印的份数。同时,还可以选择打印的类型,可供选择的有幻灯片、讲义、备注页和大纲。在选择打印讲义类型后,还可以选择每页打印几张幻灯片的内容。

1. 打印预览

在打印前可以预览打印效果。

① 显示打印预览。单击“文件”选项卡,然后单击“打印”按钮。幻灯片的打印预览将显示在屏幕的右侧。若要显示其他页面,可以单击打印预览屏幕底部的箭头进行翻页。

② 更改打印预览缩放设置。使用位于打印预览界面右下角的缩放滑块,增加或减小显示大小。

③ 退出打印预览。单击“退出”按钮或“开始”选项卡,打印预览窗口关闭,返回编辑窗口。

2. 设置幻灯片页面方向、大小

设置幻灯片页面方向:默认情况下,幻灯片布局显示为横向,要为幻灯片设置页面方向,在“设计”选项卡的“页面设置”组中的“幻灯片方向”下拉列表中选择“横向”或“纵向”。

设置幻灯片大小:在“设计”选项卡的“页面设置”组中,单击“页面设置”,打开“页面设置”对话框。在“幻灯片大小”下拉列表框中,选择要显示幻灯片的比例和纸张大小。

3. 打印幻灯片

单击“文件”选项卡的“打印”按钮,然后在“打印”界面的“份数”框中输入要打印的份数。在“打印机”下拉列表框中选择要使用的打印机。在“设置”下拉列表框中选择“自定义范围”。

① 若要打印所有幻灯片,选择“打印全部幻灯片”。

② 若要打印所选的一张或多张幻灯片,选择“打印所选幻灯片”。

③ 若要仅打印当前显示的幻灯片,则选择“打印当前幻灯片”。

④ 若要按编号打印特定幻灯片,则选择“自定义范围”,然后输入幻灯片的列表和范

围,中间用半角逗号或短线隔开,例如“1,3,5－12”。

思考与练习

一、选择题

1. 幻灯片的主题不包括(　　)。

A. 主题动画　　B. 主题颜色　　C. 主题字体　　D. 主题效果

2. 幻灯片中占位符的作用是(　　)。

A. 表示文本长度　　B. 限制插入对象的数量

C. 表示图形大小　　D. 为文本、图形预留位置

3. PowerPoint 2010 中各种视频模式的切换快捷键按钮在 PowerPoint 窗口的(　　)。

A. 左上角　　B. 右上角　　C. 左下角　　D. 右下角

4. 在幻灯片中插入艺术字,需要单击“插入”选项卡,在功能区的(　　)工具组中,单击“艺术字”按钮。

A. “文本”　　B. “表格”　　C. “图形”　　D. “插画”

5. PowerPoint 2010 是通过(　　)的方式来插入 Flash 动画的。

A. 插入 ActiveX 控件　　B. 插入影片

C. 插入声音　　D. 插入图片

6. 在演示文稿中,在插入超级链接中所链接的目标,不能是(　　)。

A. 另一个演示文稿　　B. 同一演示文稿的某一张幻灯片

C. 其他应用程序的文档　　D. 幻灯片中的某个对象

7. 下面的对象中,不可以设置链接的是(　　)。

A. 文本上　　B. 背景上　　C. 图形上　　D. 剪贴画上

8. 幻灯片母版是模板的一部分,它存储的信息不包括(　　)。

A. 文本内容　　B. 颜色主题、效果和动画

C. 文本和对象占位符的大小　　D. 文本和对象在幻灯片上的放置位置

9. 在幻灯片放映过程中,单击鼠标右键弹出的控制幻灯片放映的菜单中包含下面的(　　)。

A. “上一页”:跳至当前幻灯片的前一页

B. “定位至幻灯片”:跳转至演示文稿的任意页

C. “指针选项”:可以在放映时,给幻灯片添加标注

D. A、B、C 全部包括

10. 为了精确控制幻灯片的放映时间,一般使用下列哪种操作(　　)。

A. 设置切换效果　　B. 设置换页方式

C. 排练计时　　D. 设置每隔多少时间换页

二、填空题

1. Office PowerPoint 是一种________软件。

2. PowerPoint 2010 默认其文件的扩展名为________。

3.在幻灯片中需按鼠标左键和________键来同时选中多个不连续幻灯片。

4.在演示文稿放映过程中,________可随时按终止放映,返回到原来的视图中。

5.直接按键________,即可放映演示文稿。

三、实操题

按以下要求应用 PowerPoint 2010 制作一个演示文稿。

(1)创建一个演示文档,并尝试在演示文档中插入几段文字、一个表格、一个超级链接、一个 SmartArt 图形、一段 Flash。

(2)尝试修改一个母版并应用到刚创建的演示文档中。

(3)为刚才创建的演示文档添加动画效果。

第 6 章　计算机网络与互联网

计算机网络是计算机技术和通信技术紧密结合的产物，它的诞生使计算机体系结构发生了巨大变化，在当今社会经济中起着非常重要的作用，它对人类社会的进步做出了巨大的贡献。现在，计算机网络技术的迅速发展和互联网的普及，使人们更深刻地体会到计算机网络无所不在，并且已经对人们的日常生活、工作甚至思想产生了较大的影响。本章将主要介绍计算机网络的概念、发展过程和计算机网络安全。

6.1　计算机网络概述

计算机网络自诞生以来虽然历史不长，但发展十分迅速。在世界范围内已经建立起了数不清的规模不等的网络系统，它们应用在教育、科研、工矿企业、商业贸易、办公管理等各个部门。计算机网络正在改变着我们的生活、工作和学习方式。

6.1.1　计算机网络的基本概念

1. 什么是计算机网络

现在我们从网络的发展过程来建立一个完整的计算机网络的概念。计算机网络的发展经历了一个从简单到复杂，从低级到高级的过程。

(1)第一阶段

20 世纪 60 年代中期以前，计算机主机价格昂贵，是一种宝贵资源，为了共享主机资源和进行信息的采集及综合处理，就将远程的输入输出(终端)设备，通过通信线路和计算机主机相连。这样，用户使用终端设备把自己的要求通过通信线路传给远程的主机，主机经过处理后把结果通过通信线路回送给用户。在这种联机终端网络方式下，主机负荷较重，既要承担通信工作，又要进行数据处理。这种网络结构的功能主要以数据通信为主。

(2)第二阶段

到了 20 世纪 60 年代中期，出现了将多个主机系统连接起来的计算机网络，以美国的 ARPANET 与分组交换技术为重要标志。在这个阶段，计算机网络以分组交换网为中心，各用户之间必须经过通信控制处理机进行连接。与第一阶段相比，网络中的通信双方都是具有自主处理能力的计算机，计算机网络的功能以资源共享为主。

如图 6 - 1 所示，简单地说，将地理位置不同，并具有独立功能的多台计算机系统通过通信设备和线路连接起来，以功能完善的网络软件实现在网络中资源共享的系统，称之为计算机网络系统。

(3)第三阶段

在 20 种广域网与分组交换网发展十分迅速的情况下，各个生产厂商推出了各自的网络体系结构。但是不同体系结构的网络设备互连非常困难。因此，国际标准化组织

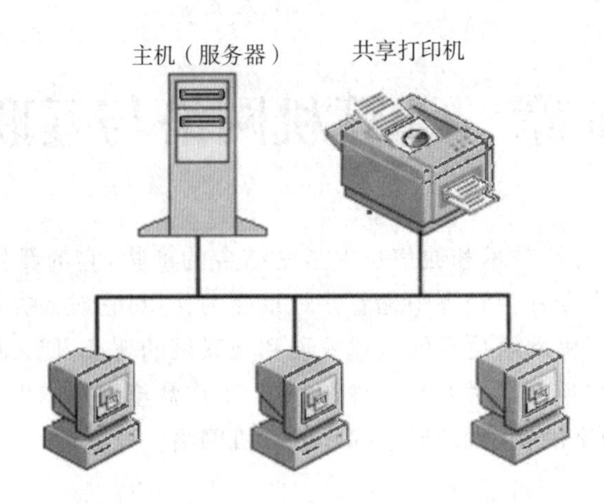

图 6-1　计算机网络

(ISO)和国际电报电话咨询委员会(CCITT)在 1953 年制定了开放系统互连参考模型 OSI/RM(Open System Interconnection Reference Model)，为网络理论体系的形成与网络技术的发展提供了一个可以遵循的规则。

(4)第四阶段

20 世纪 90 年代以来，Internet 已发展成为一个跨越世界范围的网络，信息已成为一个国家重要的经济资源之一。以异步传输模式 ATM(Asynchronous Transfer Mode)技术为代表的高速网络技术为全球信息高速公路的建设提供了技术准备。

综上所述，计算机网络就是利用各种通信手段，在通信软件的支持下，把具有独立功能的计算机有机地连在一起，实现信息通信和资源共享的系统。

2. 计算机网络系统的基本组成

计算机网络要完成数据处理和数据通信两类工作，从它的结构上可以分为两部分：负责数据处理的计算机和终端，负责数据通信的通信控制处理机和通信线路；从计算机网络系统组成角度来看，典型的计算机网络从逻辑功能上可以分为两个子网：资源子网和通信子网。

资源子网包括所有的主计算机(服务器和工作站)、终端、软件资源和数据资源，负责数据处理，并向网络用户提供访问网络的能力，是网络的外层。

通信子网是由通信控制处理机、通信线路、信号转换设备、网间连接设备等构成的独立的数据传输系统，它负责整个网络的数据传输、转接、处理和变换等通信处理工作，是网络的内层。

通信子网为资源子网提供信息传输服务，资源子网上用户间的通信是建立在通信子网的基础上。没有通信子网，网络不能工作，没有资源子网，通信子网的传输也失去了意义，两者合起来组成统一的资源共享的两层网络。

6.1.2　计算机网络功能与应用

1. 计算机网络功能

计算机网络的功能主要有以下几点：

（1）信息通信

信息通信是计算机网络的最基本的功能之一，用来实现计算机与计算机之间信息的传送，使分散在不同地点的生产单位和业务部门可以进行集中控制和管理。

例如，一个公司有许多分公司，每个分公司都使用计算机来管理自己的库存。总公司通过分公司定期送来的报表提供的数据进行决策。如果将各个分公司的计算机与总公司的计算机连成网络，那么总公司就可以通过网络间信息通信的功能，对各分公司的库存进行统一管理和及时调整。

（2）资源共享

资源共享是整个网络的核心，用户可以克服地理位置上的差异，共享网上资源。它包括软件共享、硬件共享和数据共享。资源共享可避免贵重设备的重复购置，提高硬设备的利用率；共享软件资源可避免软件开发的重复劳动与大型软件的重复购置；共享数据资源可以避免大型数据库的重复设置。例如，用户可以从服务器上读取可共享的文件，可以从网络中检索到所需要的信息数据等。

（3）提高处理能力的可靠性与可用性

网络中的一台计算机或一条线路出现故障，可通过其他无故障线路传送信息，在无障碍的计算机上运行所需的处理。

网络中的计算机都可通过网络相互成为后备机，一旦某台计算机出现故障，它的任务将由其他的计算机代为完成。这样可避免单机情况下，一台计算机的故障引起整个系统的瘫痪现象，从而提高系统的可靠性。

（4）均衡负荷与分布式处理

在网络中，某计算机系统负荷过重时，可以将某些作业传送到同网络中的其他计算机进行处理。在具有分布式处理的计算机网络中，可以将任务分散到多台计算机上进行处理，由网络完成对多台计算机的协调工作。

2. 计算机网络的应用

计算机网络随着发展在各行各业越来越多地获得了广泛应用。

（1）企业信息网络

企业信息网络是指专门用于企业内部信息管理的计算机网络，它一般为一个企业所专用，覆盖企业生产经营管理的各个部门，在整个企业范围内提供硬件、软件和信息资源的共享。

（2）联机事务处理

联机事务处理是指利用计算机网络，将分布于不同地理位置的业务处理计算机设备或网络与业务管理中心网络连接，以便于在任何一个网络节点上都可以进行统一、实时的业务处理活动或客户服务。联机事务处理在金融、证券、期货以及信息服务等系统得到广泛的应用。

（3）POS 系统

POS 系统是基于计算机网络的商业企业管理信息系统，它将柜台上用于收款结算的商业收款机与计算机系统联成网络，对商品交易提供实时的综合信息管理和服务。商业收款机本身是一种专用计算机，具有商品信息存储、商品交易处理和销售单据打印等功能，既可以单独在商业销售点上使用，也可以作为网络工作站在网络上运行。

(4)模式识别

应用计算机对一组事件或过程进行鉴别和分类，它们可以是文字、声音、图像等具体对象，也可以是状态、程度等抽象对象。

(5)经济管理

国民经济管理，公司企业经济信息管理，计划与规划，分析统计，预测，决策；物资、财务、劳资、人事等管理。

(6)自动控制

工业生产过程综合自动化，工艺过程最优控制，武器控制，通信控制，交通信号控制。

(7)信息检索(IRS)

信息检索即利用计算机网络检索各类信息，如股票、商贸、气象、生活用品等。计算机网络作为信息收集、存储、传输、处理和利用的整体系统，在信息社会中得到更加广泛的应用。还有许多应用，如 IP 电话、网上寻呼、网络实时通信、视频点播、网络游戏、网上教学、网上书店、网上购物、网上订票、网上电视直播、网上医院、网上证券交易、虚拟现实、电子商务等，正走进普通百姓的生活、学习和工作当中。随着网络技术的不断发展，网络应用将层出不穷，并将逐渐深入到社会的各个领域及人们的日常生活当中，改变着人们的工作、学习和生活乃至思维方式。

6.1.3 计算机网络的标准化工作及相关组织

计算机网络的标准化工作对于计算机网络的发展具有十分重要的意义。目前，在全世界范围内，制定网络标准的标准化组织有很多，所制定的标准自然也很多，但在实际的应用中，大部分的数据通信和计算机网络方面的标准主要是由以下一些机构制定并发布的：国际标准化组织(ISO)、国际电信联盟电信标准化部(ITU－T)、电气电子工程师协会(IEEE)、电子工业协会(EIA)、互联网工程任务组(IETF)等。

1. 国际标准化组织

国际标准化组织是一个由国家标准化机构组成的世界范围的联合会，现有 140 个成员国、2850 个技术委员会、分委员会及工作组、30000 名专家参加。该组织创建于 1947 年，是一个完全志愿的、致力于国际标准制定的机构。该组织的中央办事机构设在瑞士的日内瓦，中国既是发起国又是首批成员国。

国际标准化组织的主要任务是：制定国际标准，协调世界范围内的标准化工作，与其他国际性组织合作研究有关标准化问题。开放系统互连参考模型(OSI/RM)就是该组织在信息技术领域的工作成果。

2. 国际电信联盟电信标准化部

早在 20 世纪 70 年代就有许多国家开始制定电信业的国家标准，但是电信业标准的国际性和兼容性几乎不存在。联合国为此在它的国际电信联盟(International Telecommunication Union，ITU)组织内部成立了一个委员会，称为国际电报电话咨询委员会(CCITT)，这个委员会致力于研究和建立适用于一般电信领域或特定的电话和数据系统的标准。1993 年 3 月，该委员会的名称改为国际电信联盟电信标准化部。

国际电信联盟电信标准化部分为若干个研究小组，各个小组注重电信业标准的不同方面。各国的标准化组织向这些研究小组提出建议，如果研究小组认可，建议就被批准为4年发布一次的ITU－T标准的一部分。

3. 电气电子工程师协会

电气电子工程师协会（Institute of Electrical and Electronics Engineers，IEEE）是世界上最大的专业工程师团体。作为一个国际性组织，它的目标是在电气工程、电子、无线电，以及相关的工程学分支中促进理论研究、创新活动和产品质量的提高。负责为局域网制定802系列标准（如IEEE802.3以太网标准）的委员会就是IEEE的一个专门委员会。

4. 电子工业协会

电子工业协会（Electronic Industries Association，EIA）是一个致力于促进电子产品生产的非营利组织，它的工作除了制定标准外，还有公众观念教育等。在信息技术领域，EIA在定义数据通信的物理接口和信号特性方面做出了重要贡献。尤其值得指出的是，它定义了串行通信接口标准：EIA－232－D、EIA－449和EIA－530。

5. 互联网工程任务组

互联网工程任务组（Internet Engineering Task Force，IETF）主要关注互联网运行中的一些问题，对互联网运行中出现的问题提出解决方案。很多互联网标准都是由互联网工程任务组开发的。

互联网工程任务组的工作被划分为不同的领域，每个领域集中研究互联网中的特定课题。目前互联网工程任务组的工作主要集中在以下9个领域：应用、互联网协议、路由、运行、用户服务、网络管理、传输、IPng（Internet Protocol Next Generation，下一代互联网协议）和安全。

6.1.4　计算机网络的体系结构

1. 网络协议

计算机网络是由多种计算机和各类终端，通过通信线路连接起来的一个复杂的系统。要实现网络通信，必须要有网络通信规则，它可以回答这样一些问题：传输媒介在物理上怎样连接、什么时候开始传输信息、信息传输量有多大、信息怎样传送给接受者。

通信规则一般与特定的服务与任务有关，它规定通信连接的建立、维持和约束的所有约定，同时也规定了信息分组传输时必须遵守的格式。一般来说，将通信双方共同遵守的规则、约定与标准称为网络协议。

2. 计算机网络的体系结构

为了简化计算机网络设计的复杂程度，人们将网络功能分为若干层，每层完成确定的功能，下层为上层提供服务，相邻层间有通信约束（称为接口），对等层间有相应的通信协议。

将计算机网络的各层、对等层通信协议及相邻层的接口称为计算机网络的体系结构。网络功能经过层次划分后，各层保持相对独立，各层功能如何实现，技术进步对某一层的影响等都不会波及相邻层，因此实现时比较灵活，且有利于网络技术的标准化。

国际标准化组织ISO在1953年提出了开放系统互连参考模型OSI，如图6－2所示，将整个通信功能划分为七个层次,划分层次的原则是:网中各结点都有相同的层次;不同结点的对等层有相同的功能,并按照协议实现对等层之间的通信;同一结点内相邻层通过接口通信;每一层使用下层提供的服务,并向上层提供服务。

OSI七层参考模型		
1	应用层	Application Layer
2	表示层	Presentation Layer
3	会话层	Session Layer
4	传输层	Transport Layer
5	网络层	Network Layer
6	数据链路层	Data Link Layer
7	物理层	Physical Layer

图 6-2 OSI 七层参考模型

6.1.5 计算机网络的分类

计算机网络的分类方式有很多种,可以按地理范围、传输介质和拓扑结构等分类。人们可以根据网络的用途进行分类,根据网络售的技术进行分类,根据网络覆盖的地理范围进行分类。按地理范围进行分类,能较好地反映不同网络的技术特征,因为网络覆盖的地理范围不同,它所需要采用的技术也就不同,就形成了不同的网络技术特点与网络服务功能。

1.按地理范围分类

根据网络覆盖的地理范围不同,可将计算机网络分为三类:广域网、城域网和局域网。

(1)广域网

广域网(WAN,Wide Area Network),也称为远程网。它所覆盖的地理范围从几十千米到几千千米,一般由多个部门或多个国家联合组建,能实现大范围内的资源共享。广域网的通信子网主要使用分组交换技术,可以利用公用分组交换网、卫星通信网和无线分组交换网。

(2)城域网

城域网(MAN,Metropolitan Area Network)规模局限在一座城市的范围内 10km ~ 100km 的区域,通过光纤将多个企业、机关、公司的多个局域网连接起来,以实现大量用户间的数据、语音、图形和视频等多种信息的传输。

(3)局域网

局域网(LAN,Local Area Network)为研究有限范围内的计算机网络。局域网一般在 10km 以内,以一个单位或一个部门的小范围为限,如一个学校、一座大楼。这种网络组网便利,传输效率高。

2.按传输介质分类

传输介质是指数据传输系统中发送装置和接收装置间的物理媒体,按其物理形态可以划分为有线和无线两大类。

(1)有线网

有线网是采用同轴电缆或双绞线连接的计算机网络。同轴电缆网是常见的一种联网方式,它比较经济,安装较为便利,传输率和抗干扰能力一般,传输距离较短。双绞线网是目前最常见的联网方式。它价格便宜,安装方便,但易受干扰,传输率较低,传输距离比同轴电缆要短。

在有线网中,还有一类特殊网络,主要采用光导纤维作为传输介质。光纤传输距离长,传输率高,可达数 Gbit/s,抗干扰性强,不会受到电子监听设备的监听,是高安全性网络的理想选择。但其成本较高,且需要高水平的安装技术。

(2)无线网

采用无线介质连接的网络称为无线网。目前,无线网主要采用三种技术:微波通信、红外线通信和激光通信。这三种技术都是以大气为介质的。其中,微波通信用途最广,目前的卫星网就是一种特殊形式的微波通信,它利用地球同步卫星作中继站来转发微波信号,一个同步卫星可以覆盖地球的 1/3 以上表面,三个同步卫星就可以覆盖地球上全部通信区域。

3. 按网络的拓扑结构分类

按计算机网络拓扑结构,将网络可分为“总线型网”“环型网”“星型网”“树型网”。这几种拓扑结构的网络,下一小节将做详细介绍。

6.1.6　计算机网络的拓扑结构

拓扑结构是计算机网络的重要特征。所谓拓扑,是一种研究与大小、形状无关的线和面特性的方法,由数学上的图论演变而来。网络的拓扑结构就是把网络中的计算机看成一个节点,把通信线路看成一根连线,是网络节点的几何或物理布局。网络的拓扑结构主要有总线型、星型、环型和树型。

(1) 总线型

如图 6-3 所示,所有节点都连接到一条主干电缆上,这条主干电缆就称为总线。每个点与另一个点相连接,文件服务器可以连在缆线的任何一个地方,就像工作站一样。总线两端各有一个终接器,以保证适当地管理信号。这种结构中总线具有信息的双向传输功能,普遍用于局域网的连接,总线一般采用同轴电缆或双绞线。

总线型结构没有关键性节点,单一的工作站故障并不影响网上其他站点的正常工作。此外,电缆连接简单,易于安装,增加和撤销网络设备灵活方便,成本低。但是,故障诊断困难,尤其是总线故障会引起整个网络瘫痪,查错需要从一个终接器到另一个终接器。进一步增加节点时,网络要断开缆线,网络也必须关闭。

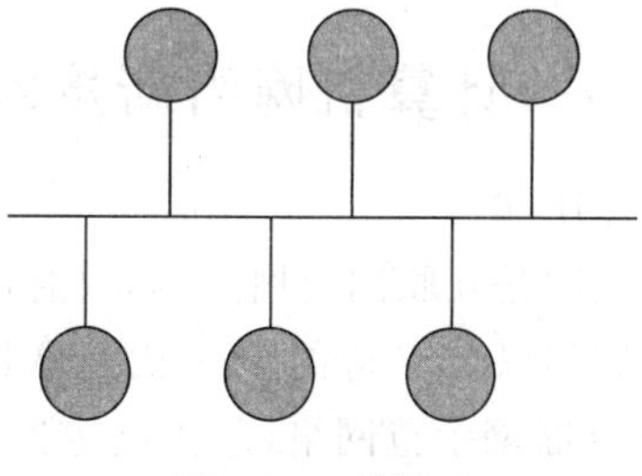

图 6-3　总线型

(2)星型

如图 6-4 所示,星型拓扑结构中,每个节点都由一个单独的通信线路与中心结点连接。中心节点控制着全网的通信,任何两个节点间的通信都要通过中心结点。这种结构适用于局域网,特别是近年来,局域网大都采用这种连接方式。这种连接方式以双绞线或同轴电缆作连接线路。星型结构安装简单,容易实现。便于管理,但中心节点出现故障会造成全网瘫痪。

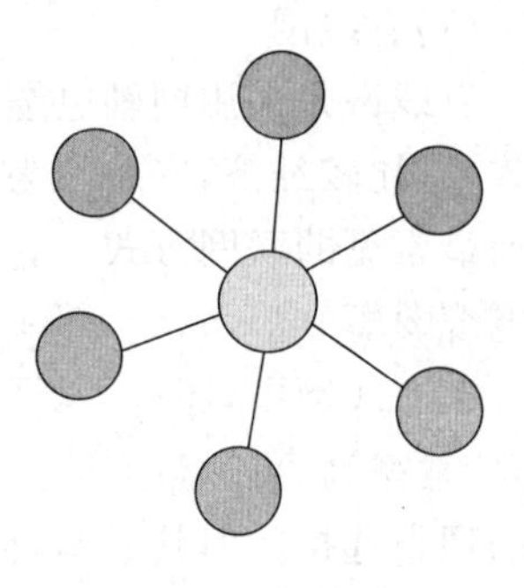
图 6-4 星型

(3) 环型

如图 6-5 所示,环型拓扑结构中的节点以环型排列,每一个节点都与它的前一个节点和后一个节点相接连,信号沿着一个方向环型传送。当一个节点发送数据后,数据沿着环发送,直到到达目标节点,这时下一个要发送信息的节点再将数据沿着环发送。环型网络使用电缆长度短,成本低,电缆故障容易查找和排除。有些网络系统为了提高通信效率和可靠性,采用了双环结构,即在原有的单环上再套一个环,使每个结点都具有两个接收通道。环型网络的弱点:当结点发生故障时,整个网络就不能正常工作。

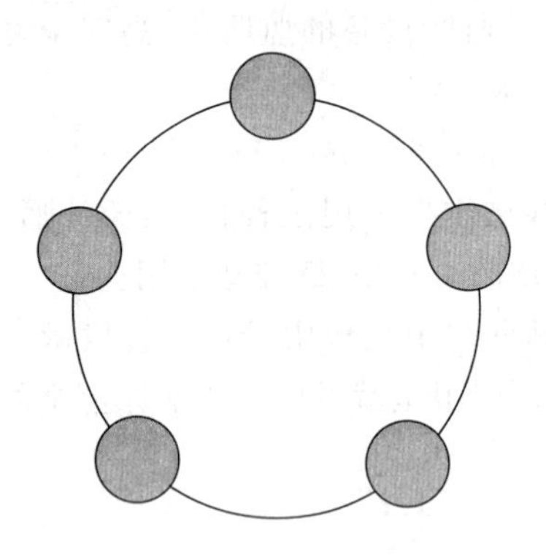
图 6-5 环型

(3)树型

如图 6-6 所示,树型拓扑结构可以看成是星型拓扑结构的扩展。在树型拓扑结构中,节点按层次进行连接。树型拓扑结构就像一棵“根”朝上的树,与总线型拓扑结构相比,主要区别在于总线型拓扑结构中没有“根”。树型拓扑结构的网络一般采用同轴电缆,用于军事单位、政府部门等上下界限相当严格和层次分明的部门。

树型拓扑结构的特点:优点是容易扩展,故障也容易分离处理;缺点是整个网络对根的依赖性很大,一旦网络的根发生故障,整个系统就不能正常工作。

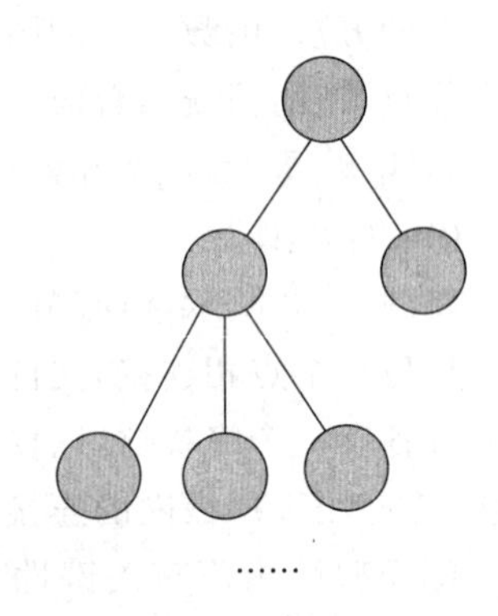
图 6-6 树型

6.1.7 计算机网络新技术

1. IPv6

我国是互联网应用大国,政府也长期重视向下一代互联网过渡的研究,其中最重要的是八部门联合支持的下一代互联网示范工程(CNGI)项目,这一项目建成了大规模的IPv6 互联网示范网络,总体上达到世界领先水平,为我国发展 IPv6 奠定了良好的基础。我国还开展了大量 IPv6 示范性应用,继 2008 年的 IPv6 奥运官方网站之后,以中国电信为首的运营商也展开了 IPv6 网络的试点工作,探讨向下一代互联网演进的最佳路径。

IPv6 带来地址的极大丰富,大量部署网络摄像头成为可能,且可方便地进行管理和控制。通过对 IPv6 协议的支持，网络摄像终端具有更大的生命力。从国外视频监控市场可以看出个人用户视频监控的重要客户，而我国的视频监控主要还集中在行业用户，在个人用户方面有很大的发展潜力。

2. 语义网

语义网是一种数据网。它可以提供一种一般的框架，使得数据能够在不同的应用程序、企业和社区边界(community boundaries)间获得共享和重用。

语义网基本做了两件事。第一件是关于如何将来自不同资源区的数据以统一的格式进行整合和关联，因为在原始的互联网中主要关注的是文档的交换；第二件是关于选择何种语言来记录表示这些数据与现实对象是如何关联的。一个人或者一台机器可以从某一个数据库开始出发，跨越一个无止境的数据库集合，这个集合不是通过网线连接在一起的，而是通过某一种具有相同性质的东西。

语义网(Semantic Web)是未来的万维网的发展方向，是当前万维网研究的热点之一。它是能够根据语义进行判断的智能网络，实现人与电脑之间的无障碍沟通。它好比一个巨型的大脑，智能化程度极高，协调能力非常强大。在语义网上连接的每一部电脑不但能够理解词语和概念，而且还能够理解它们之间的逻辑关系，可以干人所从事的工作。它将使人类从搜索相关网页的繁重劳动中解放出来。语义网中的计算机能利用自己的智能软件，在万维网上的海量资源中找到你所需要的信息，从而将一个个现存的信息孤岛发展成一个巨大的数据库。

语义网的建立极大地涉及了人工智能领域的部分，与 Web 3.0 智能网络的理念不谋而合，因此语义网的初步实现也作为 Web 3.0 的重要特征之一。

3. 人工智能

人工智能是给当今技术带来革命的一项重要技术。这并不是一项新技术，它包含的神经网络技术在 20 世纪经历了高峰和低潮，取得了巨大的进步，但没有被使用到最佳水平。现在，从智能手机到汽车和其他各种电子装置，人工智能正在被广泛使用。

4. 云计算技术

云计算(Cloud Computing)掀开了 IT 产业第四次革命的大幕。美国政府把云计算上升到国家战略层面，美国国防信息系统部门(DISA)正在其数据中心内部搭建云环境，而美国宇航局(NASA)下设的艾姆斯研究中心也推出了一个名为“星云”(Nebula)的云计算环境。我国政府也高度重视云计算及其发展趋势，将云计算视为下一代信息技术的重要内容，促进云计算的研发和示范应用。

狭义的云计算指的是一种 IT 基础设施的交付和使用的模式，通常是指通过网络以按需、易扩展的方式获得所需的资源(硬件、平台、软件)。提供资源的网络被称为“云”。“云”中的资源在使用者看来是可以无限扩展的，并且可以随时获取，按需使用，按使用付费，随时扩展。

广义的云计算是服务的交付和使用的模式，指通过网络以按需、易扩展的方式获得所需的服务。这种服务可以是基于互联网的软件服务、宽带服务，也可以是任意其他的服务。所有这些网络服务我们可以理解为网络资源，众多资源形成所谓“资源池”。我们把这种资源池称为“云”。“云”是一些可以自我维护和管理的虚拟计算资源，通常为一些大型服务器集群,包括计算服务器、存储服务器、带宽资源等。云计算将所有的计算资源集中起来,并由软件实现自动管理,无须人为参与。这使得应用提供者无须为烦琐的细节而烦恼,能够更加专注于自己的业务,有利于创新和降低成本。有人打了个比方,这就好比是从古老的单台发电机模式转向了电厂集中供电的模式。它意味着计算能力也可以作为一种商品进行流通,就像煤气、水电一样,取用方便,费用低廉。最大的不同在于它是通过互联网进行传输的。

无论是狭义概念还是广义概念,我们都不难看出,云计算是分布式计算(Distributed Computing)技术的一种,大规模分布式计算技术即为“云计算”的概念起源。“云计算”是并行处理(Parallel Computing)和网格计算(Grid Computing)的发展,或者说是这些计算机科学概念的商业实现。云计算是一种基于因特网的超级计算模式,在远程的数据中心里,成千上万台计算机和服务器连接成一片云。用户通过计算机、手机等方式接入数据中心,按自己的需求进行运算。

5. 大数据技术

随着互联网的发展,随着云时代的到来,大数据成了很多人关注的方面。一个公司所创造出来的数据,通常会被用大数据来形容,将这些数据下载到数据库当中,并且进行分析时,会花费过多的时间以及金钱。所以,云计算经常会和大数据在一起,大型数据分析是需要云计算的帮持的。大数据的应用技术就被大家称为大数据技术,包含各类大数据平台等的应用技术。

大数据技术最关键的一个层面必然是技术。技术体现了大数据的价值,同时也是大数据发展的基石。我们需要从多个方面来说明大数据采集信息,对信息进行处理,存储有用信息,最后形成结果的流程。如图 6-7 所示,从云计算方面分析,利用分布式处理技术分析,利用存储技术分析,利用感知技术分析。

图 6-7　大数据

6. 物联网技术

物联网(The Internet of Things)是新一代信息技术的重要组成部分。顾名思义,物联网就是“物物相连的互联网”。这有两层意思:第一,物联网的核心和基础仍然是互联网,是在互联网基础上的延伸和扩展的网络;第二,其用户端延伸和扩展到了任何物体与物体之间,进行信息交换和通信。因此,物联网的定义是:通过射频识别(RFID)、红外感应器、全球定位系统、激光扫描器等信息传感设备,按约定的协议,把任何物体与互联网相连接,进行信息交换和通信,以实现对物体的智能化识别、定位、跟踪、监控、管理和控制的一种网络。

与传统的互联网相比,物联网有其鲜明的特征。首先,它是各种感知技术的广泛应用。物联网上部署了海量的多种类型传感器,每个传感器都是一个信息源,不同类别的传感器所捕获的信息内容和信息格式不同。其次,它是一种建立在互联网上的泛在网络。物联网技术的重要基础和核心仍旧是互联网,通过各种有线和无线网络与互联网融合,将物体的信息实时准确地传递出去。再次,物联网不仅仅提供了传感器的连接,其本身也具有智能处理的能力，能够对物体实施智能控制。物联网将传感器和智能处理相结合，利用云计算、模式识别等各种智能技术，扩充其应用领域。从传感器获得的海量信息中分析、加工和处理出有意义的数据，以适应不同用户的不同需求，发现新的应用领域和应用模式。

6.2　Internet 的应用

Internet 的中文名称是因特网，人们也称它为国际互联网。它是一个在全球范围内，将成千上万的计算机网络连接起来形成的互联网。

6.2.1　Internet 的产生和发展

1. Internet 的产生与发展

Internet 的前身是美国国防部在 20 世纪 60 年代末出资由 ARPA 公司承建的 ARPANET 网。开始它只连接了美国的几个军事机构的计算机网络，这就是 Internet 的雏形。研究人员通过它开发了许多计算机网络的通信协议，其中最著名的是 TCP/IP 协议程（Transmission Control Protocol /Internet Protocol）即传输控制协议/网际协议，通过 TCP/IP 协议，可使不同的计算机接入 ARPANET，共享网中资源。

1955 年，美国国家科学基金会（National Science Foundation，United States）以 6 个科研教育服务的计算机为中心，建立了 NSFNET 网络，并逐渐取代了 ARPANET 成为 Internet 主干。20 世纪 90 代以来，随着 Internet 商业化以及万维网的出现，Internet 开始走向大众。

2. Internet 在我国的使用情况

我国 Internet 的发展虽然较晚，但发展比较迅速。1994 年 5 月，以“中科院一北京大学一清华大学”为核心的“中国国家计算与网络设施”（the National Computing and Networking Facility of China，简称 NCFC）与 Internet 联通。以此为基础，我国的 Internet 初具雏形。1995 年，我国初步建成了四大骨干网络，为 Internet 的发展奠定了基础。这四大骨干网络是国家公用经济信息通信网（ChinaGBN）、中国公用计算机互联网（ChinaNET）、中国教育与科研互联网（CERNET）和中国科学技术网（CSTNET）。

ChinaNET 是 1995 年建设的国家级网络，面向个人和商业用户。其网址是：http://www. bta. net. cn。

CERNET 是 1994 年教育部负责管理，由清华大学、北京大学等十所高校承担建设，整个网络分四级管理，分别是全国网络中心、地区网络中心、省教育科研网和校园网，总控中心在清华大学。目标是建设一个全国性的教育科研基础设施，利用先进实用的计算机技术和网络通信技术，把全国大部分的高等院校和有条件的中小学连接起来，改善教育环境，提供资源共享，推动教育和科研事业的发展。其网址是：http://www. edu. cn。

中国科学技术网面向国内外用户提供各种科技信息服务，其网址是：http://www. cnc. ac. cno。

国家公用经济信息通信网也叫金桥网，其网址是：http://www.gb.com.cn。

现在我国又增加了五个连接国际出口的网络，它们是：

中国联合通信网（中国联通）：http://www.cnuninet.com；

中国网络通信网（中国网通）：http://www.cnc.net.cn；

中国移动通信网（中国移动）：http://www.chinamobile.com.cn；

中国长城互联网：http://www.cgw.net.cn；

中国对外经济贸易网：http://www.ciet.net。

3. Internet 的应用

随着 Internet 的发展，其应用越来越广泛，我们简单介绍它在以下几个方面的应用。

（1）电子商务

电子商务是指利用电子网络进行的商务活动，它包括网络购物、网络广告等内容。电子商务将会成为 Internet 重要和广泛的应用。

（2）网上教育

网上教育即 Internet 运程教育，是指跨越地理空间进行教育活动。远程教育涉及授课、讨论和实习等各种教育活动，克服了传统教育在空间、时间、受教育者年龄和教育环境等方面的限制。

（3）网上娱乐

Internet 上有很多娱乐项目，如网上电影、网上音乐、网络游戏和网上聊天等。

（4）信息服务

在线信息服务使人们足不出户就可以了解外面的世界，解决生活中的许多问题。如网上图书馆、电子报刊、网上求职、网上炒股等。

（5）IP 电话

IP 电话（Internet Phone）又称网络电话。它是通过 Internet 实现计算机与计算机、计算机与电话机或电话机与电话机之间的通信。

Internet 对社会各方面的影响越来越大。由于 Internet 的开放性，由其引起的版权问题、网络犯罪问题、安全问题等也呈现出来。作为新一代大学生需要做到以下几点：

① 正确使用互联网技术，不要随意攻击各类网站，一则触犯相关的法律，二则可能会被他人反跟踪、恶意破坏、报复，得不偿失。

② 要时刻保持谦虚的态度，不在互联网上炫耀自己或利用互联网实施犯罪活动。

③ 不得利用计算机国际联网从事危害国家安全、泄露国家秘密等犯罪活动；不得利用计算机国际联网查阅、复制、制造和传播危害国家安全、妨碍社会治安和淫秽色情等信息。发现上述违法犯罪行为和有害信息，应及时向有关主管机关报告。

④ 不得利用计算机国际联网从事危害他人信息系统和网络安全，侵犯他人合法权益的活动。

6.2.2 Internet 层次结构与 TCP/IP 协议簇

在讨论了 OSI 参考模型的基本内容后，就要回到现实的网络技术发展状况上来。OSI 参考模型研究的初衷是希望为网络体系结构和协议的发展提供一种国际标准。但是，大家不能不看到互联网在全世界的飞速发展，以及 TCP/IP 的广泛应用对网络技术发展的影响。

按照常规的理解，网络技术和设备只有符合有关的国际标准才能大范围地获得工程上的应用，但由于历史的原因，现在得到广泛应用的不是国际标准 OSI，而是目前最流行的商业化网络协议 TCP/IP。尽管它不是某一标准化组织提出的正式标准，但它已经被公认为目前的“事实标准”。互联网之所以能迅速发展，就是因为 TCP/IP 能够适应和满足世界范围内数据通信的需要。TCP/IP 具有如下几个特点：

· 开放的协议标准，可以免费使用，并且独立于特定的计算机硬件与操作系统。
· 独立于特定的网络硬件，可以运行于局域网、广域网及互联网中。
· 统一的网络地址分配方案，使得整个 TCP/IP 设备在网中都具有唯一的地址。
· 标准化的高层协议，可以提供多种可靠的服务。
· TCP/IP 不是一个协议，而是众多协同工作的一组协议，又称协议簇。

如图 6-8 所示，TCP/IP 分层体系结构在如何用分层模型描述 TCP/IP 参考模型的问题上争论很多，但共同的观点是 TCP/IP 参考模型的层数比 OSI 参考模型的要少，TCP/IP 体系结构将网络划分为应用层（Application Layer）、传输层（Transport Layer）、网络互联层（Internet Layer）和网络接口层（Network Interface）4 层。

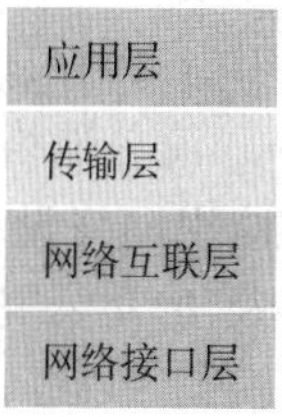

应用层
传输层
网络互联层
网络接口层

图 6-8　TCP/IP 的分层体系结构

1. 网络接口层

在 TCP/IP 参考模型中，网络接口层是参考模型的最低层，它负责通过网络发送和接收 IP 数据包。TCP/IP 参考模型允许主机连入网络时使用多种流行的协议，如局域网协议或其他协议。在 TCP/IP 的网络接口层中，它包括各种物理网络协议，如局域网的以太网、令牌环，分组交换网的帧中继、PPP、HDLC、ATM 等。当这种物理网络被用作传送 IP 数据包的通道时，就可以认为是这一层的内容。这体现了 TCP/IP 的兼容性与适应性，也为 TCP/IP 的成功奠定了基础。

2. 网络互联层

网络互联层是参考模型的第 2 层，主要功能包括以下几点。

① 接收到分组发送请求后，将分组装入 IP 数据包，填充报头并选择发送路径，然后发送到相应的网络接口。

② 接收到其他主机发送的数据包后，检查目的地址，如果要转发，则选择发送路径，然后转发出去。如目的地址为本结点 IP 地址，则除去报头，将分组交送传输层处理。

③ 处理 ICMP 报文，即处理网络互连的路径选择、流量控制和拥塞控制等问题。

3. 传输层

TCP/IP 参考模型中传输层的作用与 OSI 参考模型中传输层的作用是一样的，即负责在应用进程之间的端到端通信。传输层的主要目的是在互联网中源主机与目的主机的对等实体间建立用于会话的端到端连接。

TCP/IP 体系结构的传输层定义了传输控制协议（Transport Control Protocol，TCP）和用户数据包协议（User Datagram Protocol，UDP）两种协议。TCP 是一个可靠的面向连接的传输层协议，它将某结点的数据以字节流形式无差错地投递到互联网的任何一台机器上。UDP是一个不可靠的、无连接的传输层协议，将可靠性问题交给应用程序解决。UDP也应用于那些对可靠性要求不高，但要求网络的延迟较小的情况，如语音和视频数据的传送。

4.应用层

在TCP/IP体系结构中，传输层之上是应用层。它包括了所有的高层协议，并且总是不断有新的协议加入，其主要协议包括：

① 远程登录协议(Telnet)：用于实现互联网中远程登录功能。

② 文件传输协议(File Transfer Protocol，FTP)：用于互联网中的交互式文件传输功能。

③ 简单邮件传输协议(Simple Mail Transfer Protocol，SMTP)：用于实现互联网中电子邮件的传送功能。

④ 域名系统(Domain Name System，DNS)：用于实现网络设备名字与IP地址映射的网络服务。

⑤ 简单网络管理协议(Simple Network Management Protocol，SNMP)：用于实现管理与监视网络设备的功能。

⑥ 超文本传输协议(Hypertext Transfer Protocol，HTTP)：用于www(万维网)服务。

互联网并没有一个确切的定义，一般认为，互联网是多个网互联而成的网络集合。从网络技术的观点来看，互联网是一个以TCP/IP(传输控制协议/网际协议)连接各个国家、各个部门、各个机构计算机网络的数据通信网。从信息资源的观点来看，互联网是一个集各个领域、各个学科的各种信息资源为一体，供上网用户共享的数据资源网。

实际上，TCP/IP的分层体系结构与OSI参考模型有一定的对应关系，如图6-9所示。

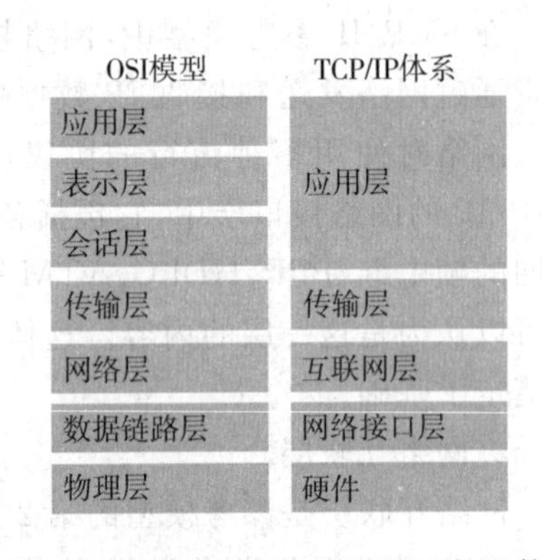

图6-9 TCP/IP与OSI/RM的比较

TCP/IP与OSI的关系：

· OSI/RM是通用的，既复杂又不实用。但是概念清晰，体系结构完整，能反映整个网络协议分层的意图，所以通常以它作为研究和分析网络问题的工具。

· TCP/IP和OSI模型一样，也是一种分层体系结构，广泛应用于实际网络中。由于其成功的应用，所以已成为事实上的国际标准。

6.2.3 TCP/IP协议和Internet地址

1. TCP/IP

TCP/IP即传输控制协议/网际协议，是为异构网络互联而开发的，它将空间上分散的显构网络互联起来，是Internet上标准的网络通信协议。它是由几个网络协议构成的一个协议组,包括 7 个协议:简单邮件传输协议(SMTP)、文件传输协议(FTP)、远程登录协议(TELNET)、简单网络管理协议(SNMP)、传输控制协议(TCP)、用户数据包文协议(UDP)和因特网协议(IP)。

IP 作为一种互联网协议,运行于网络层,TCP 和 IP 协同工作的作用是在发送和接收计算机系统之间维持连接,提供无差错的通信服务,保证数据传输的正确性。

2. IP 地址

连入 Internet 的计算机与连入电话网的电话机非常相似,计算机的每个连接也有一个由授权单位分配的号码,称之为 IP 地址。IP 地址的层次是按逻辑网络结构进行划分的,IP 地址由两部分组成,即网络号和主机号,网络号用于识别一个逻辑网络,而主机号用于识别网络中的一台主机的一个连接。只要两台主机具有相同的网络号,无论它们处于何处,都属于同一个逻辑网络;相反,如果两台主机网络号不同,即使放置相邻,也属于不同的网络。

IP 地址是 Internet 上一台主机的唯一标识。它由 32 二进制(个字节)组成。将每个字节转化为十进制数表示(取值范围为 0 ~ 255),并以圆点分隔,例如 202.102.224.65 这种表示方法称为点分十进制标记法,这种格式的地址称为点分十进制地址。IP 地址分为 A 位来区分。看前三位就可判别 A. B. C,D、E 两类很少使用。每类地址包含的网络数与主机数不同(见表 6 - 1),有些地址有特殊用途,例如,网络号首字节不能是 127、255 或 0,主机号的各位不能同时为 0 或 1。

表 6 - 1　网络特点

网络类别	最大网络数	第一个可用的网络号	最后一个可用的网络号	最大主机数
A	126	1	126	1677214
B	1682	128.1	191.254	65534
C	2097150	192.0.1	223.228.254	254

3. DNS 域名服务器(Domain Name Server)

IP 地址是数字表示的,难于阅读和记忆,这样就使用域名来为计算机主机命名。入网的每台计算机都具有类似于下列结构的域名:计算机主机名.机构名.网络名.最高层域名。

但是在 Internet 上,实际上是通过 IP 地址来识别的。将域名转化为 IP 地址的任务就由域名服务器(DNS)来完成。当用户输入一个域名进行连接时,首先由域名服务器通过域名系统(Domain Name System)将域名映射为 IP 地址,然后根据 IP 地址连接相应的主机。

域名采用分层的命名方法。域名末尾部分为一级域,代表某个国家、地区或大型机构的节点,如 cn 代表中国,hk 代表中国香港,tw 代表中国台湾,com 表示商业。表 6 - 2 和表 6 - 3 列出了最常见的最高域名的含义。倒数第二部分为二级域,代表部门系统或隶属于一级区域的下级机构。再往前为三级及其以上的域。

根据各级域名所代表的含义不同,可以分为地理性域名和机构性域名。掌握它们的命名规律，可以方便地判断一个域名和地址名称的含义以及用户所属的网络层次。

表 6-2 部分国家代码

国家	中国	美国	英国	法国	日本	澳大利亚
国家代码	cn	us	uk	fr	jp	au

表 6-3 部分大型机构最高域名

域名	含义
com	商业组织
edu	教育部门
gov	政府部门
mil	军事部门

6.2.4 Internet 的接入方式和提供的服务

1. 用户接入 Internet 的方式

用户要与 Internet 连接，首先必须通过某种方式将自己的计算机与 Internet 网络连接。

(1)通过拨号使用电话线路接入

这种方式利用 SLIP(Serial Line Internet Protocol，串行线路通信协议)或 PPP(Point to Point Protocol，点对点协议)协议，使用电话线和调制解调器通过拨号进入一台 Internet 主机。

这种方式简单，造价低，用户只需为自己的计算机加上一个 Modem，向本地的 Internet 提供商申请一个入网账号，安装上标准的通信软件，就可以使用。它适合于通信量小的个人或单位用户。

拨号上网的具体配置是：一台微机、一台调制解调器、一条电话线、用户到当地 Internet 服务供应商(ISP)申请一个入网账号、安装上相应的软件。

(2)通过与 Internet 主机连接的局域网接入

如果一个局域网已接入 Internet，则将用户的计算机接入局域网是最有效的方法。

(3)ADSL 方式接入

ADSL 是电信局最新提供的互联网专线接入服务，是一种通过现有的普通电话线为家庭、办公室提供宽带数据传输服务的技术。

除了以上常用方式外，还有其他的接入方式，如仿真终端方式、ISDN 方式和有线电视方式接入。

2. Internet 提供的服务

Internet 提供了许多的手段和工具，为广大用户服务。这些服务归纳为信息查询、电子邮件、文件传输和远程登录。

(1)电子邮件 E-mail

电子邮件(E-mail 或 Electronic Mail)是一种通过网络实现 Internet 用户之间快速、简便的交流方式。电子邮件使网络用户能够发送和接收文字、图像、声音等多种形式的信息。

(2)文件传输服务

文件传输协议 (File Transfer Protocol,FTP)是 Internet 文件传输的基础。通过该协议,用户可以从一个 Internet 主机向另一个 Internet 主机复制文件。

(3)终端仿真服务 Telnet

Telnet 是远程登录协议,用户可以从自己的计算机登录到远程主机上,登录上之后,用户的计算机就好像是远程计算机的终端,可以用自己的计算机直接操纵远程的计算机。但是考虑到网络的安全性,这种应用已经越来越少了。

6.2.5　WWW 的应用

WWW(World Wide Web)简称为 3W 或 Web,中文名为万维网。它是 Internet、超文本(Hypertext)和超媒体(Hypermedia)技术相结合的产物。

WWW 是 Internet 上的全球网络超媒体系统,通过超文本和超媒体方式将 Internet 上不同地址的信息有机地组织在一起。它提供了一个友好的界面,可以用来浏览文本、图像、声音、动画等多种信息。

在 WWW 中有许多术语,下面介绍几个常用术语。

1. 超文本和超媒体

超文本是指一种基于计算机的文档,用户不是按传统的顺序方式获取信息,而是从一个地方跳到另一个地方,或从一个文档跳到另一个文档。这是由于在超文本中包含有可用作链接的字、短语或图标。

超媒体是超文本和多媒体的结合。在超媒体中链接的不只是文本,还可链接到声音、图形图像和动画等其他形式的媒体。

超文本和超媒体是通过超文本标记语言 HTML(Hyper Text Markup Language)来实现的。

2. 链接(Hyperlink)

链接也称为超级链接,就是指向 Internet 上其他网页或位置的电子路径。单击称为链接的文本或图形,就可以链接到其他网页。它们有时是以彩色或带下划线的文字显示,有时则以带有或不带彩色边框的图片显示。在屏幕上移动鼠标,指针变成手的形状的地方就是一个链接。

3. HTML(Hyper Text Markup Language)超文本标记语言

HTML 即超文本标记语言,HTML 文本是由 HTML 命令组成的描述性文本,HTML 命令可以说明文字、图形、动画、声音、表格、链接等。

4. 网页(Web Page) 和主页(Home Page)

网页也称页面,在 WWW 上,信息一般是以网页的形式呈现的。用户可以从一个网页通过链接跳转到另一个网页。

主页是客户进入 Web 服务器入口的 HTML 文件，它是 WWW 的信息组织形式。Home Page 中可播放多媒体信息，如声音、图像、动画等。

5. URL(Uniform Resource Locator)

它是统一资源定位符的缩写，是定位在 Web 上的一种方法，它准确地描述了信息访问的地点及其获取方式(协议)。标准的 URL 命令，语法为：存取方式：//主机名/路径/文件名。例如 http://www.tsinghua.edu.cn/index.htm 的含义是连接到域名为 www.tsinghua.edu.cn 的主机，并通过 http 协议(超文本传输协议)，获取文件 index.htm。

6.2.6 网络信息资源的获取

网络信息资源是指通过计算机网络可以利用的各种信息资源的总和，具体是指所有以电子数据形式把文字、图像、声音、动画等多种形式的信息存储在光、磁等非纸介质的载体中，并通过网络通信、计算机或终端等方式再现出来的资源。

网络信息资源具有以下的特点。

1. 存储数字化

信息资源由纸张上的文字变为磁性介质上的电磁信号或者光介质上的光信息，是信息的存储和传递，查询更加方便，而且所存储的信息密度高、容量大，可以无损耗地被重复使用。以数字化形式存在的信息，既可以在计算机内高速处理，又可以通过信息网络进行远距离传送。

2. 表现形式多样化

传统信息资源主要是以文字或数字形式表现出来的信息。而网络信息资源则可以是以文本、图像、音频、视频、软件、数据库等多种形式存在的，涉及领域从经济、科研、教育、艺术，到具体的行业和个体，包含的文献类型从电子报刊、电子工具书、商业信息、新闻报道、数据库、文献信息索引到统计数据、图表、电子地图等。

3. 以网络为传播媒介

传统的信息存储载体为纸张、磁带、磁盘，而在网络时代，信息的存在是以网络为载体以虚拟化的姿态展示的。人们得到的是网络上的信息，而不必过问信息是存储在磁盘上还是磁带上的，体现了网络资源的社会性和共享性。

4. 数量巨大，增长迅速

据统计，目前全球在互联网上有几百万台服务器，若干亿个主页，全网提供的信息总量十分庞大。

5. 传播方式的动态性

网络环境下，信息的传递和反馈快速灵敏，具有动态性和实时性等特点。信息在网络中的流动性非常迅速，电子流取代恶劣纸张和邮政的物流，加上无线电和卫星通信技术的充分运用，上传到网上的任何信息资源，都只需要短短的数秒钟就能传递到世界各地的每一个角落。

6. 信息源复杂

网络共享性与开放性使得人人都可以在互联网上索取和存放信息。由于没有质量控制和管理机制，这些信息没有经过严格编辑和整理，良莠不齐，各种不良和无用的信息大量充斥在网络上,形成了一个纷繁复杂的信息世界,给用户选择、利用网络信息带来了障碍。

信息获取是整个信息周转过程的第一个基本环节,必须具备以下3个步骤才能有效地实现。

(1)制定信息获取的目标要求,即收集什么样的信息做什么用

(2)确定信息获取的范围方向,即从什么地方才能获得这些信息

(3)采取一定技术手段

由于不同的工作需要,信息获取的技术手段、方式、方法也不相同,如破案工作要采取侦察、技术鉴定等方法,而科研工作必须利用情报检索工具和手段等。在信息获取过程中,上述3个环节缺一不可。

7.基于因特网的信息获取的方法

(1)使用WWW浏览器

(2)搜索引擎

(3)一些网络服务商为用户提供的用于检索服务的站点

(4)网络信息资源数据库

网络信息资源数据库兼顾了搜索引擎的检全率和虚拟图书馆的检准率两方面的因素,能够向用户提供相对全面和准确的网络资源。目前,国内很多高校都引进了SCI、IEEE/IEE等国外数据库。

(5)虚拟图书馆

由专业机构搜集的网络信息一般反映为虚拟图书馆。最著名的英文虚拟图书馆是the WWW Virtual Library(http://www.vlib.org)。它是Web上最古老的一个综合性学科资源目录导航服务,提供的学科资源包括了人文与社会科学、工程技术、自然科学等几乎所有领域载体。虚拟图书馆主要考虑检索的准确性。

8.基于因特网的信息发布的方法

(1)Web网页

将要发布的信息制作成网页,发布到网站上。

(2)电子邮件

电子邮件作为信息社会活动中最常用的交流方式,被人们广泛使用。

(3)论坛

一些网站提供的论坛也是人们进行信息交流的好场所。在使用论坛之前,我们应该遵守论坛中的规则,并注册成为该论坛的一个正式用户,就可以在论坛上留下自己的帖子,发表自己的观点。目前有一些论坛专门为学校的学生开通,学生可以在各自学校的论坛上发表自己的帖子,阐述自己的观点,从而与其他人进行交流和研讨。

(4)在线交流软件

QQ、MSN、Netneeting分别是几个公司提供的在线交流软件,使用之前必须先安装这些软件,通常除了在线文字交流以外,这三种软件还分别提供其他功能,如语音功能、视频功能等,还包括在邮箱中留言、向手机发送短信、在线用户相互之间发送文件等各种功能。

(5)聊天室

一些网站提供聊天室供人们进行在线交流。和前面讲的论坛有所不同,这种交流要求双方都必须在线,并同时登录同一聊天室才可以进行交流。有的聊天室还提供了语音和视频功能,让人们可以利用语音和视频进行交流。

6.2.7 搜索引擎

1. 搜索引擎含义由来

搜索引擎(Search Engines)是对互联网上的信息资源进行搜集整理,然后供用户查询的系统,它包括信息搜集、信息整理和用户查询3部分。

搜索引擎是一个为用户提供信息检索服务的网站,它使用某些程序把因特网上的所有信息归类,以帮助人们在茫茫网海中搜寻到所需要的信息。

早期的搜索引擎是把因特网中的资源服务器的地址收集起来,由其提供的资源的类型不同而分成不同的目录,再一层层地进行分类。人们要找自己想要的信息可按他们的分类一层层进入,就能最后到达目的地,找到自己想要的信息。这其实是最原始的方式,只适用于因特网信息并不多的时候。随着因特网信息按几何式增长,出现了真正意义上的搜索引擎,这些搜索引擎知道网站上每一页的开始,随后搜索因特网上的所有超级链接,把代表超级链接的所有词汇放入一个数据库。这就是现在搜索引擎的原型。

然而由于搜索引擎的工作方式和因特网的快速发展,使其搜索的结果让人越来越不满意。例如,搜索"电脑"这个词汇,就可能有数百万页的结果。这是由于搜索引擎通过对网站的相关性来优化搜索结果,这种相关性又是由关键字在网站的位置、网站的名称、标签等公式来决定的。这就是使得搜索引擎的搜索结果多而杂的原因。而搜索引擎中的数据库因为因特网的发展变化也必然包含了死链接。

2. 搜索引擎发展史

在互联网发展初期,网站相对较少,信息查找比较容易。然而伴随互联网爆炸性的发展,普通网络用户想找到所需的资料简直如同大海捞针,这时为满足大众信息检索需求的专业搜索网站便应运而生了。现代意义上的搜索引擎的祖先,是1990年由蒙特利尔大学学生Alan Emtage发明的Archie。虽然当时World Wide Web还未出现,但网络中文件传输还是相当频繁的,而且由于大量的文件散布在各个分散的FTP主机中,查询起来非常不便,因此Alan Emtage想到了开发一个可以以文件名查找文件的系统,于是便有了Archie。Archie工作原理与现在的搜索引擎已经很接近,它依靠脚本程序自动搜索网上的文件,然后对有关信息进行索引,供使用者以一定的表达式查询。由于Archie深受用户欢迎,受其启发,美国内华达System Computing Services大学于1993年开发了另一个与之非常相似的搜索工具,不过此时的搜索工具除了索引文件外,已能检索网页。当时,"机器人"一词在编程者中十分流行。

电脑"机器人"(Computer Robot)是指某个能以人类无法达到的速度不间断地执行某项任务的软件程序。由于专门用于检索信息的"机器人"程序像蜘蛛一样在网络间爬来爬去,因此,搜索引擎的"机器人"程序就被称为"蜘蛛"程序。世界上第一个用于监测互联网发展规模的"机器人"程序是Matthew Gray开发的World Wide Web Wanderer。刚开始，它只是用来统计互联网上的服务器数量，后来则发展为能够检索网站域名。与 Wanderer 相对应，Martin Koster 于 1993 年 10 月创建了 ALIWEB，它是 Archie 的 HTTP 版本。ALIWEB 不使用“机器人”程序，而是靠网站主动提交信息来建立自己的链接索引，类似于现在人们熟知的 Yahoo。互联网的迅速发展使得检索所有新出现的网页变得越来越困难。最早现代意义上的搜索引擎出现于 1994 年 7 月。当时 Michael Mauldin 将 John Leavitt 的蜘蛛程序接入到其索引程序中，创建了大家现在熟知的 Lycos。同年 4 月，斯坦福大学的 2 名博士生 David Filo 和美籍华人杨致远(Gerry Yang)共同创办了超级目录索引 Yahoo，并成功地使搜索引擎的概念深入人心。从此，搜索引擎进入了高速发展时期。目前，互联网上有名有姓的搜索引擎已达数百家，其检索的信息量也与从前不可同日而语。比如最近风头正劲的 Google，其数据库中存放的网页已达 30 亿个之巨！随着互联网规模的急剧膨胀，一家搜索引擎光靠自己单打独斗已无法适应目前的市场状况，因此现在搜索引擎之间开始出现了分工协作，并有了专业的搜索引擎技术和搜索数据库服务提供商。

3. 搜索引擎分类

搜索引擎按其工作方式主要可分为 3 种，分别是全文搜索引擎、目前索引类搜索引擎和元搜索引擎。

(1)全文搜索引擎

全文搜索引擎是名副其实的搜索引擎，国外代表有 Google，国内著名的有百度(Baidu)。它们都是通过从互联网上提取的各个网站的信息(以网页文字为主)而建立的数据库中，检索与用户查询条件匹配的相关记录，然后按一定的排列顺序将结果返回给用户，因此它们是真正的搜索引擎。

从搜索结果来源的角度，全文搜索引擎又可细分为 2 种：一种是拥有自己的检索程序(Indexer)，俗称“蜘蛛”(Spider)程序或“机器人”(Robot)程序，并自建网页数据库，搜索结果直接从自身的数据库中调用；另一种则是租用其他引擎的数据库，并按自定的格式排列搜索结果。

(2)目录索引类搜索引擎

目录索引虽然有搜索功能，但在严格意义上算不上是真正的搜索引擎，仅仅是按目录分类的网站链接列表而已。用户完全可以不用进行关键词(Keywords)查询，仅靠分类目录也可找到需要的信息。国内的搜狐、新浪、网易搜索都属于这一类。

(3)元搜索引擎

元搜索引擎在接受用户查询请求时，同时在其他多个引擎上进行搜索，并将结果返回给用户。著名的元搜索引擎有 InfoSpace. com、Dogpile、Vivisimo 等(元搜索引擎列表)，中文元搜索引擎中具有代表性的有搜星搜索引擎。在搜索结果排列方面，有的直接按来源引擎排列搜索结果，如 Dogpile，有的则按自定的规则将结果重新排列组合，如 Vivisimo。

4. 全球各大搜索引擎介绍

(1)Google

“Google”这个名字来源于单词“googol”，是由美国数学家 Edward Kasner 的外甥

Milton Sirotta 创造的。1 个 Googol 代表数字为 1 后面加上 100 个 0。Google 之所以使用这个词,是为了反映其整合全球海量(并且似乎是无穷无尽的)信息的使命,使人人皆可访问并从中受益。

(2)百度

百度是全球最大的中文搜索引擎、最大的中文网站。2000 年 1 月由李彦宏创立于北京中关村,致力于向人们提供"简单,可依赖"的信息获取方式。"百度"二字源于中国宋朝词人辛弃疾的《青玉案・元夕》词句"众里寻他千百度",象征着百度对中文信息检索技术的执着追求。

6.2.8 即时通信与 Internet 的应用

1. 电子邮件

电子邮件(e-mail)是因特网上使用得最多的和最受用户欢迎的一种应用。

电子邮件把邮件发送到收件人使用的邮件服务器,并放在其中的收件人邮箱中,收件人可随时上网到自己使用的邮件服务器进行读取。电子邮件不仅使用方便,而且还具有传递迅速和费用低廉的优点。现在电子邮件不仅可传送文字信息,而且还可附上声音和图像。

电子邮件的组成:电子邮件由信封(envelope)和内容(content)两部分组成。

电子邮件的传输程序根据邮件信封上的信息来传送邮件。用户在从自己的邮箱中读取邮件时才能见到邮件的内容。在邮件的信封上,最重要的就是收件人的地址。

TCP/IP 体系的电子邮件系统规定电子邮件地址的格式如下:收件人邮箱名@邮箱所在主机的域名。

例如,电子邮件地址 maokeji@zjut. edu. cn ,这个用户名在该域名的范围内是唯一的,邮箱所在的主机的域名在全世界必须是唯一的。

发送和接收电子邮件的几个重要步骤:

① 发件人调用 PC 机中的用户代理撰写和编辑要发送的邮件。

② 发件人的用户代理把邮件用 SMTP 协议发给发送方邮件服务器。

③ SMTP 服务器把邮件临时存放在邮件缓存队列中,等待发送。

④ 发送方邮件服务器的 SMTP 客户与接收方邮件服务器的 SMTP 服务器建立 TCP 连接,然后就把邮件缓存队列中的邮件依次发送出去。

⑤ 运行在接收方邮件服务器中的 SMTP 服务器进程收到邮件后,把邮件放入收件人的邮箱中。

⑥ 收件人在打算收信时,就运行 PC 机中的用户代理,使用 POP3(或 IMAP)协议读取发送给自己的邮件。

请注意,POP3 服务器和 POP3 客户之间的通信是由 POP3 客户发起的。

2. 博客

在网络上撰写日记的平台——博客。所谓微博,其实是一种微型博客,我们可以通过网页、WAP 页面、手机短信/彩信发布消息或上传图片。新浪可以把微博理解为"微型博客"或者"一句话博客"。我们可以将我们看到的、听到的、想到的事情写成一句话,或发一张图片，通过电脑或者手机随时随地分享给朋友。我们的朋友可以第一时间看到我们发表的信息，随时和我们一起分享、讨论。我们还可以关注我们的朋友，即时看到朋友们发布的信息。

我们不仅可以在博客中方便地记录日记，还可以和网络上的朋友分享心情和交流心得。在自己的博客里，我们还可以展现个性，放置喜欢的音乐，展示自己的相册和视频等。总之，博客是个人在网络里的小天地。

目前大部分门户网站纷纷推出了自己的博客网站，让广大网民来建立博客，国内知名的博客网站有新浪博客、网易博客、百度空间、搜狐博客、博客网、凤凰网博客等。

3. 网络论坛

在日常生活中，我们经常会聚在一起针对某个议题（主题）进行讨论和交流。网络论坛就是一个网上讨论和议事的会议室，大家在虚拟的会议室里对某个议题进行讨论和交流。

目前人气较旺的论坛有天涯社区、猫扑社区、搜狐论坛、凤凰论坛、网易论坛等。本节以天涯论坛为例，介绍论坛的使用方法。

4. 文件传输（FTP）

FTP 服务采用客户/服务器工作模式。提供 FTP 服务的计算机称为 FTP 服务器。用户的本地计算机称为客户机。将文件从 FTP 服务器传输到客户机的过程称为下载；而将文件从客户机传输到 FTP 服务器的过程称为上传。

登录匿名 FTP 服务器时，可在“login:”后填写“anonymous”，在“password”栏后填写您的电子邮件地址。而非匿名 FTP 服务器一般供内部使用。FTP 是 TCP/IP 的文件传输标准，它允许在不同的主机和不同的操作系统间传输文件。通常将需要共享的信息组织在一起，配置成 FTP 服务器。使用 FTP 服务一般需要注册登录。使用 FTP 通常有两种：通过浏览器（如图 6－10）或专用工具（如图 6－11）。

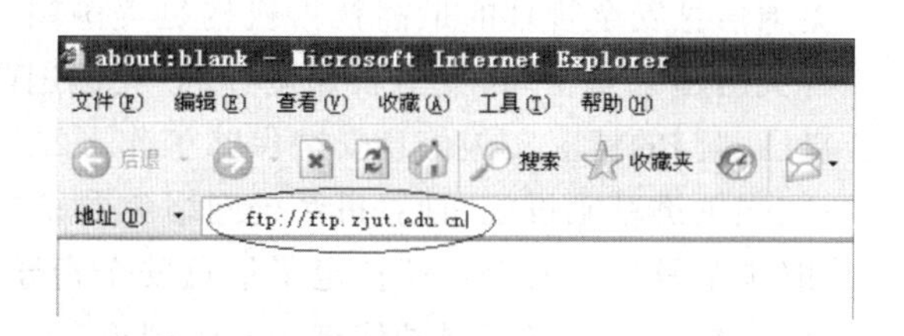

图 6－10　通过浏览器访问 FTP 服务器

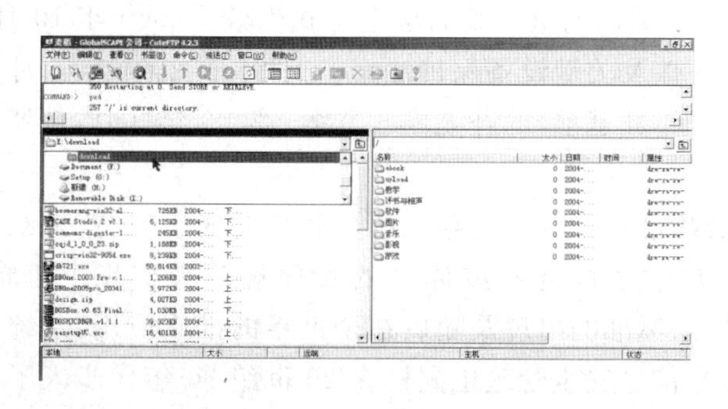

图 6－11　CuteFTP 应用程序

5.使用浏览器下载

从网页中直接下载文件的方法：

① 在网页中单击该软件下载链接。

② 在[文件下载]对话框中，选择下载方式。

③ 根据用户需要处理下载文件。如需将文件复制到磁盘上，选中[将文件保存到磁盘]；如只想直接打开该文件，则选中[在文件当前位置打开]。最后，单击[确定]。

6.3 计算机网络安全

计算机网络安全是指网络系统的硬件、软件及其系统中的数据受到保护，不受偶然的因素或者恶意的攻击而遭到破坏、更改、泄露，确保系统能连续、可靠、正常地运行，网络服务不中断。网络安全主要是指网络上的信息安全。

6.3.1 国内外互联网的安全现状

2017—2022年网络安全设备市场行情监测及投资可行性研究报告表明，我国互联网蓬勃发展，网络规模不断扩大，网络应用水平不断提高，成为推动经济发展和社会进步的巨大力量。与此同时，网络和业务发展过程中也出现了许多新情况、新问题、新挑战，尤其是当前网络立法系统性不强、及时性不够和立法规格不高，物联网、云计算、大数据等新技术新应用、数据和用户信息泄露等的网络安全问题日益突出。

1.国外信息安全现状

信息化发展比较好的发达国家，特别是美国，非常重视国家信息安全的管理工作。美、俄、日等国家都已经或正在制订自己的信息安全发展战略和发展计划，确保信息安全沿着正确的方向发展。美国信息安全管理的最高权力机构是美国国土安全局，分担信息安全管理和执行的机构有美国国家安全局、美国联邦调查局、美国国防部等，主要是根据相应的方针和政策结合自己部门的情况实施信息安全保障工作。2000年初，美国出台了电脑空间安全计划，旨在加强关键基础设施、计算机系统网络免受威胁的防御能力。2000年7月，日本信息技术战略本部及信息安全会议拟定了信息安全指导方针。2000年9月俄罗斯批准了《国家信息安全构想》，明确了保护信息安全的措施。

美、俄、日均以法律的形式规定和规范信息安全工作，对有效实施安全措施提供了有力保证。2000年10月，美国的电子签名法案正式生效。2000年10月5日，美参议院通过了《互联网网络完备性及关键设备保护法案》。日本于2000年6月公布了旨在对付黑客的《信息网络安全可靠性基准》的补充修改方案。2000年9月，俄罗斯实施了关于网络信息安全的法律。

国际信息安全管理已步入标准化与系统化管理时代。在20世纪90年代之前，信息安全主要依靠安全技术手段与不成体系的管理规章来实现。随着20世纪80年代ISO9000质量管理体系标准的出现及随后在全世界的推广应用，系统管理的思想在其他领域也被借鉴与采用，信息安全管理也同样在20世纪90年代步入了标准化与系统化的管理时代。1995年英国率先推出了BS7799信息安全管理标准，该标准于2000年被国际标准化组织认可为国际标准 ISO/IEC 17799。现在该标准已引起许多国家与地区的重视，在一些国家已经被推广与应用。组织贯彻实施该标准可以对信息安全风险进行安全系统的管理，从而实现组织信息安全。其他国家及组织也提出了很多与信息安全管理相关的标准。

2. 国内信息安全现状

我国已初步建成了国家信息安全组织保障体系。国务院信息办专门成立了网络与信息安全领导小组，各省、市、自治州也设立了相应的管理机构。2003 年 7 月，国务院信息化领导小组通过了《关于加强信息安全保障工作的意见》，同年 9 月，中央办公厅、国务院办公厅转发了《国家信息化领导小组关于加强信息安全保障工作的意见》，把信息安全提到了促进经济发展、维护社会稳定、保障国家安全、加强精神文明建设的高度，并提出了“积极防御，综合防范”的信息安全管理方针。2003 年 7 月，我国成立了国家计算机网络应急技术处理协调中心，专门负责收集、汇总、核实、发布权威性的应急处理信息。2001 年 5 月，我国成立了中国信息安全产品测评认证中心和代表国家开展信息安全测评认证工作的职能机构，还建立了依据国家有关产品质量认证和信息安全管理的法律法规管理和运行国家信息安全测评认证体系。

我国制定和引进了一批重要的信息安全管理标准，发布了国家标准《计算机信息系统安全保护等级划分准则》(GB 17895－1999)、《信息系统安全等级保护基本要求》等技术标准和《信息安全技术信息系统安全管理要求》(GB/T 20269－2006)、《信息安全技术信息系统安全工程管理要求》(GB/T 20282－2006)、《信息系统安全等级保护基本要求》等管理规范，并引进了国际上著名的《ISO17799：2000 信息安全管理实施准则》《BS7799－2：2000 信息安全管理体系实施规范》等信息安全管理标准。

我国制定了一系列必需的信息安全管理的法律法规。从 20 世纪 90 年代初起，为配合信息安全管理的需要，国家相关部门、行业和地方政府相继制定了《中华人民共和国计算机信息网络国际联网管理暂行规定》《商用密码管理条例》《互联网信息服务管理办法》《计算机信息网络国际联网安全保护管理办法》《电子签名法》等有关信息安全管理的法律法规文件。

信息安全风险评估工作已经开展，并成为信息安全管理的核心工作之一。国家信息中心组织先后对四个地区(北京、广州、深圳和上海)的十几个行业的 50 多家单位进行了深入细致的调查与研究，最终形成了《信息安全风险评估调查报告》《信息安全风险评估研究报告》和《关于加强信息安全风险评估工作的建议》，制定了《信息安全技术信息安全风险评估规范》(GB/T 20984－2007)。

网络环境的复杂性、多变性，以及信息系统的脆弱性，决定了网络安全威胁的客观存在。我国日益开放并融入世界，但加强安全监管和建立保护屏障不可或缺。近年来，随着国际政治形势的发展，以及经济全球化过程的加快，人们越来越清楚，信息时代所引发的信息安全问题不仅涉及国家的经济安全、金融安全，同时也涉及国家的国防安全、政治安全和文化安全。因此，可以说，在信息化社会里，没有信息安全的保障，国家就没有安全的屏障。信息安全的重要性怎么强调也不过分。目前我国政府、相关部门和有识之士都把网络监管提到新的高度，上海市负责信息安全工作的部门提出采用非对称战略构建上海信息安全防御体系，其核心是在技术处于弱势的情况下，用强化管理体系来提高网络安全整体水平。

6.3.2 计算机网络安全

1. 网络安全的基本概念

网络安全指网络系统的硬件、软件及其系统中的数据受到保护，不因偶然的或恶意的原因而遭受到破坏、更改、泄露，系统连续正常地运行，网络服务不中断。

从广义来说，凡是涉及网络上信息的可用性、机密性、真实性和可控性的相关技术和理论都属于网络安全的范围。

(1)可用性

可用性指数据的可利用程度，即：系统在从正常到"崩溃"的环境中，确保数据必须可用。一般通过冗余数据存储等技术来实现。

可用性指信息或者信息系统可被合法用户访问，并按其要求运行的特性。"进不来""改不了"和"拿不走"都实现了信息系统的可用性。人们通常采用一些技术措施或网络安全设备来实现这些目标。例如：

· 使用防火墙，把攻击者阻挡在网络外部，让他们"进不来"。

· 即使攻击者进入了网络内部，由于有加密机制，会使他们"改不了"和"拿不走"关键信息和资源。

(2)机密性

机密性将对敏感数据的访问权限制在那些经授权的个人，只有他们才能查看数据。机密性可防止向未经授权的个人泄露信息，或防止信息被加工。它保证只有授权用户才可访问数据，而限制他人对数据进行访问，分为：

① 网络传输保密性：通过数据加密来保证。

② 数据存储保密性：通过访问控制和数据加密来保证。

即使攻击者破解了口令而进入系统，加密机制也会使得他们"看不懂"关键信息。例如，甲给乙发送加密文件，只有乙通过解密才能读懂其内容，其他人看到的是乱码，由此便实现了信息的机密性。

(3)完整性

完整性是指防止数据未经授权或意外改动，包括数据插入、删除和修改等。为了确保数据的完整性，系统必须能够检测出未经授权的数据修改。其目标是使数据的接收方能够证实数据没有被改动过，要保证计算机系统上的数据和信息处于一种完整的、未受损害的状态。

(4)不可抵赖性

不可抵赖性也叫不可否认性，即防止个人否认先前已执行的动作，其目标是确保数据的接收方能够确信发送方的身份。例如，接受者不能否认收到消息，发送者也不能否认发送过消息。

信息安全的技术主要包括监控、扫描、检测、加密、认证、防攻击、防病毒以及审计等多个方面，其中加密技术是信息安全的核心技术，已经渗透大部分安全产品之中，并正向芯片化方向发展。

2. 网络中的安全威胁

随着 Internet 泛用 Intranet 纷纷建成，使网络用户可以方便地访向和共享网资源。但同时对企业的重要信息，如贸易秘密、产品开发计划、市场策略、财务资料等的安全无疑埋下了致命的威胁。我们必须认识到，对于大到整个 Internet，小到各 Intranet 及各校园网都存在着来自网络内部与外部的威胁。对 Internet 构成的威胁可分为两类：故意危害和无意危害。

故意危害 Internet 安全的主要有三种人：故意破坏者（又称黑客，Hackers）、不遵守规则者（Vandals）和刺探秘密者（Crackers）。故意破坏者企图通过各种手段去破坏网络资源与信息，例如涂抹别人的主页、修改系统配置，造成系统瘫痪；不遵守规则者企图访问不允许访问的系统，这种人可能仅仅是到网中看看、找些资料，也可能想盗用别人的计算机资源；刺探秘密者的企图是通过非法手段侵入他人系统，以窃取重要秘密和个人资料。

除了泄露信息对企业网构成威胁之外，还有一种危险就是有害信息的侵入。比如有人在网上传播一些不健康的图片、文字或散布不负责任的消息；用户可能由于玩一些电子游戏将病毒带入系统，轻则造成信息出错，严重时将会造成网络瘫痪。

3. 防火墙（Firewall）

如图 6－12 所示，防火墙是指设置在被保护的 Intranet 与 Internet 之间，由软件系统和硬件系统组合而成的防止 Internet 上的危险在内部网络上蔓延的一道安全屏障，功能是防止非法入侵、非法使用系统资源、执行安全管制措施，并记录所有可疑事件。

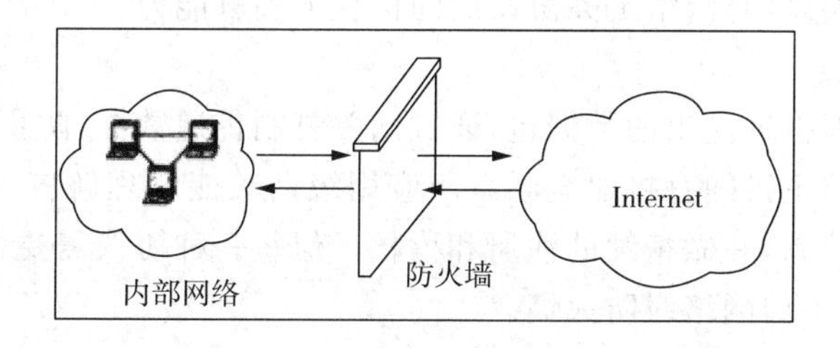

图 6－12　防火墙

防火墙可用于增强 Intranet 的安全性。Internet/Intranet 防火墙，用来确定哪些服务可以被 Internet 上的用户访问，以及外部服务可以被内部人员访问。目前的防火墙主要服务于以下几个目的。

- 访问控制。防止非法用户（如黑客、网络破坏者等）进入内部网络，禁止存在不安全因素的访问进出网络。
- 抗攻击。限定人们访问特殊站点，抗击来自各种线路的攻击。
- 审计。监视 Internet 的使用，对网络访问进行记录，建立完备的日志、审计和追踪网络访问，并可根据需要产生报表、报警和入侵检测等。但是，防火墙也存在一定的局限性。
- 来自防火墙以外的其他途径所进行的攻击。例如在一个被保护的网络上有一个没有限制的拨号访问存在，这样就为从“后门”进行攻击留下了可能性。

· 防火墙也不能防止来自内部变节者或不经心的用户带来的威胁。

· 防火墙也不能直接抵御恶意程序,如病毒和“木马”。现在新型的宏病毒可通过电子邮件传播,如“美丽莎”和“爱虫”病毒。

目前使用的防火墙,它是网络的大门,就像一个家庭的防盗门。单靠防火墙的力量是不够的,局域网内部本身还要有保密和保护措施。

4.实现防火墙的技术

实现防火墙的技术主要包括四大类:网络级防火墙(包过滤型防火墙)、应用级网关、电路级网关和规则检查防火墙。

(1)网络级防火墙

一般是基于源地址和目的地址、应用或协议以及每个包的端口来做出通过与否的判断。一个路由器便是一个“传统”的网络级防火墙,大多数的路由器都能通过检查这些信息来决定是否将所收到的包转发,但它不能判断出一个IP包来自何方,去向何处。

先进的网络级防火墙可以判断这一点,它可以提供内部信息以说明所通过的连接状态和一些数据流的内容,把判断的信息同规则表进行比较,在规则表中定义了各种规则来表明是否同意或拒绝包的通过。包过滤防火墙检查每一条规则直至发现包中的信息与某规则相符。如果没有一条规则能符合,防火墙就会使用默认规则,一般情况下,默认规则就是要求防火墙丢弃该包。其次,通过定义基于TCP或UDP数据包的端口号,防火墙能够判断是否允许建立特定的连接,如Telnet、FTP连接。

网络级防火墙简洁、速度快、费用低,并且对用户透明,但是对网络的保护很有限,因为它只检查地址和端口,对网络更高协议层的信息无理解能力。

(2)应用级网关

应用级网关能够检查进出的数据包,通过网关复制传递数据,防止在受信任服务器和客户机与不受信任的主机间直接建立联系。应用级网关能够理解应用层上的协议,能够做复杂一些的访问控制,并做精细的注册和稽核。但每一种协议需要相应的代理软件,使用时工作量大,效率不如网络级防火墙。

(3)电路级网关

电路级网关用来监控受信任的客户或服务器与不受信任的主机间的TCP握手信息,这样来决定该会话(Session)是否合法。电路级网关是在OSI模型中会话层上来过滤数据包,比包过滤防火墙要高两层。

(4)规则检查防火墙

该防火墙结合了包过滤防火墙、电路级网关和应用级网关的特点。像包过滤防火墙一样,规则检查防火墙能够在OSI网络层上通过IP地址和端口号,过滤进出的数据包;它也像电路级网关一样,能够检查SYN和ACK标记和序列数字是否逻辑有序;它还像应用级网关一样,可以在OSI应用层上检查数据包的内容,查看这些内容是否能符合公司网络的安全规则。

规则检查防火墙虽然集成前三者的特点但是不同于一个应用级网关的是,它并不打破客户机服务机模式来分析应用层的数据,它允许受信任的客户机和不受信任的主机建立直接连接。规则检查防火墙不依靠与应用层有关的代理,而是依靠某种算法来识别进出的应用层数据，这些算法通过已知合法数据包的模式来比较进出数据包，这样从理论上就能比应用级代理在过滤数据包上更有优势。

防火墙是一类防范措施的总称，简单的防火墙可以只用路由器实现，复杂的要用一台主机甚至一个子网来实现，它可以在 IP 层设置屏障，也可以用应用层软件来阻止外来攻击，所以我们要根据实际需要，对防火墙进行选择。技术人员的任务是权衡利弊，在网络服务高效灵活、安全保障和应用成本之间找到一个"最佳平衡点"，通过对防火墙的安全性分析和成本估算来决定防火墙的实施策略。

从趋势上看，未来的防火墙将位于网络级防火墙和应用级防火墙之间。这也就是说，网络级防火墙将变得更加能够识别通过的信息，而应用级防火墙在目前的功能上则向"透明""低级"方面发展。最终，防火墙将成为一个快速注册检查系统，可保护数据以加密方式通过，使所有组织可以放心地在节点间传送数据。

5. 加强网络安全的常用防护技术

(1)加强网络的完整性

网络是信息系统里连接主机、用户机及其他电脑设备的基础。从管理的角度来看，网络可以分为内部网与外部网。网络的安全涉及内部网的安全保证以及两者之间连接的安全保证。目前，使用比较广泛的网络安全技术包括防火墙、网络管理和通信安全技术。

(2)防火墙和病毒防范

防火墙是内部网与外部网之间的"门户"，对两者之间的交流进行全面管理，以保障内部和外部之间安全、通畅的信息交换。防火墙采用包过滤、电路网关、应用网关、网络地址转化、病毒防火墙、邮件过滤等技术，使得外部网无法知晓内部网的情况，对用户使用网络有严格的控制和详细的记录。病毒防范不仅针对单个的电脑系统，也增加了对网络病毒的防范。在文件服务器、应用服务器和网络防火墙上增加防范病毒的软件，把防毒的范围扩大到网络里的每个系统。

(3)网络管理技术和通信安全技术

运用网络管理技术可以对内部网络进行全面监控，具有展示拓扑图、管理流量、故障报警等功能。网络管理系统对整个网络状况进行智能化的检测，以提高网络的可用性和可靠性，从而在整体上提高网络运行的效率，降低管理成本；通信安全技术为网络间通信提供了安全的保障，加强了通信协议上的管理。在具体应用上，通信安全技术表现在对电子邮件的加密、建立安全性较高的电子商务站点、建设可靠性高的虚拟网等。

(4)访问控制

访问控制即利用策略在用户、职能、对象、应用条件之间建立统一而完善的管理，实现"什么人，在什么条件下，对什么对象，有什么工作职能权限"的管理目标。使用访问控制列表服务，对用户的访问权限进行管理。用户授权常常与账号安全中的用户认证技术集成在一起。在对用户作认证之后，根据访问控制列表给用户授权。认证和授权的紧密结合，为信息系统的用户访问安全提供了一个完善保障。远程登录访问服务用户管理的国际标准 RA－DIUS 协议便规定了认证、授权、记账服务的具体实施方法是广为使用的用户认证和授权的标准。数据的保密是许多安全措施的基本保证。加密后的数据能保证在传输、使用和转换时不被第三方获启。在信息时代，网络的安全是关系信息系统正常使用的关键。建立全面实用的安全体系需要从各个层次着手，针对自身的安全需求，采取相应的安全措施。

(5)加强系统的完整性

系统的安全管理围绕着系统硬件、系统软件及系统上运行的数据库和应用软件来采取相应的安全措施。系统的安全措施将首先为操作系统提供防范性好的安全保护伞，并为数据库和应用软件提供整体性的安全保护。在系统这一层，具体的安全技术包括病毒防范、风险评估、非法侵入的检测及整体性的安全审计。

(6)风险评估

它检查出系统的安全漏洞，同时还对系统资源的使用状况进行分析，以提示出系统最需解决的问题。在系统配置和应用不断改变的情况下，系统管理员需要定期地对系统、数据库和系统应用进行安全评估，及时采取必要的安全措施，对系统实施有效的安全防范。

(7)加强用户账号的完整性

用户账号无疑是计算机网络里最大的安全弱点。获取合法的账号和密码是黑客攻击网络系统最常用的方法。用户账号的涉及面很广，包括网络登录账号、系统登录账号、数据库登录账号、应用登录账号、电子邮件账号、电子签名、电子身份等。因此，用户账号的安全措施不仅包括技术层面上的安全支持，还需在信息管理的政策方面有相应的措施。只有双管齐下，才能真正有效地保障用户账号的保密性。从安全技术方面，针对用户账号完整性的技术包括用户分组的管理、唯一身份和用户认证。

(8)用户认证

它对用户登录方法进行限制。这就使检测用户唯一性的方法不仅局限于用户名和密码，还可以包括用户拨号连接的电话号码、用户使用的终端、用户使用的时间等。在用户认证时，使用多种密码，更加加强了用户唯一性的确认程度。

(9)及时安装补丁程序

安全特性越高级，复杂性也就越高，而且各种操作系统往往绑定了许多已经启动的服务。如果说这些都不是很严重的问题的话，那么我们还要面对另外一种危险，即有漏洞的程序所带来的威胁。一般来说有两种主要的系统漏洞：第一种称为基本漏洞。这种漏洞隐匿于操作系统的安全结构中，是某个有安全隐患的程序固有的漏洞。一旦检测到这种漏洞，黑客可以以未授权方式访问系统及其数据。还有一种所谓的二级系统漏洞。二级漏洞是指出现在程序中的某个漏洞，虽然与安全问题毫无关联，但它却导致系统中别的地方产生了安全隐患。如果这种程序遭受了攻击，黑客可以通过它们获得某些文件和服务的访问权限。不管是基本漏洞还是二级漏洞，当某些日常的程序中有系统漏洞时，它们就会对 Internet 通信造成极大的安全隐患。为了暂时纠正这些漏洞，软件厂商发布补丁程序。那些能够对其网络工具、漏洞及补丁程序做及时更新的用户往往准备比较充分，而没有这种经验的用户往往受到伤害。因此，我们应及时安装补丁程序，有效解决漏洞程序所带来的问题。

计算机网络的迅速发展和广泛应用，开创了计算机应用的崭新局面。信息的交互和共享，已经突破了国界，涉及整个世界。在这种互连性和开放性给社会带来极大效益的同时，计算机罪犯也得到了更多的机会。犯罪的手段不断翻新，由简单的闯入系统发展到制造复杂的计算机病毒。因此，我们必须加强计算机的安全防护，防患未然。只有这样，我们才能在网上冲浪的同时，享受 Internet 信息时代带来的无限快乐。

6.3.3 加强网络安全的常用防护技术

1. 加密技术

加密技术是网络安全的核心，现代密码技术发展至今已有二十余年，其技术已由传统的只注重保密性转移到保密性、真实性、完整性和可控性的完美结合。加密技术是解决网络上信息传输安全的主要方法，其核心是加密算法的设计。加密算法按照密钥的类型，可分为非对称密钥加密算法和对称密钥加密算法。

(1)非对称密钥加密算法

1976 年，美国学者 Dime 和 Henman 为解决信息公开传送和密钥管理问题，提出一种新的密钥交换协议，允许在不安全的媒体上的通讯双方交换信息，安全地达成一致的密钥，这就是“公开密钥系统”。相对于“对称加密算法”，这种方法也叫作“非对称加密算法”。与“对称加密算法”不同，“非对称加密算法”需要两个密钥：公开密钥(Public key)和私有密钥(Private key)。公开密钥与私有密钥是一对，如果用公开密钥对数据进行加密，只有用对应的私有密钥才能解密；如果用私有密钥对数据进行加密，那么只有用对应的公开密钥才能解密。因为加密和解密使用的是两个不同的密钥，所以这种算法叫作“非对称密钥加密算法”。

(2)对称加密技术

对称加密采用了对称密码编码技术，它的特点是文件加密和解密使用相同的密钥，即加密密钥也可以用作解密密钥，这种方法在密码学中叫作“对称加密算法”。对称加密算法使用起来简单快捷，密钥较短，且破译困难。除了数据加密标准(DNS)，另一个对称密钥加密系统是“国际数据加密算法(IDEA)”，它比 DNS 的加密性好，而且对计算机功能要求也没有那么高。IDEA 加密标准由 PGP(Pretty Good Privacy)系统使用。

2. 防火墙

网络防火墙技术是一种用来加强网络之间访问控制，防止外部网络用户以非法手段进入内部网络，访问内部网络资源，保护内部网络的特殊网络互联设备。它对两个或多个网络之间传输的数据包按照一定的安全策略来实施检查，以决定网络之间的通信是否被允许，并监视网络运行状态。根据防火墙所采用的技术不同，我们可以将它分为 4 种基本类型：包过滤型、网络地址转换型、代理型和监测型。

(1)包过滤型

包过滤型产品是防火墙的初级产品，其技术依据是网络中的分包传输技术。网络上的数据都是以“包”为单位进行传输的，数据被分割成为一定大小的数据包，每一个数据包中都会包含一些特定信息，如数据的源地址、目标地址、TCP/UDP 源端口和目标端口等。防火墙通过读取数据包中的地址信息来判断这些“包”是否来自可信任的安全站点，一旦发现来自危险站点的数据包，防火墙便会将这些数据拒之门外。系统管理员也可以根据实际情况灵活制定判断规则。

包过滤技术的优点是简单实用,实现成本低。它是一种完全基于网络层的安全技术,只能根据数据包的源、目标端口等网络信息进行判断,无法识别基于应用层的恶意侵入,有经验的黑客很容易伪造 IP 地址,骗过包过滤型防火墙,达到入侵网络的目的。

(2)网络地址转换型

网络地址转换是一种用于把 IP 地址转换成临时的、外部的 IP 地址标准。它允许具有私有 IP 地址的内网访问因特网。在内网通过安全网卡访问外网时,将产生一个映射记录。系统将外出的源地址映射为一个伪装的地址,让这个伪装的地址通过非安全网卡与外网连接,这样对外就隐藏了真实的内网地址。在外网通过非安全网卡访问内网时,它并不知道内网的连接情况,而只是通过一个开放的 IP 地址来请求访问。防火墙根据预先定义好的映射规则来判断这个访问是否安全。当符合规则时,防火墙认为是安全的访问,可以接受访问请求。当不符合规则时,防火墙认为该访问是不安全的,就屏蔽外部的连接请求。网络地址转换的过程对于用户来说是透明的,不需要用户进行设置,用户只要进行常规操作即可。

(3)代理型

代理型防火墙也可以被称为代理服务器,它的安全性要高于包过滤型产品,并已经开始向应用层发展。代理服务器位于客户机与服务器之间,完全阻挡了二者间的数据交流。当客户机需要使用服务器上的数据时,首先将数据请求发给代理服务器,代理服务器再根据这一请求向服务器索取数据,然后由代理服务器将数据传输给客户机。由于外部系统与内部服务器之间没有直接的数据通道,外部的恶意侵害也就很难伤害到企业内部网络系统。

代理型防火墙的优点是安全性较高,可以针对应用层进行侦测和扫描,对付基于应用层的侵入和病毒都十分有效。其缺点是对系统的整体性能有较大的影响,而且代理服务器必须针对客户机可能产生的所有应用类型逐一进行设置,大大增加了系统管理的复杂性。

(4)监测型

监测型防火墙是新一代的产品,这一技术实际已经超越了最初的防火墙定义。监测型防火墙能够对各层的数据进行主动、实时的监测,在对这些数据加以分析的基础上,监测型防火墙能够有效地判断出各层中的非法侵入。同时,这种检测型防火墙产品一般还带有分布式探测器,这些探测器安置在各种应用服务器和其他网络的节点中,不仅能够检测来自网络外部的攻击,同时对自内部的恶意破坏也有极强的防范作用。虽然监测型防火墙安全性上已超越了包过滤型和代理服务器防火墙,但由于监测型防火墙技术的实现成本较高,也不易管理,所以目前在实用中的防火墙产品仍然以代理型产品为主,但在某些方面也已经开始使用监测型防火墙。

6.3.4 计算机病毒及其防治

1. 计算机病毒的基本概念

(1)计算机病毒的概念

1953 年 11 月,世界上第一个计算机病毒诞生在实验室中;20 世纪 50 年代期,出现了第一个在世界上流行的真正病毒——Pakistan Brain(巴基斯坦智囊)病毒;1955年11月,一位名叫罗伯特·莫里斯的康奈尔大学的研究生,在互联网上投放了一种计算机程序——蠕虫,这种程序便进行自我复制,在很短的时间内使互联网上10%的主机无法工作,这一事件使人们认识到网络的安全问题。

从开始的简单病毒到变形病毒,再到特洛伊木马与有害代码,计算机病毒在不断发展,它的结构越来越复杂。那么,什么是计算机病毒呢?

计算机病毒是指编制或者在计算机程序中插入的破坏计算机功能或者毁坏数据,影响计算机使用,并能自我复制的一组计算机指令或程序代码。

计算机病毒是一个程序,是一段可执行代码,具有复制能力。

一般来讲,计算机病毒包括三大功能模块,即引导模块、传染模块和表现或破坏模块。所有的计算机病毒都至少包括后面两大模块。后面两个模块各包含一段触发条件检查代码。当各段检查代码分别检查出传染和表现或破坏触发条件时,病毒才会传染和表现或破坏。所以,传染模块一般包括两个部分;一是计算机病毒的传染条件判断部分;二是计算机病毒的传染部分,这一部分负责将计算机病毒的全部代码链接到攻击目标上。表现或破坏模块也分为表现或破坏条件判断部分和表现或破坏部分。

计算机病毒的传染模块也称为计算机病毒的载体模块,即它是计算机病毒表现或破坏模块的载体。计算机病毒的表现或破坏部分是计算机病毒的主体模块。

计算机病毒的传染模块是计算机病毒扩散、传播的唯一途径,它担负着计算机病毒的扩散任务,是判断一个程序是否是计算机病毒的首要条件。

(2)计算机病毒的特点

① 可执行性。计算机病毒是一段可执行程序,可以直接或间接地运行,可以隐蔽在可执行程序中和数据文件中,而不易被人们察觉和发现。在病毒程序运行时,它与合法程序争夺系统的控制权。

② 传染性。传染性是衡量一种程序是否为病毒的首要条件。计算机病毒的传染性是计算机病毒的再生机制,病毒程序一旦进入系统并与系统中的合法程序链接在一起,它就会在运行这一被传染的程序之后开始传染给其他程序。

③ 破坏性。所有计算机病毒都存在着一个共同的危害,即降低计算机系统的工作效率,有的病毒还会彻底破坏系统的正常运行,破坏某些或全部数据。

④ 潜伏性。计算机病毒的潜伏性是指其具有依附于其他媒体而寄生的能力。一个编制巧妙的计算机病毒程序,可以在几周或者几个月甚至几年内隐蔽在合法文件中。

⑤ 可触发性。计算机病毒一般都有一个触发条件,或者在一定条件下激活一个病毒的传染机制使之进行传染,或者在一定条件下激活一个病毒的表现部分或破坏部分。触发条件可能与多种情况联系起来,如某个时间日期、特定文件等。

此外,计算机病毒还具有主动性、针对性、变种性等特点。

(3)计算机病毒的分类

计算机病毒可从不同角度来分类,如按破坏程度来分可分为良性病毒、恶性病毒。按照计算机病毒的传染目标可分为以下几种。

① 引导区型病毒。主要是用计算机病毒的全部或部分逻辑来取代正常的引导记录,

而将正常的引导记录隐藏在磁盘的其他存储空间内。由于磁盘的引导区是磁盘能正常使用的先决条件，所以这种病毒可在运行的一开始就获得控制权，其传染的可能性较大，如大麻病毒和小球病毒。

② 文件型病毒。文件型病毒也称寄生病毒，它运作在计算机存储器中，通常感染扩展名为COM、EXE、SYS等类型的文件。这种计算机病毒与系统中的某些程序或程序模块进行链接，被传染的系统运行时，计算机病毒获得控制权，并驻留内存，监视系统的运行，寻找可传染的程序，如黑色星期五病毒、CIH病毒。

③ 混合型病毒。混合型病毒具有引导区型病毒与文件型病毒两者的特点。

④ 宏病毒。宏病毒一般是指用Visual Basic书写的病毒程序寄存在Office文档上的宏代码。宏病毒影响对文档的各种操作，当打开Office文档时，宏病毒程序就被执行，当条件满足时，宏病毒便开始传染、表现和破坏。它能通过电子邮件、网络下载、文件传输等途径来传播。据统计，宏病毒占全部病毒的50%。

2. 计算机病毒的防范

计算机病毒具有很大的危害性，如果等到发现病毒时，再采取措施，可能已造成重大损失。做好防范工作非常重要，防范计算机病毒主要采取以下措施。

(1)给计算机安装防病毒卡或防火墙软件

(2)定期使用最新版本杀病毒软件对计算机进行检查

(3)对硬盘上重要文件，要经常进行备份保存

(4)不随便使用没有经过安全检查的软件

(5)系统盘或其他应用程序盘要加上写保护或做备份

(6)不要轻易打开电子邮件中来历不明的附件

(7)严禁他人使用计算机，特别是在计算机上玩游戏

3. 计算机病毒的清除

计算机感染上病毒会出现下面一些现象

(1)屏幕有规律地出现异常画面或信息

(2)系统启动速度比平时慢

(3)磁盘读写时间比平时长

(4)文件莫名其妙地丢失

(5)文件大小无故增加

(6)程序运行时经常死机

(7)打印异常，打印机无故死机，不能打印

(8)有一些特殊的文件名的文件自动生成

(9)磁盘上发现有特殊标记

(10)运行较大程序时，出现：Program is too long！等字样

若出现以上现象，需要对计算机系统做进一步的病毒诊断或清除。

病毒清除最常用的办法是用最新版反病毒软件，例如360安全卫士、金山毒霸、瑞星杀毒软件等。这些反病毒软件操作简单，行之有效。

4. 反病毒软件的使用

(1)360 安全卫士

360 安全卫士是国内首款免费的防病毒软件，一直以来发展都不错，市场份额也是国产第一名，性能非常好，查杀能力强，智能侦测，效率非常高，并且它的功能很丰富，可以全方位的防病毒。

① 在首页点击木马查杀，如图 6-13 所示。

图 6-13　首页点击木马查杀

② 上面标记的是木马查杀，下面的“按位置查杀”是针对 U 盘病毒的，我们先点击“按位置查杀”，如图 6-14 所示。

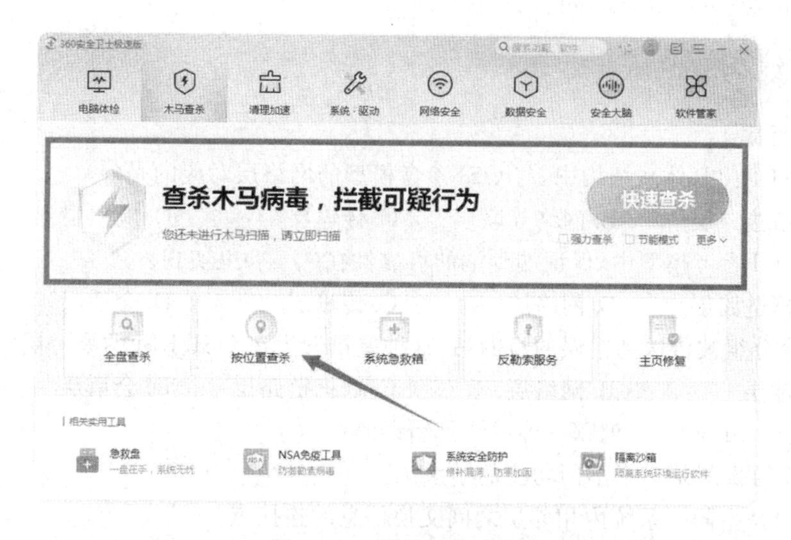

图 6-14　按照位置查杀

③ 大家选择要查杀的 U 盘，然后点击下面的“开始扫描”，按照步骤查杀就可以了，如图 6-15 所示。

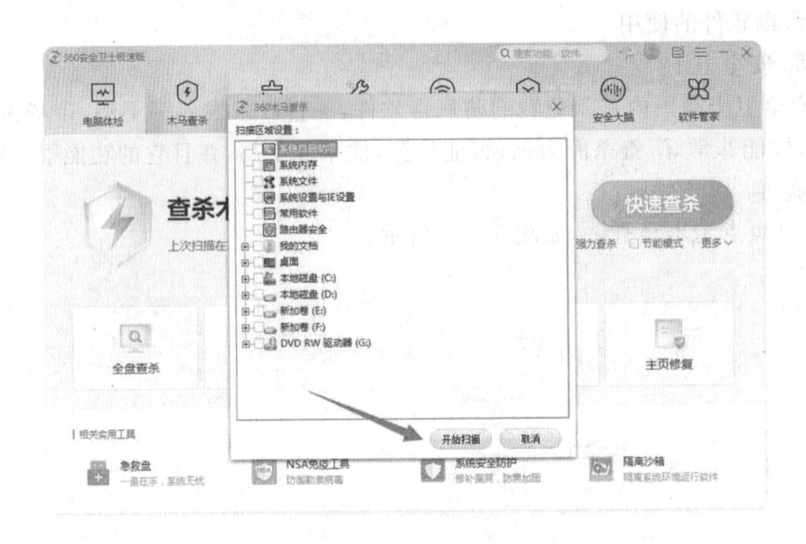

图 6－15 扫描 U 盘

(2)瑞星杀毒软件

瑞星杀毒软件是针对网络病毒开发的，采用多项最新技术，对未知病毒、变种病毒、黑客和木马等病毒有很强的查杀能力，具有实时监控能力，是保护计算机系统安全的工具软件。详细情况请浏览瑞星网站 http://www.rising.com.cn。

(3)金山毒霸

金山毒霸是金山公司推出的反病毒软件，可防毒、查毒和杀毒，具有闪电杀毒技术，可查杀超过 2 万种病毒和近百种黑客程序，具备完善的实时监控功能。详细情况请浏览金山网站 http://www.duba.net。

思考与练习

一、选择题

1. 在 TCP/TP 体系结构中，与 OSI 参考模型的网络层对应的是(　　)。

A. 网络接口层　　B. 网络互联层　　C. 传输层　　D. 应用层

2. 在 OSI 参考模型中，保证端到端的可靠性在(　　)上实现。

A. 数据链路层　　B. 网络层　　C. 传输层　　D. 会话层

3. 一个分组被传送到错误的目的站，这种差错发生在 OSI/RM 的哪一层？(　　)

A. 传输层　　B. 网络层　　C. 数据链路层　　D. 会话层

4. 关于 OSI/RM，下列哪一种说法是错误的？(　　)

A. 7 个层次就是 7 个不同功能的子系统。

B. 接口是指同一系统内相邻层之间交换信息的连接点。

C. 传输层协议的执行只需使用网络层提供的服务，跟数据链路层没有关系。

D. 某一层协议的执行通过接口向更高一层提供服务。

5. 下列功能中，属于表示层提供的是(　　)。

A. 交互管理　　B. 透明传输　　C. 死锁处理　　D. 文本压缩

6. 通常所说的 TCP/IP 是指(　　)。

A. TCP 和 IP 协议

B. 传输控制协议

C. 互联网协议

D. 用于计算机通信的一个协议集,它包含 IP、ARP、TCP、RIP 等多种协议

7. IPv4 地址包含(　　)位二进制数。

A. 16　　B. 24　　C. 32　　D. 64

二、填空题

1. 建立计算机网络的主要目的是________。

2. 数据通信的传输模式有________、________。

3. ISO/OSI 参考模型将网络分为________层、________层、________层、________层、________层、应用层和表示层。

4. 使用________,可以把复杂的计算机网络简化,使其容易理解和实现。

5. 计算机网络的功能有________、________、________、________等。

6. 计算机网络常用的拓扑结构有________、________、________、________、________。

7. 根据网络覆盖范围进行分类,计算机网络分为________、________、________。

8. 常见的局域网有________、________、________、________、________。

三、简答题

1. 计算机网络的发展可划分为几个阶段?每个阶段各有什么特点?

2. TCP/IP 和 ISO/OSI 的体系结构有什么区别?

3. 计算机网络如何分类?

4. 计算机网络常用的拓扑结构有哪几种?各有什么特点?

5. TCP/IP 参考模型包含几层,每一层主要完成的功能是什么?

6. IP 层的地位和特点是什么?

7. 局域网的特点是什么?

8. 域名的作用是什么?

参 考 文 献

[1] 李明,吴国风,孙家启.计算机文化基础上机实验教程1[M].合肥:安徽大学出版社,2000.

[2] 孙中胜,程文娟,何向荣等.大学计算机[M].北京:科学出版社,2001.

[3] 安徽省教育厅.全国高等学校(安徽考区)计算机基础教育教学(考试)大纲[M].合肥:安徽大学出版社,2005.

[4] 冯崇岭,蔡之让,陈国龙,等.计算机文化基础考试过关必备[M].合肥:安徽大学出版社,2001.

[5] 冯博琴.计算机文化基础教程(第2版)[M].北京:清华大学出版社,2005.

[6] 张克.Word 2000[M].上海:上海交通大学出版社,2000.

[7] 俞冬梅.Excel 2000[M].上海:上海交通大学出版社,2000.

[8] 余健,黄河根,黄婷婷.网页设计与制作[M].上海:上海交通大学出版社,2000.

[9] 刘宁,蔡之让,李鸿.计算机应用技术基础[M].北京:中国科学技术出版社,2005.

[10] 张森.大学信息技术基础[M].北京:高等教育出版社,2004.

[11] 虞焰智.Internet[M].上海:上海交通大学出版社,2002.

[12] 雷国华,李军.计算机基础教程[M].北京:高等教育出版社,2004.

[13] 孙家启,王忠仁,黄洪超.计算机文化基础教程[M].合肥:安徽大学出版社,2002.

[14] 罗洪涛,廖浩得.中文office 2003应用实践教程[M].西安:西北工业大学出版社,2009.

[15] 徐贤军,魏惠茹.中文版office 2003实用教程[M].北京:清华大学出版社,2009.

[16] 蔡建华,谢军林.中文Office实用教程[M].湘潭:湘潭大学出版社,2009.

[17] 马玉洁,王春霞,任竞颖.计算机基础教程(Windows XP+Office 2003)[M].北京:清华大学出版社,2009.

[18] 李满,梁玉国.计算机应用基础实验教程(Windows XP+Office 2003)[M].北京:中国水利水电出版社,2008.

[19] 柴靖,李保华.中文版Word 2003文档处理实用教程[M].北京:清华大学出版社,2009.

[20] 徐士良.大学计算机基础(Windows XP,Office 2003)[M].北京:清华大学出版社,2008.

[21] 黄建灯.大学计算机基础[M].成都:电子科技大学出版社,2016.

[22] 刘欣亮,高艳平.大学计算机基础[M].北京:电子工业出版社,2017.